土木工程概论

主　编　王建平
副主编　范建洲

中国建材工业出版社

图书在版编目（CIP）数据

土木工程概论／王建平主编. —北京：中国建材工业出版社，2013.7
ISBN 978-7-5160-0430-2

Ⅰ.①土… Ⅱ.①王… ②范… Ⅲ.①土木工程-概论 Ⅳ.①TU

中国版本图书馆CIP数据核字(2013)第088927号

内 容 简 介

本教材结合“土木工程指导性专业规范”的思想，在编写中充分考虑土木工程专业的知识体系和认知特点，力求反映土木工程的最新发展和成果，在内容上阐述了土木工程的主要类型及其特点、土木工程材料、土木工程防灾、减灾与防护、土木工程建设与管理、数字化技术在土木工程中的应用、土木工程师的综合素质与职业发展等方面的内容。

土木工程概论
王建平　主编
范建洲　副主编

出版发行：中国建材工业出版社
地　　址：北京市西城区车公庄大街6号
邮　　编：100044
经　　销：全国各地新华书店
印　　刷：北京雁林吉兆印刷有限公司
开　　本：787mm×1092mm　1/16
印　　张：16
字　　数：398千字
版　　次：2013年7月第1版
印　　次：2013年7月第1次
定　　价：38.00元

本社网址：www.jccbs.com.cn
本书如出现印装质量问题，由我社发行部负责调换。联系电话：(010)88386906

前　言

我国高等学校土木工程本科专业是培养适应社会主义现代化建设需要，德智体美全面发展，掌握土木工程学科的基本原理和基本知识，获得工程师基本训练，具有扎实基础理论、较宽厚专业知识和良好实践能力与一定创新能力的高级专门人才。

本教材密切结合土木工程专业规范和专业人才培养目标，根据"土木工程指导性专业规范"的思想，在教材编写过程中，充分考虑了土木工程专业的知识体系及其认知特点与规律。内容编排上考虑了拓宽专业口径，满足应用型人才培养要求，力求内容丰富、信息量大，努力做到通俗易懂、形象生动，尽可能反映土木工程的最新发展和最新成果。全书共分7章，具体内容包括：概述、土木工程的主要类型及其特点、土木工程材料、土木工程防灾、减灾与防护，土木工程建设与管理、数字化技术在土木工程中的应用、土木工程师的综合素质与职业发展等方面的内容。

本书由西安建筑科技大学王建平担任主编，山西大学工程学院范建洲担任副主编。其中第1章、第2章和第7章由王建平编写；第3章由山西大学工程学院刘红宇编写；第4章由西安建筑科技大学赵楠编写；第5章由山西大学工程学院范建洲编写；第6章由西安建筑科技大学任瑞编写；王建平对全书进行了整理、修改和定稿。

本书可作为土木工程、工程管理、地质工程、城市地下工程及相关专业的教材，也可供从事有关土木工程设计、施工、监理、监测等工程技术人员参考。

本书在编写过程中参考了大量的教材、论文、专著、网络信息等资料，编者向所有参考文献的作者致以衷心的感谢。由于编者水平有限，书中不当之处在所难免，恳请读者批评指正。

编者

2013年5月

中国建材工业出版社
China Building Materials Press

目　录

第1章　概　　述

1.1　土木工程的内涵和属性

1.1.1　土木工程的定义

土木工程是建造各类工程设施的科学技术的总称。土木工程技术是人类文明的最重要标志之一，是人类文明形成及社会进化过程中必须解决的民生问题，是国家建设的基础行业。土木工程既指工程建设的对象，即建在地上、地下、水中的各种工程设施，例如：房屋、道路、铁路、运输管道、隧道、桥梁、运河、堤坝、港口、电站、飞机场、海洋平台、给水和排水设施以及防护工程等，也指工程建设所应用的材料、设备以及相关的勘测、设计、施工、保养、维修等技术。

土木工程的英语名称为 Civil Engineering，意为“民用工程”，它的原意是与“军事工程”（Military Engineering）相对应的。在英语中，历史上土木工程、机械工程、电气工程、化工工程都属于 Civil Engineering，因为它们都具有民用性。后来，随着工程技术的发展，机械、电气、化工逐渐形成独立的学科，Civil Engineering 就成为土木工程的专用名词。该学科体系产生于18世纪的英、法等国，现在已发展成为现代科学技术的一个独立分支。中国土木工程教育开始于19世纪（1895年），在新中国成立后取得了巨大的进展。

土木工程是人类赖以生存的基础产业，它伴随人类的文明而产生和发展。“衣、食、住、行”是人类生存的最基本条件，“住”靠土木工程技术得以实现，“行”（即出行、交通）的基础设施（公路、铁路、机场、码头等）也靠土木工程技术来实现，因此，土木工程是关系国计民生的重要行业和关键行业，只要有人类生存就需要土木工程。目前，世界各国政府普遍以土木工程行业的兴衰作为拟定经济建设计划的依据，以土木工程行业的发展水平作为衡量国家开发程度的重要指标之一。

1.1.2　土木工程的范围

土木工程行业涉及的范围非常广泛，它包括房屋建筑工程、公路与城市道路工程、铁道工程、桥梁工程、隧道工程、航站（机场）工程、地下工程、给水排水工程、港口工程、码头工程、海洋工程、水利工程（包括运河、水库、大坝、水渠等）等。建筑工程如图1－1所示，道路与桥梁工程如图1－2所示，水利工程如图1－3所示，海洋工程如图1－4所示，铁道工程如图1－5所示，隧道工程如图1－6所示。

图1－1　建筑工程

图1－2　道路与桥梁工程

图1－3　水利工程

图1－4　海洋工程

图1－5　铁道工程

图1－6　隧道工程

1.1.3　土木工程的基本属性

1. 社会性。土木工程是伴随着人类社会的发展进程而发展起来的。它所建造的工程设施反映了各个历史时期社会经济、文化、科学、技术发展的面貌，因此，土木工程也就成了社会历史发展的重要见证之一。

2. 实践性。土木工程学科具有很强的实践性。早期的土木工程是通过工程实践、不断总结经验教训发展起来的。在土木工程发展过程中，工程实践经验常常先行于理论，工程事故的处理和预防不断地促进了新理论的研究和发展。

3. 综合性。建造一项工程设施通常要经过勘察、设计和施工三个阶段。这三个阶段要运用工程地质勘察、水文地质勘察、工程测量、土力学、工程力学、工程设计、建筑材料、建筑设备、工程机械、建筑经济、土木工程施工等领域的知识才能完成，因而土木工程是一门涉及众多知识领域的综合性学科。

4. 统一性。"统一性"是指技术、经济和建筑艺术上的统一。为了满足使用者的预定需要，建造一项工程设施，人们通常追求费用上最经济，而一项工程的经济性又和各项技术活动密切相关。工程的经济性首先表现在工程选址、总体规划上，其次表现在设计和施工技术上。工程建设的总投资、工程建成后的经济效益和使用期间的维修费用等，都是衡量工程经济性的重要方面。这些问题联系密切，需要综合考虑。

1.1.4　土木工程的重要性

土木工程对国民经济发展和人民生活水平的提高提供了重要的物质技术基础。首先，人们生活离不开衣、食、住、行。为了改善人民的居住条件，国家每年在住宅建设方面投资巨大。十一届三中全会以来，城市人均居住面积由1978年的$3.6m^2$，增加到2008年的$23m^2$，变化非常大。

各种工业设施的建设，无论其性质和规模多大，要生产首先必须兴建厂房。火力发电需要建造厂房，核电站也一样，核反应堆的基础和保护罩乃至核废料的处理，都牵涉到土木工程。水力发电，也需建坝和建造机房。近海平台的设计和兴建，水下仓库、车库、水下和海底隧道建设都和土木工程息息相关。太空飞船和航天飞机的发射基地和发射塔架甚至太空试验站都有土木工程人员的“用武之地”。

土木工程虽然是古老的学科，但其领域随着各学科的发展而不断发展壮大。因此，对土木工程技术人员的知识面要求更为广阔，学科间的相互渗透和促进作用也更为迫切，知识要求不断更新，设计建造和科学研究的联系更加紧密。现代的土木工程不仅要求保证按计划完成，而且必须按最佳方案并以最优方式来设计和建造。

1.2 土木工程的发展简史

根据土木工程在各个不同发展时期的理论基础、设计水平和施工技术，可将土木工程的发展分为古代、近代和现代三个阶段。

1.2.1 古代土木工程

古代土木工程的历史跨度很长，它大致从旧石器时代（约公元前5000年起）到17世纪中叶。这一时期的土木工程几乎没有什么设计理论指导，修建各种设施主要依靠经验。所用材料主要取之于自然，如石块、草筋、土坯等，在公元前1000年左右开始采用烧制的砖。这一时期，所用的工具也很简单，只有斧、锤、刀、铲和石夯等手工工具。尽管如此，古代还是留下了许多有历史价值的建筑，即使从现代角度来看有些工程也是非常伟大的，有的甚至难以想象。

古代土木工程代表性的建筑举例如下。

（1）万里长城（图1－7）是世界上修建时间最长、工程量最大的工程之一，也是世界八大奇迹之一。万里长城的结构形式主要为砖石结构，有些地段采用夯土结构，在沙漠中则采用红柳、芦苇与沙粒层层铺筑的结构。长城从公元前7世纪开始修建，秦统一六国后，其规模达到西起临洮，东止辽东，蜿蜒一万余里，于是有了万里长城的称号。明朝对长城又进行了大规模的整修和扩建，东起鸭绿江，西至嘉峪关，全长有7000km以上，设置“九边重镇”，驻防兵力达100万人。“上下两千年，纵横十万里”，万里长城不愧为人类历史上伟大的军事防御工程。

图1－7 万里长城

（2）都江堰和京杭大运河

都江堰水利枢纽（图1－8）和京杭大运河是我国古代水利工程的两个杰出代表，是历

图 1－8 都江堰水利枢纽

史上最大的无坝引水工程。此工程以灌溉为主，兼有防洪、水运、供水等多种效益，一直沿用至今。其规模之大，规划之周密，技术之合理，均为前所未有。

都江堰位于四川灌县的岷江上，建于公元前3世纪，由战国时期秦蜀郡太守李冰父子率众修建，是现存最古老且目前仍用于灌溉的伟大水利工程。都江堰由鱼嘴、飞沙堰、宝瓶口三部分组成。鱼嘴是江心的分水堤坝，把岷江分成外江和内江，外江排洪，内江灌溉；飞沙堰起泄洪、排沙和调节水量的作用；宝瓶口控制进水流量。

京杭大运河是世界上建造最早、长度最长的人工开凿的河道。京杭大运河开凿于春秋战国时期，隋朝大业六年（公元610年）全部完成，迄今已有2400多年历史。京杭大运河由北京到杭州，流经河北、山东、江苏、浙江四省，沟通海河、黄河、长江、淮河、钱塘江五大水系，全长1794km。至今该运河的江苏段和浙江段仍是重要的水运通道。

（3）山西应县木塔

应县木塔（图1－9所示），建于辽清宁二年（1056年），距今已有900多年的历史，是我国，也是世界上现存最古老、最高的木结构建筑。应县木塔在寺的前部中心位置上，当时是寺中的一个主要建筑。木塔修建在一个石砌高台上。台高4m余，上层台基和月台角石上雕有伏狮，风格古朴，是辽代遗物。台基上建木构塔身，外观五层，内部一到四层，每层有暗层，实为九层，总高67.31m。塔的底层平面呈八角形，直径30.27m，为古塔中直径最大的。九百年来，木塔曾经受了多次强烈地震的考验，屹然不动，未受到任何损害，这说明它的抗震能力很强，反映了中国古代木构建筑的成就。

（4）中国西安半坡村遗址

半坡遗址（图1－10所示）位于陕西省西安市东郊灞桥区浐河东岸，是黄河流域一处典型的原始社会母系氏族公社村落遗址，属新石器时代仰韶文化，距今6000年左右。半坡遗址于1952年发现，1954—1957年发掘。其中房屋有圆形、方形半地穴式和地面架木构筑之分。半坡遗址是我国首次大规模发掘的一处新石器时代村落遗址，现已建成博物馆。

图 1－9 山西应县木塔

图 1－10 西安半坡村遗址

(5) 赵州桥

河北省赵县的赵州桥（又称安济桥，图1－11）是我国古代石拱桥的杰出代表，举世闻名。该桥在隋大业初年（公元605年左右）为李春所创建，是一座空腹式的圆弧形石拱桥，净跨37m，宽9m，拱矢高度7.23m，在拱圈两肩各设有两个跨度不等的腹拱，这样既能减轻桥身自重，节省材料，又便于排洪、增加美观。赵州桥的设计构思和工艺的精巧，不仅在我国古桥史上是首屈一指，据世界桥梁的考证，像这样的敞肩拱桥，欧洲到19世纪中期才出现，比我国晚了一千二百多年。赵州桥的雕刻艺术精致秀丽，不愧为文物宝库中的艺术珍品。

(6) 埃及金字塔

胡夫金字塔（图1－12）建于埃及第四王朝第二位法老胡夫统治时期（约公元前2670年）。胡夫金字塔的4个斜面正对东、南、西、北四方，误差不超过圆弧的3分，底边原长230m，由于塔外层石灰石脱落，现在底边减短为227m，倾角为51°52′。胡夫金字塔原塔高为146.5m，因年久风化，顶端剥落10m，现高136.5m。塔身是用230万块石料堆砌而成，大小不等的石料重达1.5～160t，塔总重约为6.84×10^6t，它的规模是埃及迄今发现108座金字塔中最大的。整个金字塔建筑在一块巨大的凸形岩石上，占地约52900m^2，体积约$2.6\times10^6 m^3$。

图1－11 赵州桥

图1－12 埃及金字塔

(7) 土耳其伊斯坦布尔的索菲亚大教堂

索菲亚大教堂位于土耳其伊斯坦布尔（图1－13），建于公元532—537年间。索菲亚大教堂是拜占庭建筑风格的代表作，其设计者为小亚细亚人安提美斯和伊索多拉斯。教堂占地面积约5400m^2，主体呈长方形，中央大穹窿圆顶直径33m，顶部离地55m。

(8) 希腊帕提农神庙

希腊帕提农神庙（图1－14）呈长方形，庙内有前殿、正殿和后殿。神庙基座占地面积达2.3万平方英尺，有半个足球场那么大，46根高达34英尺的大理石柱撑起了神庙。它采用八柱的多立克式，东西两面是8根柱子，南北两侧则是17根，东西宽31m，南北长70m。东西两立面（全庙的门面）山墙顶部距离地面19m。帕提农神庙的设计代表了全希腊建筑艺术的最高水平。从外貌看，它气宇非凡，光彩照人，细部加工也精细无比。它在继承传统的基础上又做了许多创新，事无巨细皆精益求精，由此成为古代建筑最伟大的典范之作。

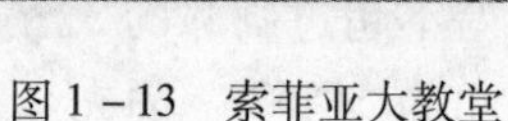

图1-13　索菲亚大教堂

图1-14　希腊帕提农神庙

此外，北京故宫、天坛、西藏布达拉宫等宏伟建筑都是中国古代土木工程的杰出代表，我国的古代建筑以木结构为主。西欧以意大利比萨斜塔和巴黎圣母院等为代表的教堂建筑，都采用了砖石拱券结构。

1.2.2　近代土木工程

近代土木工程跨越从17世纪中叶至20世纪中叶的300年间。这一阶段是土木工程发展史上迅猛前进的阶段，其主要特征如下：

（1）构建了学科的理论基础，有力学和结构理论作指导。材料力学、理论力学、结构力学、土力学、工程结构设计理论等学科逐步形成，设计理论的发展保证了工程结构的安全和人力、物力的节约。

（2）砖、瓦、木、石等建筑材料得到日益广泛的使用；混凝土、钢材、钢筋混凝土以及早期的预应力混凝土得到发展。

（3）施工技术进步很大，建造规模日益扩大，建造速度大大加快。

（4）结构形式不断创新、改进和发展。

（5）高层建筑大量涌现。

土木工程在这一时期的发展可分为：奠基时期、进步时期和成熟时期三个阶段。①奠基时期。17世纪到18世纪下半叶是近代科学的奠基时期，伽利略、牛顿等所阐述的力学原理是近代土木工程发展的起点。②进步时期。18世纪下半叶，随着蒸汽机的发明，规模宏大的产业革命，为土木工程提供了多种性能优良的建筑材料及施工机具，促使土木工程技术以空前的速度向前迈进。1824年英国人J. 阿斯普丁发明了一种新型水硬性胶结材料——波特兰水泥，1850年左右开始生产。③成熟时期。第一次世界大战以后，近代土木工程发展到成熟阶段。

我国近代土木工程进展缓慢，直到清末出现洋务运动，才引进一些西方新技术。代表性的事件举例如下。

1894年建成用气压沉箱法施工的滦河桥，1901年建成全长1027m的松花江桁架桥，1905年建成全长3015m的郑州黄河桥。1937年由当代著名桥梁专家茅以升设计并主持施工，建成了公路铁路两用钢桁架的钱塘江大桥（图1-15），它是我国自行设计和建造的第一座双层式公路、铁路两用特大桥。该桥为上下双层钢结构桁梁桥，全长1453m，宽9.1m，高71m，采用沉箱基础施工技术。钱塘江大桥不仅是我国桥梁史上的巨大成就，也是中国铁路桥梁史上一个辉煌的里程碑。

京张铁路（图1－16）由中国杰出的工程师詹天佑负责设计和修建。1905年10月2日动工，1909年10月2日通车，全长约200km，是中国首条不使用外国资金及人员，由中国人自行设计和建造完成并投入营运的铁路。这条铁路工程艰巨，达到了当时世界先进水平。全程有4条隧道，其中八达岭隧道长1091m。到1911年辛亥革命时，中国铁路总里程达到了9100km。

图1－15 钱塘江大桥

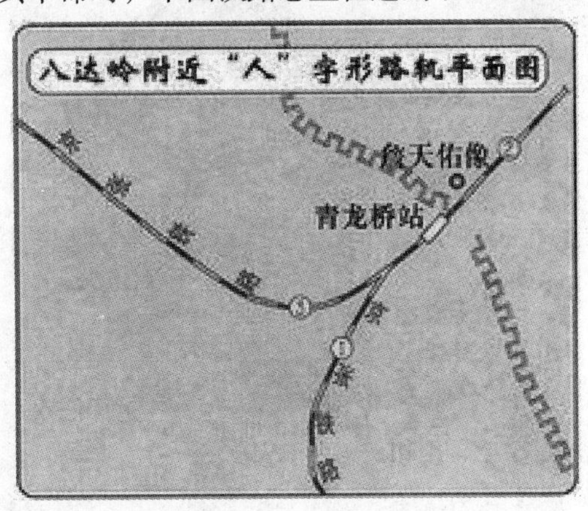

图1－16 京张铁路

中国近代市政工程始于19世纪下半叶，1865年上海开始供应煤气，1879年旅顺建成近代给水工程，相隔不久，上海也开始供应自来水和电力。

1889年唐山设立水泥厂，1910年开始生产机制砖。

中国近代建筑以1929年建成的中山陵（图1－17）和1931年建成的广州中山纪念堂（跨度30m）为代表。中山陵是中国近代伟大的政治家、伟大的革命先行者孙中山的陵墓及其附属纪念建筑群，面积共8万余平方米，主要建筑有：牌坊、墓道、陵门、石阶、碑亭、祭堂和墓室等，排列在一条中轴线上，体现了中国传统建筑的风格。1934年在上海建成了24层的国际饭店（图1－18），主体为钢结构，国际饭店是上海年代最久的饭店之一，有三十年代“远东第一高楼”之称。21层的百老汇大厦（今上海大厦）和12层钢筋混凝土结构的大新公司。

图1－17 中山陵

图1－18 上海国际饭店

中国近代土木工程教育事业开始于1895年创办的天津北洋西学学堂（后称北洋大学，今天津大学）和1896年创办的北洋铁路官学堂（后称唐山交通大学，今西南交通大学）。1912年成立中华工程师会，詹天佑为首任会长，20世纪30年代成立了中国土木工程师学会。

图1－19 美国芝加哥家庭保险大厦

近代土木工程的发展是以西方土木工程的发展为代表。1687年牛顿总结的力学运动三大定律是土木工程设计理论的基础。瑞士数学家欧拉在1744年出版的《曲线的变分法》建立了柱的压屈公式。1773年法国工程师库仑著的《建筑静力学各种问题极大极小法则的应用》一文说明了材料的强度理论及一些构件的力学理论。

1824年英国人J·阿斯普丁发明了波特兰水泥，1867年法国人J. 莫尼埃用钢丝加固混凝土制成了花盆，这是钢筋混凝土应用的开端。以后把这种方法推广到工程中，建造了一座贮水池。1875年莫尼埃主持建造了第一座长16m的钢筋混凝土桥。

1886年，在美国芝加哥建成的9层家庭保险公司大厦（图1－19），是首座具有承重框架的摩天大楼，大厦下面6层连在一起的铁柱是熟铁梁框架，上面4层是钢框架。该大厦被认为是现代高层建筑的开端。建筑结构体系初次按独立框架设计，并采用钢梁。同年，美国人P·H杰克逊首次应用预应力混凝土制作建筑构件，此后预应力混凝土在一些工程中得到应用并进一步发展。超高层建筑相继出现，大跨度桥梁也不断涌现。

1925—1933年在法国、苏联和美国分别建成了跨度达60m的圆壳、扁壳和圆形悬索屋盖。中世纪的石砌拱终于被壳体结构和悬索结构所取代。1931年美国纽约的帝国大厦（图1－20）落成，高378m，共102层，结构用钢5万多吨，内有电梯67部，可谓集当时技术成就之大成，它保持世界房屋最高纪录达40年之久。

图1－20 美国纽约帝国大厦

1889年建成的法国埃菲尔铁塔（图1－21）高300m，天线高24m，总高324m，共分为三楼，分别在离地面57.6m、115.7m和276.1m处，其中一、二楼设有餐厅，第三楼建有观景台，从塔座到塔顶共有1711级阶梯，共用去钢铁7000t。埃菲尔铁塔是一座镂空结构铁塔，设计新颖独特，是世界建筑史上的一个杰作。

在桥梁建设方面，1779年英国用铸铁建成了跨度为30.5m的拱桥，1826年英国T.特尔福德用锻铁建成了跨度177m的梅奈悬索桥。1890年英国福斯湾建成两孔主跨达521m的悬臂式桁架梁桥。1918年加拿大建成魁北克悬臂桥，跨度548.6m。1937年工程师史特劳斯在美国旧金山设计建成金门悬索桥（图1-22），是世界著名大桥之一，跨度1280m，全长2825m。被誉为近代桥梁工程的一项奇迹，也被认为是旧金山的象征。金门大桥雄峙于美国加利福尼亚州宽1900多米的金门海峡之上。金门海峡为旧金山海湾入口处，两岸陡峻，航道水深。

图1-21 法国埃菲尔铁塔

图1-22 旧金山金门大桥

铁路建设方面，1825年英国人斯蒂芬森在英格兰北部斯托克顿和达灵顿之间修筑了世界第一条长21km的铁路。1863年在伦敦又建造了世界第一条地下铁道（图1-23）。此后，美、法、德、俄、日等国大城市相继建设地铁网。

在交通运输方面，由于汽车在陆路交通中具有快速和机动灵活的特点，道路工程的地位日益重要。沥青和混凝土开始用于铺筑高级路面。1931—1942年德国首先修筑了长达3860km的高速公路网（图1-24）。

图1-23 英国伦敦地铁

图1-24 德国早期的高速公路网

1.2.3 现代土木工程

现代土木工程以第二次世界大战后为起点，由于经济的复苏，科学技术飞速发展，土木工程也进入了新的时代，土木工程在设计与建造理论、材料、施工机械等方面的快速发展与逐渐成熟。半个多世纪以来，土木工程不仅在高（耸）、大（跨）、重（载）、特（种）等工程方面不断取得突破，创造了一个又一个奇迹，而且更加重视环境、生态、防灾减灾和可持续发展；更加重视新材料、新科技的研究与应用；多学科、多种材料、多种技术在土木工程中综合应用的趋势越来越明显，功能要求也越来越高。从世界范围来看，现代土木工程具有以下特点：

1. 土木工程功能化　现代土木工程已经超出了它原始意义上的范畴，工程设施同它的使用功能或生产工艺紧密地结合在一起。随着各行各业的飞速发展，其他行业对土木工程提出了更高的要求。土木工程与其他行业的关系越来越密切，它们相互依存、相互渗透、相互作用、共同发展。

随着社会的进步，经济的发展，现代土木工程也要不断满足人们对物质和文化生活的需要，现代化的公用建筑和住宅工程融各种设备及高科技产品成果于一体，不再仅仅是传统意义上的只是四壁的房屋。

2. 土木工程基本理论日益完善，计算手段快速发展　现代社会对土木工程的要求日益多样化，土木工程技术不仅要能快速建设大量的一般工程，还要解决复杂工程的关键问题。传统的依靠经验建造工程的时代，不仅不能解决一般工程问题，更不能建设超高、大跨等复杂工程的设计和施工问题。当今，要使土木工程具有预定的功能和抵御各种自然灾害，如地震、台风、洪水、雪灾等的能力，没有完善的科学理论，先进的计算方法，这些要求就不可能实现。

随着实验设备与技术、结构非线性分析理论、材料多轴本构关系以及计算机技术的高度发展，结构分析计算理论与方法有了重大突破，实现了从经验方法、安全系数法到可靠度设计方法的过渡。进入21世纪，基于性能设计理论、抗倒塌设计理论、结构耐久性理论、结构振动控制理论、结构实验技术等学科又有了重大发展，所形成的理论逐渐在实际工程中应用，在工程结构防灾减灾中发挥着巨大的作用。

图1－25　美国西尔斯大厦

随着计算机的普及和在土木工程领域的应用，高次超静定问题的解决成为可能。计算机渗透到土木工程的各个领域，如计算机辅助设计、辅助制图、现场管理、网络分析、结构优化及人工智能等。这些都充分说明了现代土木工程在理论上已经达到了相当高的水平。

3. 城市建设立体化　城市在平面上向外扩展的同时，也向地下和高空发展，高层建筑成了现代化城市的象征。

1973年在美国芝加哥建成高达443m的西尔斯大厦（图1－25），其高度比1931年建造的纽约帝国大厦高出65m左右。1996年马来西亚建成了高450m的吉隆坡石油双塔楼（图

1－26）。1998年我国建成高421m的上海金茂大厦（图1－27），居中国第一。近年来，高层建筑和超高层建筑快速出现，2010年建成的世界最高建筑迪拜塔（图1－28），高度达828m，几乎是1972年建成的417m高的世界贸易大厦的两倍。广州电视塔（2009年）（图1－29）高度达616m，比1994年建成的468m高的上海东方明珠电视塔（图1－30）高150m。

图1－26 吉隆坡石油双塔楼

图1－27 上海金茂大厦

图1－28 迪拜塔

图1－29 广州电视塔

2008 年建成的中国国家体育场“鸟巢”（图 1－31）位于北京奥林匹克公园中心区南部，建筑面积 25. 8 万平方米，占地面积 20. 4 万平方米，容纳观众坐席 91000 个，其中固定坐席约 80000 个。国家体育场主体建筑为南北长 333m、东西宽 296m 的椭圆形，最高处高 69m。

图 1－30　上海东方明珠电视塔

图 1－31　中国国家体育场“鸟巢”

地铁、地下商店、地下车库和油库日益增多。道路下面密布着电缆、给水、排水、供热、煤气、通讯等管网构成了城市的脉络。现代城市建设已成为一个立体的、有机的整体，对土木工程各个分支以及它们之间的协作提出了更高的要求。

4. 交通运输高速化　第二次世界大战以后，各国开始大规模地建设高速公路，1984 年已建成高速公路美国 81105km、德国 12000km、加拿大 6268km、英国 2793km。我国 1988 年才建成第一条全长 20. 5km 的沪嘉高速公路，但到 2010 年底，中国高速公路通车里程达 7. 4 万 km，居世界第二。

图 1－32　京沪高铁

铁路出现了电气化和高速化。1964 年 10 月日本的“新干线”铁路行车时速达 210km。法国巴黎到里昂的高速铁路运行时速达 260km。我国于 2008 年 4 月 18 日开工建设京沪高速铁路（图 1－32），从北京南站出发终止于上海虹桥站，总长度 1318km，全线为新建双线，设计时速 380km，安全运营速度 300/350km，它的建成使北京和上海之间的往来时间缩短到 5 小时以内。全线纵贯北京、天津、上海三大直辖市和河北、山东、安徽、江苏四省。是新中国成立以来一次建设里程最长、投资最大、标准最高的高速铁路，2010 年 11 月 15 日铺轨完成。2011 年 5 月 11 日，京沪高铁开始进入运行试验阶段。京沪高速铁路各项指标均达到世界先进水平，9 日到 19 日京沪高铁全线试运行，2011 年 6 月 30 日正式开通运营。在京沪高铁的设计与施工中，技术人员克服了高速铁路深水大跨桥梁建造、深厚松软土地基沉降控制、无砟轨道制造和铺设等诸多技术难题。

交通运输高速化促进了桥梁和隧道技术的发展。日本 1985 年建成的青函海底隧道长达 53. 85km；1993 年建成了贯通英吉利海峡的法英海底隧道，是世界上最长的海底隧道，它横穿英吉利海峡最窄处，西起英国东南部港口城市多佛尔附近的福克斯通，东至法国北部港口城市加来，全长50.5km，其中海底部分长37km。整个隧道由两条直径为7.6m的火车隧道和一条直径为4.8m的服务隧道组成，人们用35分钟就可以从欧洲大陆穿越英吉利海峡到达英国本土。世界上最长的铁路隧道——圣哥达铁路隧道全长57km。我国穿越秦岭的终南山特长公路隧道长18.4km，它是中国国道主干线包头至北海段在陕西境内的西康高速公路北段，同时也是银川—西安—武汉主干线的共用段。隧道穿越秦岭山脉的终南山，为上、下行线双洞双车道。秦岭终南山特长公路隧道按高速公路设计，设计行车速度为80km/h。秦岭终南山特长公路隧道是一座世界级的超长隧道，目前在世界公路隧道中列为第二长（第一为挪威洛达尔隧道），同时也是中国和亚洲最长的公路隧道。我国最长的铁路隧道——青藏铁路新关角隧道全长达32.64km，属世界高海拔特长隧道，是国内第一长隧，隧道结构为两条分离式单线隧道组成。关角隧道地质结构非常复杂，隧道施工中必须经过地质断层和二郎洞断层束，素有隧道建设史上的地质博物馆之称。它的建成证明我国迈入世界高海拔特长大隧道行列国家之一。

我国于2008年建成了世界上最大跨度的斜拉桥——苏通大桥（图1－33），最大跨径1088m，主墩基础由131根长约120m、直径2.5m至2.8m的群桩组成，承台长114m、宽48m，面积有一个足球场大，是在40m水深以下厚达300m的软土地基上建起来的，是世界上规模最大、入土最深的群桩基础；苏通大桥采用高300.4m的混凝土塔比世界上已建成最高桥塔——日本多多罗大桥224m的钢塔高近80m。苏通大桥最长拉索长达577m，比日本多多罗大桥斜拉索长100m，为世界上最长的斜拉索，创造了多项桥梁建设纪录。

图1－33 苏通大桥

5. 土木工程材料的发展 在土木工程的发展过程中，材料与工程也是互相促进，共同发展的。一方面工程需要发展新材料、高性能材料，另一方面新材料、高性能材料的出现又为土木工程的发展提供了有力的保证。

在结构材料方面，高强、高性能混凝土已在工程中广泛应用。以前高强混凝土一般是指强度等级在C45级以上的混凝土。随着科学技术的发展，高强混凝土是指强度等级在C60级以上的混凝土。目前已知的在实际工程中应用的最高强度的混凝土为活性粉掺合料混凝土，强度为C200。工业与民用建筑中广泛应用的混凝土强度等级达到C30～C40，而且混凝土的各种性能如施工性、耐久性等显著改善。高性能混凝土是具有某些性能要求的匀质混凝土，必须采用严格的施工工艺，采用优质材料配制，便于浇捣、不离析、力学性能稳定、早期强度高、具有韧性和体积稳定性等性能的耐久混凝土，特别适用于高层建筑、桥梁以及暴露在严酷环境中的建筑结构。国外的建筑材料界认为，高性能混凝土的定性与发展要从结构性能的提高、经济成本的节减及环境的保护的角度来研究。一般而言，它的主要指标可概括为：超高的强度、低渗透性、良好的结构性能、优越的耐久性、可观的经济效益、环保性，有关常规的混凝土物理、力学性能指标亦要根据不同的使用要求而有所提高或改善。轻集料混凝土、加气混凝土得到较大发展，混凝土的表观密度由2400kg/m^{3}降至600～1000kg/m^3。

钢材的性能与加工工艺显著改善和提高。工程上应用的钢绞线的设计强度可达860MPa，预应力混凝土结构已经广泛应用，使大跨、重载的建筑、桥梁等工程得以实现。高强度钢索的应用，推动了斜拉桥、悬索桥的建设。由于轧制、焊接及加工工艺的发展，各种钢结构建筑与桥梁也得到空前的发展。随着冶炼技术的进步，耐候钢、耐高温钢也开始在土木工程中应用。目前耐候钢在600～620℃的温度下还可以保持其常温下的力学性能。不锈钢钢材也开始在沿海混凝土结构中应用，以提高结构的使用寿命。

传统的砌体材料、木质材料也得到了改进与发展。混凝土砌块被用来建造多高层建筑，并可以形成带保温的复合砌块建筑体系。传统的填充类砌体材料已完全被轻质的保温砌块或墙板体系所取代。从20世纪90年代开始，塑木材料开始在土木工程中应用，不仅应用于一般建筑工程中，而且能应用于铁路枕木中。2008年北京奥运会和2010年的上海世博会都使用塑木材料。

6. 施工过程向工业化发展　大规模的现代化建设促进了建筑标准化和施工机械化。人们力求推行工业化的生产方式，在工厂中定型地、大量地生产房屋、桥梁的构配件和组合件，然后运到现场进行装配。工业化的发展带动了施工机械的发展，我国自行设计建造的烟台莱佛士船厂“泰山”2万t桥式起重机，设计提升质量达20160t，设备总体高度为118m，相当于40层楼高；主梁跨度为125m，相当于一个足球场。上海环球金融中心吊装中采用的2台M900D塔吊，是目前国内房建领域中起质量最大、高度可达500m的巨型变臂塔吊，塔吊总质量达225.40吨。大厦封顶后，该塔吊在500m高空拆卸，属世界首创。大型钢模板、商品混凝土、混凝土搅拌运输车、输送泵等相结合，形成了一套现场机械化施工工艺，使传统的现场灌筑混凝土方法获得了新生命，在高层建筑、桥梁中广泛应用。

7. 新的工程领域不断出现　现代土木工程中，除了传统的新建工程外，还出现了许多新的工程领域。如工程结构的可靠性评估、改造加固等。随着工程结构服役期的增加，有些功能需要改变或提高，结构构件的性能可能劣化，要改善功能，确保结构长期使用的可靠性，就必须对既有结构进行鉴定评估，根据新的功能要求，对结构进行改造或加固。进入21世纪，这一领域的理论研究与工程应用发展非常快。

8. 我国重大土木工程建设取得成就　土木工程在解决重大工程技术问题中得到飞跃发展。我国建设的青藏铁路、三峡大坝、京沪高铁、南水北调工程、国家大剧院等，都解决了许多世界级土木工程技术难题，使我国土木工程技术在很多方面达到了世界领先水平。

青藏铁路（图1－34）是我国实施西部大开发战略的标志性工程，是中国新世纪四大工程之一。青藏铁路也是世界上海拔最高、冻土上路程最长的铁路，于2006年全线通车，成为沿线基本实现“无人化”管理的世界一流高原铁路。该路东起青海西宁，西至拉萨，全长1956km，青藏铁路全线路共完成路基土石方78530000m^3，桥梁675座、近160000延长米；涵洞2050座、37662横延米；隧道7座、9074延长米。建设过程中，青藏铁路在冻土攻关、卫生保障、环境保护、质量保证等方面都取得

图1－34　青藏铁路

了重大成果，解决了许多世界级的难题。

1994 年正式动工兴建的三峡工程（图 1 -35），位于重庆市市区到湖北省宜昌市之间的长江干流上。大坝位于宜昌市上游不远处的三斗坪，俯瞰三峡水电站并和下游的葛洲坝水电站构成梯级电站，2003 年开始蓄水发电，2009 年全部完工。三峡工程是世界上规模最大的水电站，也是中国有史以来建设最大型的工程项目。水电站大坝高 185m，蓄水高 175m，水库长 600 余 km，安装 32 台单机容量为 70 万 kW 的水电机组，是全世界最大的（装机容量）水力发电站。三峡工程也创下了我国土木工程建设史上多项之最，从首倡到正式开工有 75 年，是世界上历时最长的水利工程；三峡工程从 20 世纪 40 年代初勘测和 50 ~ 80 年代全面系统的设计研究，历时半个世纪，积累了浩瀚的基本资料和研究成果，是世界上前期准备工作最为充分的水利工程；三峡水库总库容 393 亿 m^3，防洪库容 221.5 亿 m^3，水库调洪可削减洪峰流量达每秒 2.7 ~ 3.3 万 m^3，是世界上防洪效益最为显著的水利工程；三峡水电站总装机 1820 万 kW，年发电量 846.8 亿 kW · h，是世界上最大的电站。三峡水库回水可改善川江 650km 的航道，使宜渝船队吨位由现在的 3000t 级提高到万吨级，年单向通过能力由 1000 万 t 增加到 5000 万 t，是世界上航运效益最为显著的水利工程。

图 1 -35 三峡工程

南水北调工程（图 1 -36）是缓解中国北方水资源严重短缺局面的重大战略性工程。我国南涝北旱，南水北调工程通过跨流域的水资源合理配置，大大缓解我国北方水资源严重短缺问题，促进南北方经济、社会与人口、资源、环境的协调发展，分东线、中线、西线三条调水线。西线工程在最高一级的青藏高原上，地形上可以控制整个西北和华北，因长江上游水量有限，只能为黄河上中游的西北地区和华北部分地区补水；中线工程从第三阶梯西侧通过，从长江支流汉江中上游丹江口水库引水，可自流供水给黄淮海平原大部分地区；东线工程位于第三阶梯东部，因地势低需抽水北送。

中国国家大剧院（图 1 -37）高 46.68m，总占地面积 11.89 万 m^2，总建筑面积约 16.5 万 m^2。国家大剧院由主体建筑及南北两侧的水下长廊、地下停车场、人工湖、绿地等部分

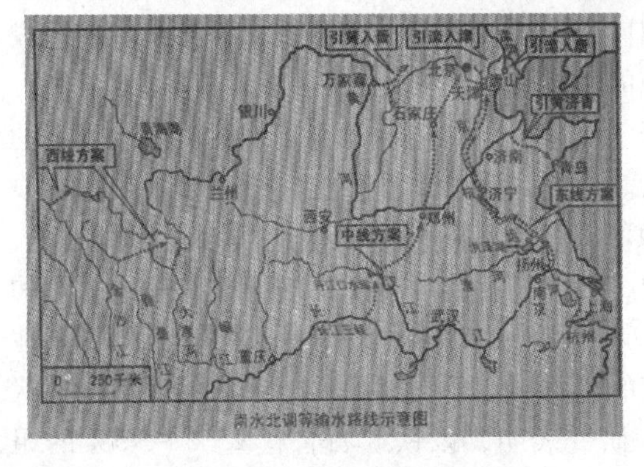

图 1 -36 南水北调工程

图 1 -37 中国国家大剧院

组成。国家大剧院外部为钢结构壳体呈半椭球形，平面投影东西方向长轴长度为212.20m，南北方向短轴长度为143.64m，基础最深部分达到－32.5m。国家大剧院造型新颖、前卫，构思独特，是传统与现代、浪漫与现实的结合。

1.3 土木工程的未来发展

1.3.1 混凝土材料向轻质、高强、多功能化发展

21世纪，混凝土各方面性能将不断提高，种类不断增加，混凝土结构将为人类提供更优质的服务，应用范围不断扩展，逐步实现社会与自然和谐发展。

（1）高强混凝土

随着世界各国预应力混凝土结构的发展，混凝土技术飞速发展，强度等级不断提高。20世纪50年代，世界各国混凝土平均抗压强度已超过30MPa。在20世纪70年代，较高强度（40～50MPa）混凝土开始应用于高层建筑。20世纪70年代晚期，由于减水剂和高活性掺和料得到开发和应用，使高强混凝土的制备技术进入了一个新的阶段。采用普通的混凝土施工工艺，已能较容易配置出80MPa以上的高强混凝土。目前，常用混凝土强度可达C50～C60（强度为50～60MPa），特殊工程可达C80～C100，今后将会有C400的混凝土出现。抗压强度的提高允许柱横截面大幅度减少，提供了更多可用房屋面积。高强混凝土的这个优点导致了从结构型钢到钢筋混凝土，整个结构的设计都发生了变化。随着技术发展，高强混凝土会具有更为广阔的应用前景。

（2）高性能混凝土

随着工程建设对混凝土耐久性的要求越来越高，人们于20世纪80年代末期研究开发了高性能混凝土。当时是为了解决混凝土材料抗氯离子的渗透问题，以防止因钢筋锈蚀而导致混凝土结构性能的严重劣化。自20世纪90年代初期，加拿大矿物与能源技术中心开始的高性能混凝土试验研究及美国混凝土协会（ACI）、美国国家标准与技术研究院（NIST）领导的高性能混凝土研究工作和组织的一系列国际会议之后，才真正在全世界范围内掀起高性能混凝土材料的研究热潮。尽管各国学者对高性能混凝土的要求和含义不尽相同，但高性能混凝土的共性可归结为：新拌阶段具有高工作性；水化、硬化早期和服役过程中具有高体积稳定性；硬化后具有足够的强度和低渗透性。高性能混凝土的微观结构方面特点为：①由于存在大量未水化的水泥颗粒，浆体所占比例降低；②浆体的总空隙率小；③孔径尺寸小，仅最小的孔为水饱和；④浆体－集料界面消除了薄弱区；⑤游离氧化钙含量低；⑥自身收缩造成混凝土内部产生自应力状态，导致集料受到强力的约束。

高性能混凝土虽然在诸多性能上比普通混凝土优越，但它仍不是完善的混凝土或理想的混凝土，其最为突出的弱点是自收缩大和脆性大。研究表明，高性能混凝土的自收缩占总收缩的50%以上，即使在100%的相对湿度下养护仍会发生。随着高性能混凝土强度的提高，其脆性显著加剧已被大量试验和工程实践所证明，高强高性能混凝土的破坏往往呈无征兆的爆炸性破坏，这对大型复杂的混凝土结构而言，无疑增添了许多不安全因素。为了降低高性能混凝土的脆性，国内外尝试通过优选高强坚韧的粗集料，诱导裂纹的扩展沿界面呈阶梯状偏转与分化，提高高性能混凝土的韧性与延性。研究表明，以铁矿石替代25%～75%的粗集料，抗压强度提高了约5%，而抗拉强度提高了约20%以上，断裂能提高了80%。而且

从微观形态分析，断裂面的粗糙度明显增大，表明断裂韧性显著提高。高性能混凝土的寿命为普通混凝土的2~3倍。另外，高性能混凝土结构达到使用寿命之前可被循环利用2~3次，达到使用寿命之后经过加工可被用作路基工程的集料。

高性能混凝土是经济混凝土，因为在建造相同性能的结构时，模板用量少，混凝土浇筑量少，钢筋用量少。

（3）纤维增强混凝土

为了改善混凝土抗拉性能差、延性差等缺点，在混凝土中掺加纤维以改善混凝土性能的研究发展得相当迅速。目前研究较多的有钢纤维、耐碱玻璃纤维、碳纤维、芳纶纤维、聚丙纤维或尼龙纤维混凝土等。

钢纤维混凝土在承重结构中应用较广，当纤维量在1%~2%的范围内时，与基体混凝土相比，钢纤维混凝土的抗拉强度可提高40%~80%，抗弯强度可提高50%~120%，抗剪强度提高50%~100%，抗压强度提高较小，在0~25%之间。弹性阶段的变性与基体混凝土性能相比没有显著差别，但可大幅度提高钢纤维混凝土的韧性，表现出良好的塑性变形。

（4）绿色混凝土

随着社会物质生产的高速发展，认识资源、环境与材料的关系，开展绿色材料及其相关理论的研究，是历史发展的必然。在这样的背景条件下，具有环境协调性和自适应特性的绿色混凝土应运而生。

绿色混凝土，指既能减少对地球环境的负荷，又能与自然生态系统协调共生，为人类构造舒适环境的混凝土材料。即可理解为：节约资源、能源，不破坏环境，更有利于环境。一般说来，绿色混凝土应具有比传统混凝土更高的强度和耐久性，可以实现非再生性资源的可循环使用和有害物质的最低排放，既能减少环境污染，又能与自然生态系统协调共生。绿色混凝土作为绿色建材的一个分支，自20世纪90年代以来，国内外科技工作者开展了广泛深入的研究。绿色混凝土包括：绿色高性能混凝土、再生集料混凝土、环保型混凝土和机敏混凝土等。

20世纪90年代吴中伟院士首次提出了“绿色高性能混凝土”的概念。高性能混凝土具有普通混凝土无法比拟的优良性能，关于高性能混凝土的研究是当今土木工程界最热门的课题之一，如果将高性能混凝土与环境保护、生态保护和可持续发展结合起来考虑，则成为绿色高性能混凝土（GHPC）。真正的绿色高性能混凝土应该是节能型混凝土，所使用的水泥必须为绿色水泥。普通水泥生产过程中需要高温煅烧硅质原料和钙质原料，消耗大量的能源。如果采用无熟料水泥或免烧水泥配制混凝土，就能显著降低能耗，达到节能的目的。绿色高性能混凝土（GHPC）是混凝土的发展方向。

再生集料混凝土指以废混凝土、废砖块、废砂浆作集料，加入水泥砂浆拌制的混凝土。我国20世纪50年代所建成的混凝土工程已使用50余年，许多工程都已经损坏，随着结构的破坏，许多建筑物都需要修补或拆除，而在大量拆除建筑废料中相当一部分都是可以再生利用的，如果将拆除下来的建筑废料进行分选，制成再生混凝土集料，用到新建筑物的重建上，不仅能够根本上解决大部分建筑废料的处理问题，同时减少运输量和天然集料使用量。

利用再生集料配制再生混凝土是发展绿色混凝土的主要措施之一，可节省建筑原材料的消耗，保护生态环境，有利于混凝土工业的可持续发展。但是，再生集料与天然集料相比，孔隙率大、吸水性强、强度低，因此，再生集料混凝土与天然集料配置的混凝土的特性相差较大，这是应用再生集料混凝土时需要注意的问题。

环保型混凝土是指能够改善、美化环境，对人类与自然的协调具有积极作用的混凝土材料，它将成为混凝土的主要发展方向。混凝土材料给环境带来了负面影响，如制造水泥时燃烧碳酸钙排出的二氧化碳和含硫气体，形成酸雨，产生温室效应，进而影响环境。据调查城市噪声的三分之一来自建筑施工，其中混凝土浇捣振动噪声占主要部分。就混凝土本身的特性来看，质地硬脆，颜色灰暗，给人以粗、硬、冷的感觉，由混凝土的构成的生活空间色彩单调，缺乏透气性，透水性，对温度、湿度的调节性能差，在城市大密度的混凝土建筑物和铺筑的道路，使城市的气温上升。新型的混凝土不仅要满足作为结构材料的要求，还要尽量减少给地球环境带来的负荷和不良影响，能够与自然协调，与环境共生。因此，作为人类最大量使用的建设材料，混凝土的发展方向必然使既要满足现代人的需求，又要考虑环境因素，有利于资源、能源的节省和生态平衡。

目前开发的环保型混凝土主要有多孔混凝土及植被混凝土。多孔混凝土也称为无砂混凝土，它具有粗集料，没有细集料，直接用水泥作为胶粘剂连接粗集料，其透气和透水性能良好，连续空隙可以作为生物栖息繁衍的地方，而且可以降低环境负荷，是一种新型的环保材料。植被混凝土则是以多孔混凝土为基础，然后通过在多孔混凝土内部的孔隙加入各种有机、无机的养料来为植物提供营养，并且加入了各种添加剂来改善混凝土内部性质，使得混凝土内部的环境适合植物生长，另外还在混凝土表面铺了一层混有种子的客土，提供种子早期的营养。透水性混凝土与传统混凝土相比，具有透气性和透水性，将这种混凝土用于铺筑道路、广场、人行道等，能扩大城市的透水、透气面积，增加行人、行车的舒适性和安全性，减少交通噪声，对调节城市空气的温度和湿度、维持地下土壤的水位和生态平衡具有重要作用。

机敏混凝土是一种具有感知和修复性能的混凝土，是智能混凝土的初级阶段，是混凝土材料发展的高级阶段。智能混凝土是在混凝土原有的组成基础上掺加复合智能型组分使混凝土材料具有一定的自感知、自适应和损伤自修复等智能特性的多功能材料，根据这些特性可以有效地预报混凝土材料内部的损伤，满足结构自我安全检测需要，防止混凝土结构潜在的脆性破坏，能显著提高混凝土结构的安全性和耐久性。近年来，损伤自诊断混凝土、温度自调节混凝土及仿生自愈合混凝土等一系列机敏混凝土的相继出现，为智能混凝土的研究和发展打下了坚实的基础。

1.3.2 土木工程将向海洋、荒漠和太空发展

随着土地资源的减少，世界各国都非常重视向海洋开拓建筑用地。海洋土木工程的兴建，不仅可解决陆地土地少的矛盾，同时也将给海底油、气资源及矿产的开发利用提供立足之地。采油人员借助现代海上采油平台，不仅可以进行海洋作业还可以日常生活，如果将平台扩大，建成海上城市完全有可能。例如，美国拟在离夏威夷群岛不远的太平洋上修建一座海上城市，它将建在高 70m、直径 27m 钢筋混凝土“浮船”上。这座海上城市建成后将容纳 10 万居民。近年来，为了节约用地和防止噪声对居民的影响，许多国家都在填海造地来建造机场，如中国的澳门机场、日本关西国际机场均修筑了海上的人工岛，将跑道和候机楼建在人工岛上。

全世界陆地中约有 1/3 为沙漠或荒漠地区，沙漠生态环境恶劣，昼夜温差大，空气干燥，太阳辐射强，严重缺水，不适合人类生存。在沙漠上建造房屋，首先应在沙漠中找到

水，可通过海水淡化等多种方法解决，目前海水淡化成本均居高不下，如果随着技术进步，成本降低，这是最有希望成为沙漠水源的。沙漠改造利用不仅增加了土地有效利用面积，同时还改善了全球生态环境。许多国家已开始沙漠的改造工程。

向太空发展是人类长期的梦想，在21世纪这一梦想可能变为现实。2006年12月，美国宇航局对外公布了“重返月球”计划，其核心目标是2024年在月球上建立永久基地，月球南极有望成为选址地点。建成后的月球基地上将有探测车和生活区，能够实现电力供应，保证宇航员在月球上长期生活。与地球相似的是火星，但火星上缺氧，如何使火星地球化，人们设想利用生物工程特制氧微生物及低等植物移向火星，使之在较短时间内走完地球几亿年才走完的进程，使火星适于人类居住，那时人类便可向火星移民，而火星到地球可用宇宙飞船联系，人们的生活空间将大大扩展。

1.3.3 信息和智能化技术全面引入土木工程

1.3.3.1 智能建筑

关于智能建筑目前还没有确切的定义，但有两个方面的要求应予满足。一方面是房屋用先进的计算机系统监测与控制，并可通过自动优化或人工干预来保证设备运行的安全、可靠、高效。另一方面是安装了对居住者的自动服务系统。对于办公楼来讲，智能化要求配备办公自动化设备、通讯设备、网络设备、楼宇自动管理和控制设备等。

(1) 完善的计算机系统及通信网络。该系统充分考虑其通用性和可扩展性，大厦裙楼、主楼、副楼由光纤网络构成主干网，该主干网的分支形成大楼内的局部网络，并支持大楼外的广域网。从发展来看，楼内局部网络将成为楼外广域网的用户子系统，楼内主干网将通过多重化设备与现有的各种广域网连接，例如公用电话网、用户电报网、公用数据网以及各种计算机网等。

(2) 共用办公自动化系统。该软件除了提供基本的办公功能，如文字处理、文件管理、电子邮件、日历管理等，还能够连接多种技术（如分布式信息系统、通讯系统、决策支持服务和其他办公功能)，从而组成一个综合办公自动化及信息系统。用户可在自己的办公室内，通过单一终端使用这些技术。

(3) 高效的国际金融信息网络。使各界人士，在大楼内就能掌握世界经济的发展动态。

(4) 可靠的自动化系统。应用电脑网络建立于大楼设备自动化监控系统，实现了对供水、供电、空调等系统的监测或控制。例如供水系统：监测供水压力、流量、各楼层用水量、各水池储水量、消防用水等；供电系统：监测供电电压电流以及日、夜间用电量；空调系统：控制制冷机制冷量、供给水温度、水量、回水温度；锅炉房：监测送水温度、水量。此外，还有电梯、消防、音响、防盗等自动化控制系统，使大楼尽可能地做到节能、安全、可靠、舒适。

(5) 舒适的办公和居住环境。工作人员在办公室里的工作环境、公共区域的环境以及其他设施的环境，心理、生理上感到舒适，并在任意间隔的空间都能保证足够的灯光、空调等。

1.3.3.2 土木工程信息化施工

所谓信息化施工，就是指在施工过程中所涉及的各部分各阶段广泛应用计算机信息技术，对工期、人力、材料、机械、资金、进度等信息进行收集、存储、处理和交流，并加以科学地综合利用，为施工管理及时、准确地提供决策依据。例如，在隧道及地下工程中将岩土样品性质的信息，掘进面的位移信息收集集中，快速处理及时调整并指挥下一步掘进及支护，可以大大提高工作效率并可避免不安全的事故。信息化施工还可通过网络与地区或国家的工程数据库联系，在遇到新的疑难问题时可及时查询解决。信息化施工可大幅度提高施工效率和保证工程质量，减少或杜绝工程事故，有效控制成本，实现施工管理现代化。

1.3.4 钢结构广泛应用于土木工程

进入21世纪以来，国家大力发展节能环保型建筑，以缓解我国能源与经济社会发展的矛盾。建筑节能举足轻重，刻不容缓。因此，建筑节能在钢铁业和钢材流通业引起高度重视。我国也公布了新的产业政策，要求钢铁工业加快产品结构调整、提高钢材使用效率、树立节约使用钢材意识，把提高钢材强度、减少钢材使用量、钢材资源综合利用放在重要位置。大力发展钢结构在建筑行业内的应用，完全符合国家节约能源，提高能源利用率的政策倡导，同时也大力促进了我国建筑行业的快速发展。

钢结构与其他建筑结构形式相比具有以下几方面的优点：（1）钢结构质量轻，强度高，适合于大跨度和高层结构。钢结构的强度比其他建筑材料高很多，因而当承受的荷载和条件相同时，钢结构要比其他结构轻，便于运输和安装，并可跨越更大的跨度。（2）钢材的塑性和韧性好。根据材料力学试验检测，我们可以知道钢材属于良好的塑性材料。因此，钢结构一般不会因为荷载影响发生突然断裂破坏，且其对动力荷载的适应性较强。钢材的这些性能对钢结构的安全可靠提供了充分的保证。（3）钢结构制造简便，易于采用工业化生产，施工安装周期短、施工速度快。钢结构由各种型材组成，制作简便。大量的钢结构都在专业化的金属结构制造厂中制造，精确度高。制成的构件运到现场拼装，采用螺栓连接或焊接，且结构轻。此外，已建成的钢结构也易于拆卸、加固或改造。（4）钢结构的气密性和水密性较好。

从全球高层钢结构发展的历程来看，今后在高层和超高层建筑中使用钢结构是必然趋势。从钢结构的优越性和综合效益考虑，预计未来在50层以上的建筑中各种形式的钢结构将成主导。今后几年，我国在下列领域内钢结构将得到广泛应用。

1.3.4.1 钢结构住宅

钢结构住宅可以在工厂生产，工业化程度比较高。目前，随着我国钢铁产业的迅速发展，推广发展钢结构住宅具备了良好的条件，建筑业的飞速发展和人民生活水平的提高，轻钢住宅也将迅速应时而生。

1.3.4.2 钢结构厂房

钢结构也是工业厂房的主流形式，经济性能好、投资回收快。在我国，甚至在比较偏远的地方现在也在采用门式刚架。为了提高构件的经济效益，目前国外还比较普遍采用的是腹板波折的钢板，提高它的抗剪强度和承载力。重型工业厂房肯定会大量应用钢结构，适用于50t～100t的大吨位吊车，冶金、化工工业厂房，电厂等。

1.3.4.3 大跨度及空间结构

网架与网壳仍是当前我国空间结构建设的主流，一批航站楼、会议展览中心、体育场馆开始采用短型管、圆钢管制作空间桁架、拱架及斜拉网架结构，另外，波浪形屋面已引起人们的关注。已经基本建成完工的国家体育场鸟巢，是由24片门式刚架，旋转而成，其中22片基本贯通，形成了这样一个造型的鸟巢。这是一个立柱肩部焊接。国家大剧院、广州新体育馆等都是钢结构形式。

1.3.4.4 钢结构在公共建筑、交通及市政等领域应用将更加广泛

随着城市化进程的快速发展，大量标志性建筑、城际铁路等相继开始筹建或已经在建。为了能够更好地节约土地资源，加快建设等，人们已经认识到钢结构在这些方面的优点，促使钢结构有了更长远的发展。

1.3.5 土木工程的可持续发展

现代可持续发展的理论源于人们对环境问题的逐渐认识和热切关注，其产生背景是因为人类赖以生存和发展的环境和资源遭到越来越严重的破坏，人类已不同程度地尝到了破坏环境的苦果。现代土木工程不断地为人类社会创造崭新的物质环境，成为人类社会现代文明的重要组成部分。在我国的现代化建设中，土木工程业已成为国民经济发展的基础产业和支柱产业之一。在土木工程的各项专业活动中，可持续发展将对促进人与自然的和谐，实现经济与人口、资源、环境相协调发展起着至关重要的作用。

1.3.5.1 土木工程材料的可持续发展

材料是土木工程建造施工的物质基础，在土木工程技术的快速发展中具有极其重要的作用，对可持续利用具有重大的意义。传统的土木材料有木材、钢材、砌体材料、气硬性无机胶凝材料、水泥、砂浆、混凝土、高分子材料、沥青与沥青混合料等，给人类带来了物质文明并推动了人类文明的进步，但其生产、使用和回收过程，不仅消耗了大量的资源和能源，并且带来环境污染等负面影响。

社会的发展对建筑材料提出了更高要求。例如，2008 年北京奥运会游泳主赛馆的国家游泳中心——“水立方”，建筑方案采用了多面体空间钢架结构和双层 ETFE（乙烯－四氟乙烯共聚物）薄膜围护结构体系。ETFE 薄膜是一种无色透明的颗粒状结晶体，由 ETFE 生料挤压成型的膜材是一种典型的非织物类膜材，为目前国际上最先进的薄膜材料。它具备可回收性、耐久性、自洁性、防火性、气候适应性、抗撕裂性能、柔韧性和可加工性等优点，在满足其建筑功能的同时，还能起到改善环境和资源的循环再利用的作用。

混凝土和钢材是土木工程中使用范围最广的两种建筑材料，其中高强度抗震钢材、不锈钢钢材、塑料钢材等的研发，为结构节省了钢材用量，同时为结构抗震、抗腐蚀提供了保障，是理想的高性能环保型建筑材料。高性能混凝土、绿色高性能混凝土和智能型混凝土的出现，为创造新的结构和构件开辟了新的途径。例如，智能混凝土材料是具有自诊断、自修复和自调节等特点的新型功能材料，根据这些特性可以有效地预报混凝土材料内部的损伤，满足结构自我安全检测的需要，防止混凝土结构潜在脆性破坏，并能根据检测结果自动进行修复，显著提高混凝土结构的安全性和耐久性。

生态建材是指在加工、制造、使用、废弃和再生过程中具有最低环境负面影响、最大使用功能的人类所需要的一系列新型建筑材料。生态建材具有以下特征：（1）生态建材应具有先进性，它既可以拓展人类的生活领域，又能为人类开拓更广阔的活动空间；（2）生态建材应具有环境协调性，它既能减少对环境的污染危害，从社会持久发展及进步的观点出发，使人类的活动范围和外部环境尽可能协调，又在其制造过程中最低限度地消耗物质与能源，使废弃物的产生和回收处理达到最小，产生的废弃物能被处理、回收和再生利用，并且这一过程不产生污染；（3）生态建材应具有舒适性，它既能创造一个与大自然和谐的健康生活环境，又能使人类在更加美好、舒适的环境中生活。

1.3.5.2　土木工程设计的可持续发展

土木工程设计是对工程项目所需的技术、经济、资源和环境等进行综合分析和论证，编制工程项目设计文件的活动。设计在技术上是否可行、工艺是否先进、经济是否合理、设备是否配套、结构是否安全可靠等，都将决定工程项目建成后的功能和使用价值，同时，其设计方案对环境的关注程度直接影响到工程实体在施工、运行与最终拆除和循环利用的各阶段对环境的影响。

设计方案的合理性和先进性是设计质量的基础。设计方案的选择，在确保设计参数、设计标准、设备和结构选型、功能和使用价值以及满足使用、经济、美观、安全、可靠等要求的基础上，还应充分考虑工程所在地的生态、地理、人文环境特征，在设计的各个环节引入环境概念。选择有利于可持续发展的场址、场地规划设计、建筑节能设计和利用可再生能源等。力求做到工程与周围生态、人文环境的有机结合，增加人居环境的舒适和健康，最大限度地提高能源和材料的使用效率，做到开发利用与保护环境并重，达到可持续发展。在建筑工程领域，可持续发展的绿色建筑在设计上更加追求与自然和谐，提倡使用可促进生态系统良性循环，不污染环境，高效、节能、节水的建筑技术和建筑材料。

1.3.5.3　土木工程施工和运营的可持续发展

土木工程施工是将设计意图付诸实施，建成最终产品的过程。在施工过程中，不可避免地会给生态系统带来破坏，对人居环境带来污染和不利影响。土木工程施工中不可避免产生扬灰和粉尘，造成大气粉尘污染；设备的安装、运行及转运造成的噪声污染；施工过程中的建造和拆除所产生的废弃物占填埋废弃物总量的较大比重等。而具有可持续发展思想的施工过程，将采取积极有效的措施，避免、缓解或减小施工过程中对生态环境的各种影响。在土木工程施工中落实可持续发展思想是可持续的土木工程业的重要体现，对可持续发展的实现具有重要意义。

土木工程施工包含：施工准备、施工实施至竣工验收等方面，整个过程中都涉及可持续发展的方方面面，如对生态、人居、环境、资源和能源等的保护。因此，在施工过程中要做好以下几方面：①高效利用建筑场地资源，保护环境，减少污染。对古建筑、植被和场地周边的重要设施设备等要制订明确的保护方案。在保证质量的前提下降低对人工和设备的投入，减少建造过程中对环境的损害，避免破坏环境、资源浪费以及建筑材料的浪费。制订有关保护室内外空气、噪声污染的施工管理办法和执行方案。②要节约资源（能源）和材料。可持续发展的最有效的手段是减少能源的消耗和建筑垃圾和废料的产生。在建设工作中重视“变废为宝”，减少材料的损耗。将废混凝土、废砖石经回收加工，当做要求不高的地面材料或填充材料，用于筑路或重新制砖等。③形成科学的管理与监督机制。除制订施工项目管理目标，规划实施项目目标的组织、程序和落实责任外，在项目管理过程中贯彻执行：施工过程中尽可能减少场地干扰；提高资源和材料的利用效率，增加材料的回收和再利用；人员和设备的合理统筹等。但采用这些措施的前提是要确保工程质量。

土木工程使用阶段，结构将消耗大量的能量，产生大量的废弃物，外界人为和自然因素对结构的性能不断产生影响。因此，运行和维护阶段，采取对土木工程建筑物的监测、保养与维护，定期对外界人为损坏、地震、火灾等各种因素造成的建筑和结构的破坏进行修缮和维护。同时，提高能源利用效率，积极开发和利用可再生能源，尽量采用自然通风和天然采光，节约和循环用水，利用风能发电等。

1.3.5.4　土木工程拆除与循环利用的可持续发展

土木工程结构在达到了设计正常使用年限之后将面临淘汰和拆除，在拆除过程中势必会造成环境污染，产生大量建筑垃圾和废弃物。因此，对建筑物的拆除应进行严格控制和论证，对能维护使用的、新规划能避免拆除的，尽量不拆除，也可通过建筑移位或改变建筑使用用途来延长建筑的寿命。将废弃混凝土作为再生集料生产再生集料混凝土是处理建筑废弃物过程中一个十分重要的环节。利用废弃建筑混凝土和废弃砖块生产粗细集料，可用于生产相应强度等级的混凝土、砂浆或制备诸如砌块、墙板、地砖等建材制品。粗细集料添加固化类材料后，也可用于公路路面基层。废旧的砖瓦可制成免烧砌筑水泥、再生免烧砖瓦等。

1.4　土木工程的理论基础与学习方法

1.4.1　土木工程的理论基础

土木工程作为一门科学，哲学、数学和文学是它赖以发展和进步的根基。哲学是解决世界观和方法论问题的，对任何一个问题进行处理、分析、判断，首先必须有正确的思路，而能够给你正确思路的东西是哲学。我们把对任何一个问题的处理、研究、分析、判断结果及过程准确记录并表达出来只能依靠文学，而数学是土木工程工作者经常借助的工具。土木工程以数学为工具、力学为支撑、工程技术科学为外延，构建起了自己的科学体系。

土木工程科学要应用许多数学理论，涉及很多数学学科：微分学、积分学、空间几学、概率论、数理统计、线性代数、复变函数、数值分析等。除了数学之外，土木工程科学要应用许多力学理论，涉及很多力学学科：静力学、动力学、运动学、材料力学、结构力学、土力学、岩石力学、弹性力学、塑性力学、弹塑性力学、黏弹性力学、爆炸力学、流体力学等。要学好土木工程必须首先学好数学，数学学好了才能学好力学，力学学好了才能学好土木工程专属工程技术科学，因此“力学不通、土木难通；力学一通、土木全通”，同样“数学不通、力学难通；数学一通、力学易通”。

土木工程科学的基础理论包括土木工程制图理论：机械制图、建筑制图、画法几何、计算机绘图等、工程测量学、工程地质学、土木工程实验技术学等。技术理论包括房屋建筑学、土木工程材料学、基础工程学、结构工程学：包括砌体结构、木结构、钢筋混凝土结构、钢结构、预应力结构、塔桅结构、桥梁结构、地下结构、线路工程结构（公路、铁路、管道、电力输送）、水利工程结构、航站工程结构、港口与航道工程结构、特种结构等、装饰工程学、抗灾工程学：工程结构抗震、工程结构防火等、设备工程学、施工技术学、土木工程法学、土木工程经济学、土木工程管理学等。

1.4.2　土木工程专业的学习方法

1. 课堂教学

课堂上要记住老师讲授的思路、重点、难点、方法和主要结论，对要点、难点和因果关系要做课堂笔记。积极参与习题课与课堂讨论的互动，巩固和加深理解，也是对表达能力的一种训练。

课后要复习、整理笔记，独立完成课外作业，不懂的问题先独立思考，再与同学切磋，适当时可要求老师答疑解惑。

2. 实验教学

实验教学的目的是验证、弄懂技术原理，掌握用实验方法解决实际问题的手段。不能有重理论、轻实验的思想，要在实验教学中熟悉有关试验、检测规程，熟悉实验的程序、方法及实验报告的撰写。

3. 设计训练

专业课程教学中安排有课程设计、毕业设计，目的是训练学生综合运用所学知识解决问题的能力。要重视资料的检索、结构计算、CAD 绘图等基本技能训练。掌握计算程序、设计方法和设计成果的表达方式。熟悉国家制图规范、设计规范和标准设计图纸的运用。

4. 工地实践

工地实习是理论联系实际的宝贵时机，观察施工现场、学习施工组织、了解施工程序、观摩施工过程，向工人师傅和工程技术人员请教，可以学到课堂上学不到的知识和技能。

在土木工程专业的系统学习中，不仅要注重知识的积累，更应注重以下方面能力的培养。

（1）自主学习能力　土木工程内容广泛，新技术层出不穷，要善于自主学习、向书本学习，向实践学习，善于查文献。

（2）创新进取能力　随着社会的不断进步和经济的高速发展，对人才创新能力的要求日益提高，所以在学习过程中需要注重创新能力的培养。

（3）协调管理能力和综合解决问题能力　现代土木工程需要成千上万人和众多的部门共同努力才能完成，培养协调、管理的能力极其重要。要学会处理人际间的关系，做事要合情、合理、合法，要学会具有包容精神和团队精神。

思考题

1. 土木工程的定义和范围是什么？

2. 土木工程有哪些基本属性？

3. 土木工程发展分为哪几个阶段？各有什么主要特征？

4. 未来土木工程发展前景如何？

5. 怎样理解土木工程专业人才培养目标？你打算在今后学习中应注重自身哪些方面能力的培养？

第2章　土木工程的主要类型及其特点

2.1　建筑工程

2.1.1　建筑工程的特点

建筑工程是土木工程的重要组成部分，是建造各类房屋建筑活动的总称。建筑工程的对象是城乡中的各类房屋建筑，如住宅、办公楼、商场、工厂、学校、医院等。土木工程专业中的建筑工程问题，主要是建筑工程中的结构问题，即解决建筑结构的安全性、适用性与耐久性。满足功能要求是建筑的主要目的。建筑功能主要是指以下3个方面：即满足人体尺度和人体活动所需的空间尺度；满足人的生理要求，要求建筑具有良好的朝向、保温、隔声、防潮、防水、采光及通风性能，这也是人们进行生产和生活所必需的条件；满足不同建筑的使用特点要求。

建筑最本质的功能是为人类的生产、生活提供一个安全、舒适的空间。原始房屋的功能主要是遮风挡雨，随着人类文明的发展，建筑的功能要求越来越高，房屋规划、设计与施工中要考虑的问题越来越多，也越来越复杂，分工也越来越细。结构设计、项目管理、工程施工、工程监理、工程检测等是建筑工程领域的主要就业方向。

2.1.1.1　建筑工程的分类

1. 按使用功能分

建筑物按使用功能可分为民用建筑、工业建筑和其他建筑。

民用建筑指供人们工作、学习、生活、居住用的建筑物，包括居住建筑和公共建筑。居住建筑如住宅、宿舍和公寓等。公用建筑可分为文教建筑、托幼建筑、医疗卫生建筑、观演性建筑、体育建筑、展览建筑、旅馆建筑、商业建筑、电信广播电视建筑、交通建筑、行政办公建筑、金融建筑、饮食建筑、园林建筑、纪念建筑等。

工业建筑指为工业生产服务的生产车间及为生产服务的辅助车间、动力用房、仓储用房等。

2. 按承重结构使用的材料分

建筑物按承重结构采用的材料不同可分为木结构、砖（或石）结构、钢筋混凝土结构、钢结构、混合结构等。

木结构建筑是指以木材作为房屋承重骨架的建筑。砖石结构建筑是指以砖或石材为承重墙柱和楼板的建筑。这种结构可就地取材，不用钢材和水泥，造价较低，但抗震性能差、自重大。钢筋混凝土结构建筑是指以钢筋混凝土作承重结构的建筑，具有坚固耐久、防火、可塑性强等优点，应用较为广泛。钢结构建筑是指以型钢等钢材作为房屋承重骨架的建筑。钢结构力学性能好，便于制作和安装，工期短，结构自重轻，适宜于超高层和大跨度建筑采用。随着我国高层、大跨度建筑的发展，钢结构建筑的数量呈增长趋势。混合结构建筑是指采用两种或两种以上的材料作承重结构的建筑。比如由砖墙和木楼板构成的砖木结构建筑、由砖墙和钢筋混凝土楼板构成的砖混结构建筑、由钢屋架和混凝土（墙和柱）构成的钢混结构建筑等，其中砖混结构在多层民用建筑中应用较为广泛。

3. 按建筑层数分

我国《民用建筑设计通则》中将住宅建筑依层数划分如下：1~3层为低层；4~6层为多层；7~9层为中高层；10层及以上为高层建筑。公共建筑及综合性建筑总高度超过24m为高层，但是高度超过24m的单层建筑不算高层建筑。超过100m的民用建筑为超高层。

（1）多层建筑　多层建筑是指建筑高度大于10m、小于24m，且建筑层数大于3层、小于等于7层的建筑。

（2）高层建筑　高层建筑是指超过一定高度和层数的多层建筑。我国自1982年起规定超过10层的住宅建筑和超过24m高的其他民用建筑为高层建筑。

（3）超高层建筑　超高层建筑指40层以上、高度100m以上的建筑物。

4. 按建筑物承重受力方式分类

（1）砖混结构　是由砖或承重砌块砌筑的承重墙，现浇或预制的钢筋混凝土楼板组成的建筑结构，多用来建造低层或多层居住建筑。

（2）框架结构　是由梁和柱组成的主体骨架承重结构，楼板一般为现浇混凝土，墙为填充墙。多用来建造中高层和高层建筑。

（3）框架-剪力墙结构　是由剪力墙和框架共同承受竖向和水平作用的结构，也叫框架抗震墙结构。框架抗震墙结构和框架结构的区别是为了增加建筑物的刚度和整体性，将框架结构中一部分不受力的填充墙变成承受风和水平地震作用的钢筋混凝土墙。多用来建造中高层和高层建筑。

（4）剪力墙结构　是由剪力墙组成的承受竖向和水平作用的结构，也叫抗震墙结构。剪力墙结构承受竖向和水平荷载的墙体和楼板都是全现浇钢筋混凝土，多用来建造中高层和高层建筑。

（5）筒体结构　由若干纵横交接的剪力墙集中到房屋内部或外部，形成封闭筒体的骨架称为筒体结构。

2.1.1.2　建筑工程的等级划分

建筑物的等级通常按设计使用年限和耐火性能进行划分。

1. 按设计使用年限划分

建筑物的设计使用年限主要根据建筑物的重要性和规模大小进行划分，以作为基建投资和建筑设计的重要依据。《民用建筑设计通则》（GB 50352—2005）中以主体结构确定的建筑物设计使用年限将建筑物划分为4个类别，见表2-1。

表2-1　建筑物的耐久等级表

类　别	设计使用年限（年）	示　例
1	5	临时性建筑
2	25	易于替换结构构件的建筑
3	50	普通建筑和构筑物
4	100	纪念性建筑和特别重要的建筑

2. 按耐火性能划分等级

耐火等级是衡量建筑物耐火程度的标准，它通常是由组成建筑物的构件的燃烧性能和耐火极限的最低值来确定的。划分建筑物耐火等级的目的在于根据建筑物用途的不同提出不同耐火等级要求，达到既有利于安全，又有利于节约基本建设投资的目的。现行《建筑设计防火规范》（GB 50016—2006）将建筑物的耐火等级划分为4级。

2.1.2　建筑工程的基本构件

一般建筑物由基础、墙或柱、梁、楼板层及地坪、楼梯、屋顶和门窗等部分所组成，如图2-1所示。此外，因为生产、生活的需要，对建筑物还要安装给水和排水系统、供电系采暖和空调系统，某些建筑物还有电梯和煤气管道系统等。

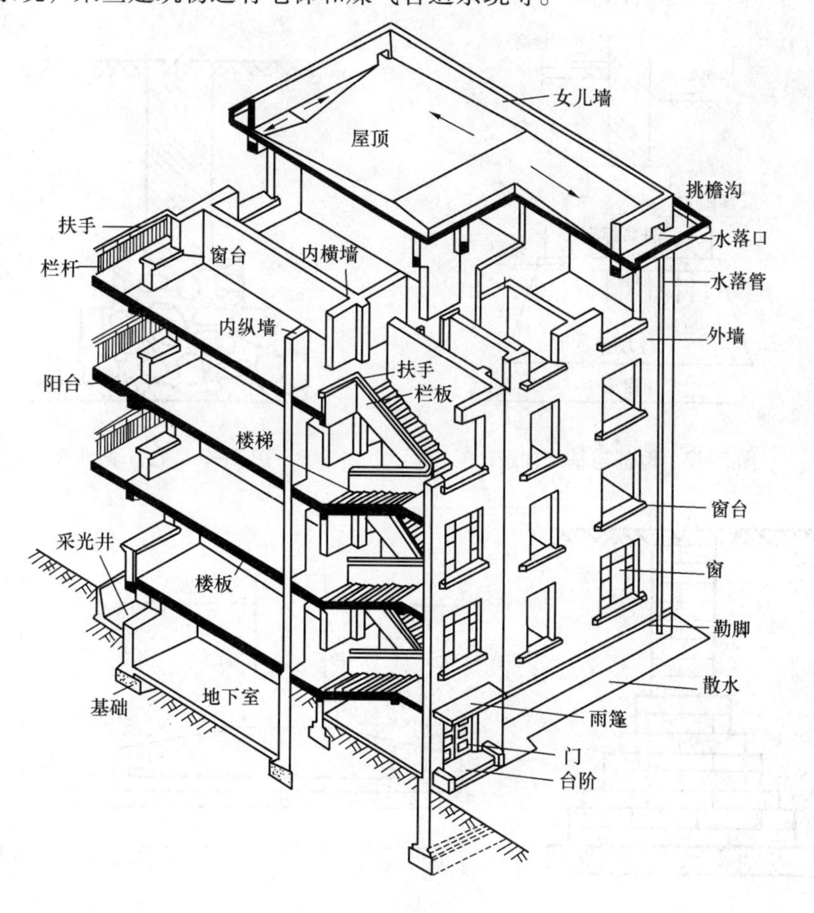

图2-1　建筑的构成

2.1.2.1　地基与基础

1. 地基与基础的概念

地基是基础下面承受其传来全部荷载的土层。它不是建筑物的组成部分。地基中，直接承受建筑物荷载的土层称持力层；持力层以下的土层称为下卧层。

地基分为天然地基和人工地基两大类。凡天然土层具有足够的承载能力，不需经人工改良或加固，可直接在上面建造房屋的称为天然地基。当建筑物上部的荷载较大或地基土层的承载能力较弱，缺乏足够的稳定性，需预先对土壤进行人工加固后，才能在上面建造房屋的天然土层，称为人工地基。

作为承受建筑荷载的土层，地基应具有足够的承载能力和均匀的压缩量，以保证建筑物均匀沉降和下沉不致过大，地基还应具有防止失稳、倾斜的能力。

基础是建筑物最下部的承重构件。它是建筑物重要的组成部分，承受着建筑物的全部荷载，并将其传给地基。如图2－2所示。

2. 基础的类别

1）按基础的材料分类

按照基础所用的材料不同可分为毛石基础、砖基础、混凝土基础、钢筋混凝土基础等，分别如图2－3～图2－5所示。

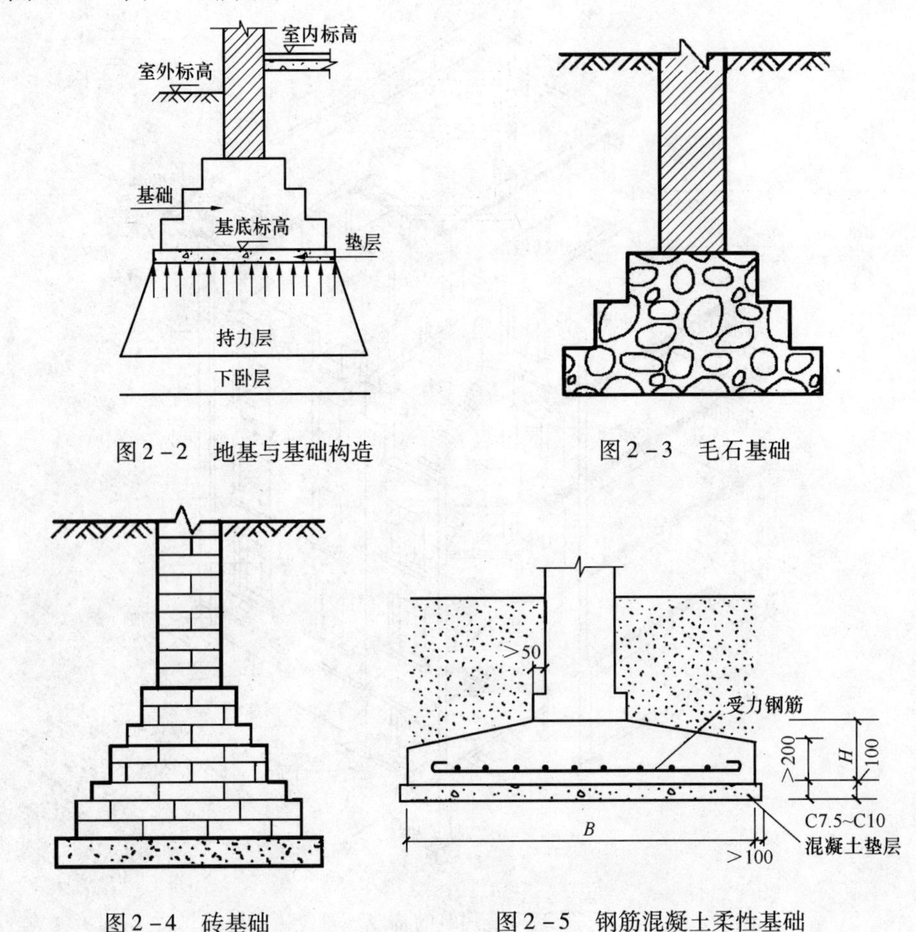

图2－2　地基与基础构造

图2－3　毛石基础

图2－4　砖基础

图2－5　钢筋混凝土柔性基础

2）按基础的受力特点分类

（1）柔性基础：一般指钢筋混凝土基础。当建筑物的荷载较大时，必须增大基础底面的长度和宽度，如果仍采用素混凝土材料作基础，为满足刚性角的要求，必须加大基础的深度，这样很不经济。如果在混凝土基础底部配以钢筋，利用钢筋来承受拉力，基础就不再受到刚性角的限制，故称钢筋混凝土基础为柔性。如图2－5所示。

（2）刚性基础：由砖、石、混凝土、毛石等刚性材料制成的基础形式。由于刚性材料的特点，这类基础的底面适于承受压力，所以为了满足基础的强度要求，刚性基础的尺寸必须控制基础的挑出长度 b 与高度 H 的比值。这个比值所对应的夹角称为刚性角，如图2－6所示。

3）按构造形式分类

（1）条形基础：是墙承式建筑基础的基本形式。当建筑物上部结构采用墙承重时，基础沿墙身设置，多做成长条形，这类基础称为条形基础或带形基础，其特点是：纵向整体性较好，可减小局部的不均匀下沉，如图2-7所示。

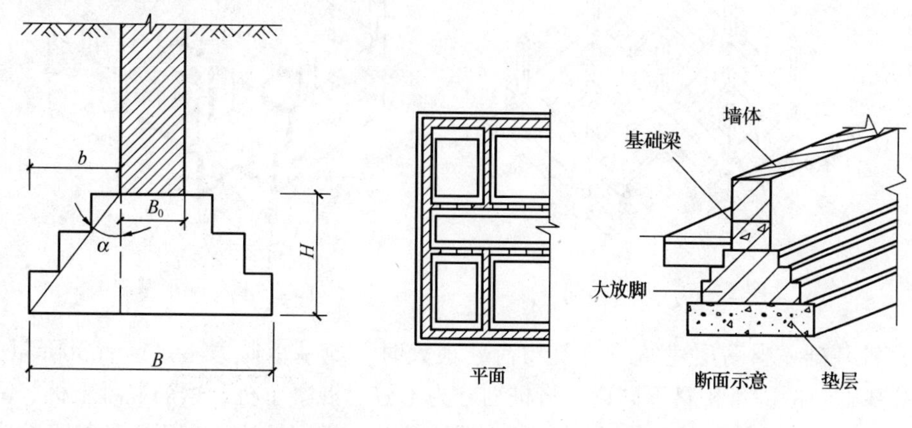

图2-6　刚性基础

图2-7　墙下条形基础构造

（2）独立基础：当建筑物上部结构采用框架结构或单层排架结构承重时，基础常采用方形或矩形的独立式基础。独立式基础是柱下基础的基本形式。与条形基础相比，独立式基础的特点是：土方工程量较少，便于管道穿过，节约材料，但整体性较差。如图2-8所示。

（3）片筏式基础：当建筑物上部荷载较大，而地基承载力又较低，条形基础或井格基础已不能适应地基变形的需要时，通常将墙或柱下基础连成一片，使建筑物的荷载承受在一块整板上，成为片筏式基础，如图2-9所示。

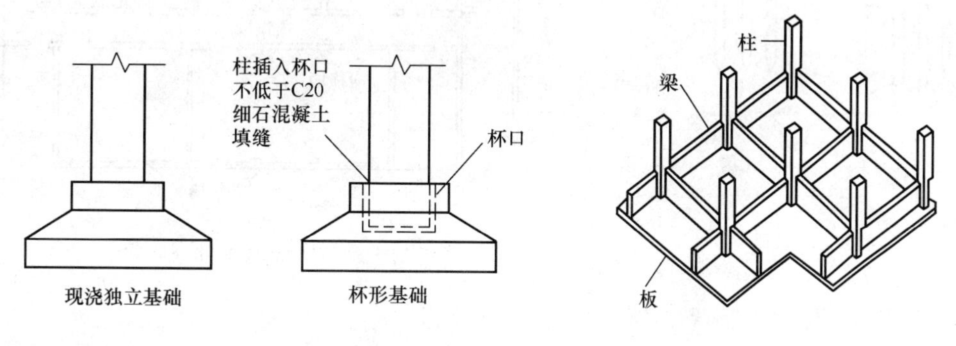

图2-8　独立基础

图2-9　片筏基础图

（4）井格式基础：当地基条件较差，为了提高建筑物的整体性，防止柱子之间产生不均匀沉降，通常将柱下基础沿纵横两个方向扩展并连接起来，形成十字交叉的井格基础。如图2-10所示。

（5）箱形基础：当高层建筑或建筑物荷载很大时，地基承载力又较低，常将基础做成箱形基础。箱形基础是由钢筋混凝土底板、顶板和若干纵、横隔墙组成的整体结构，基础的中空部分可用作地下室（单层或多层的）。箱形基础空间刚度大，整体性强，能抵抗地基的不均匀沉降，但缺点是造价较高，如图2-11所示。

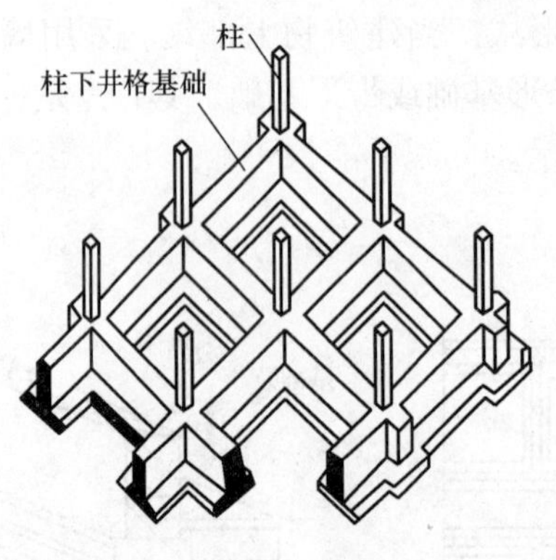

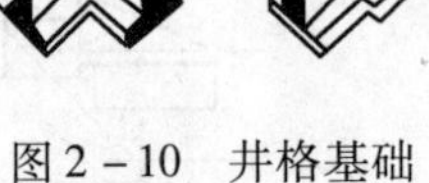

图 2-10　井格基础

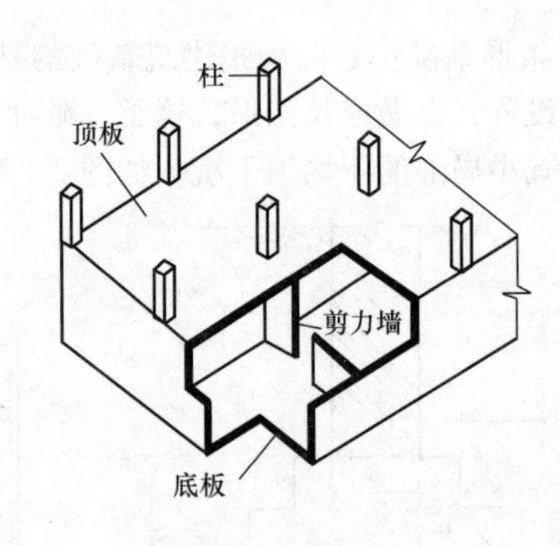

图 2-11　箱形基础

（6）桩基础：当高层建筑或建筑物荷载很大时，地基承载力不足或者沉降量过大时，宜选用桩基础。按桩身材料不同，可将桩划分为木桩、混凝土桩、钢筋混凝土桩、钢桩、其他组合材料桩。按施工方法可分为预制桩、灌注桩两大类。按成桩过程中的挤土效应可分为挤土桩和非挤土桩。按达到承载力极限状态时的荷载传递的主要方式，可分为端承桩和摩擦桩两大类。如图 2-12 所示。

2.1.2.2　墙体

墙是建筑物的承重构件和围护构件。外墙的作用是抵御自然界各种因素对室内的侵袭，内墙主要起分隔空间及保证环境舒适的作用。如图 2-13 所示。

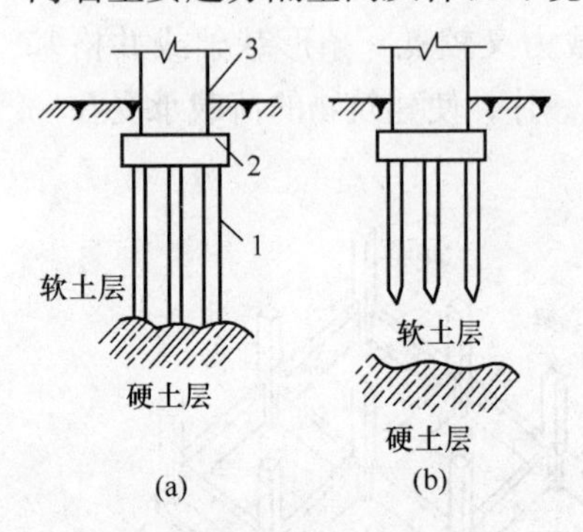

图 2-12　桩基础

（a）端承桩；（b）摩擦桩

1—基桩；2—承台；3—上部结构

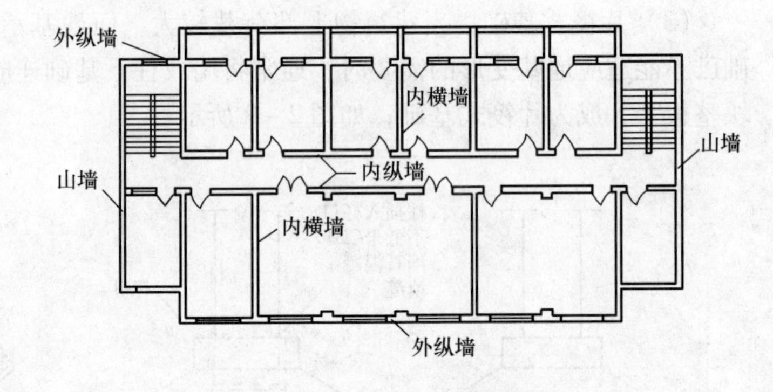

图 2-13　墙体各部分名称

在混合结构建筑中，按墙体受力方式可将墙体分为承重墙和非承重墙。非承重墙又可为自承重墙和隔墙两种。自承重墙不承受外来荷载，仅承受自身质量并将其传给基础。隔墙起分隔房间的作用，不承受外来荷载，把自身质量传给梁或楼板。框架结构中的墙称为框架填充墙，仅起围护作用，柱子起承重作用。因此，要求墙体具有足够的强度、稳定性、保温、隔热、防水、防火、耐久及经济等性能。

按构造方式可将墙体分为实体墙、空体墙和组合墙三种。实体墙由单一材料组成（如砖墙、砌块墙等）。空体墙也由单一材料组成，可由单一材料砌成内部空腔，也可用具有孔洞的材料建造墙（如空斗砖墙、空心砌块墙等）。组合墙由两种以上材料组合而成（比如混凝土、加气混凝土复合板材墙，其中混凝土起承重作用，加气混凝土起保温隔热作用）。

按施工方法可将墙体分为块材墙、板筑墙及板材墙三种。块材墙是用砂浆等胶结材料将砖石块材等组砌而成的（比如砖墙、石墙及各种砌块墙等）。板筑墙是在现场立模板，现浇而成的墙体（比如现浇混凝土墙等）。板材墙则是预先制成墙板，施工时安装而成的墙（如预制混凝土大板墙、各种轻质条板内隔墙等）。

墙体要满足热工要求（保温、隔热）、节能要求和隔声要求。对有保温要求的墙体，须提高其构件的热阻（通常增加墙体的厚度、选择热导率小的墙体材料、采取隔蒸汽措施等）。

2.1.2.3　楼板层与地坪层

楼板是水平方向的承重构件，按房间层高将整幢建筑物沿水平方向分为若干层。楼板层承受家具、设备和人体荷载以及本身的自重，并将这些荷载传给墙或柱，同时对墙体起水平支撑作用。因此，要求楼板层具有足够的抗弯强度、刚度和隔声、防潮、防水性能。

楼层按其使用的结构材料不同，可分为钢筋混凝土楼层、压型钢板楼层、木楼层以及其他材料的楼层。其中钢筋混凝土楼层在现代建筑中应用最为广泛。

根据钢筋混凝土楼层的施工方法不同，可分为现浇式、装配式和装配整体式三种。现浇钢筋混凝土楼层整体性好、刚度大、有利于抗震、梁板布置灵活，但模板材料的耗用量大，施工速度慢。装配式钢筋混凝土楼层能节省模板，并能改善构件制作时工人的劳动条件，有利于提高劳动生产率和加快施工进度，但楼层的整体性较差，房屋的刚度不如现浇式的房屋刚度好。装配整体式楼层是部分构件采用预制，其余部分采用现浇混凝土的方法使其连成一体的楼层结构，兼有现浇和预制的双重特点。

现浇式钢筋混凝土楼层依据结构类型不同，分为板式楼层、梁板式楼层和压型钢板式楼层。

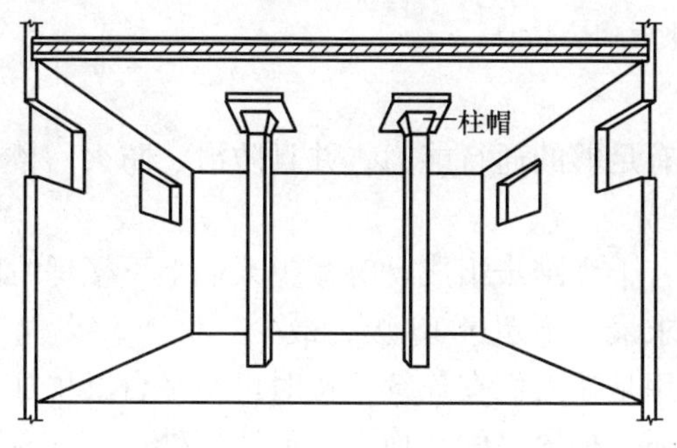

图2－14　板式楼层示意图

现浇钢筋混凝土板式楼层因支撑方式的不同，分为墙承式、柱承式两种。当房间的跨度较小时，楼层的两端直接支撑在墙体上，称为墙承式楼层，多用于开间较小的宿舍楼、办公楼等。当楼层结构直接由柱子来支撑时，称为无梁楼层。无梁楼层通常在柱顶设置柱帽，特别当楼板承受的荷载较大时，为了避免楼层在柱的冲切作用下发生破坏，必须设置柱帽。如图2－14所示。

当房间或柱距较大时，为使楼层的受力与传力较为合理，在楼层下设梁，以降低板的厚度和跨度，这样的楼层形式称为梁板式楼层。梁板式楼层依据梁的布置及尺寸的不同可以分为主次梁式楼层、井格式楼层、密肋式楼层，如图2－15所示。

压型钢板式楼层是利用截面为凹凸相间的压型钢板衬板与现浇钢筋混凝土面层浇筑在一起支承在钢梁上的板成为整体性很强的一种楼层。这种楼层多用于多、高层钢结构建筑中，如图2－16所示。

地坪是底层房间与地基土层相接的构件，起承受底层房间荷载的作用。要求地坪具有耐潮、防水、防尘和保温的性能。

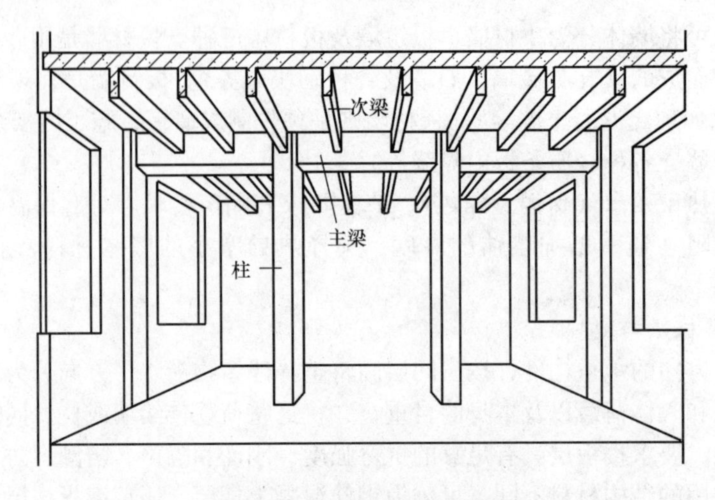

图 2－15　主次梁式楼层示意图

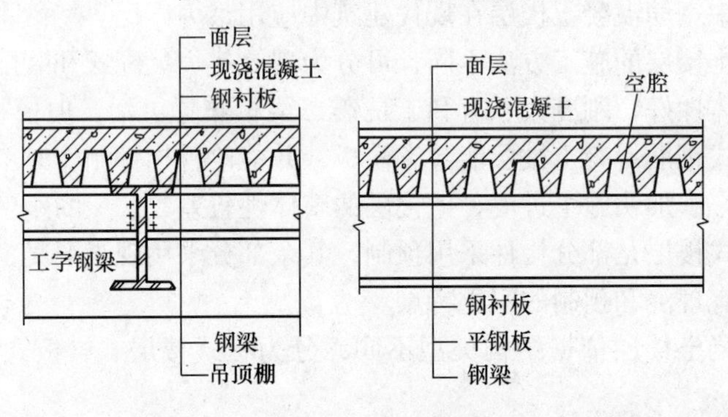

图 2－16　压型钢板式楼层

2.1.2.4　楼梯

楼梯是供人们上下楼层和紧急疏散用，应具有足够的通行能力，并且防滑、防火。楼梯一般由楼梯段、平台及栏杆（或栏板）三部分组成。

楼梯段是楼梯的主要使用和承重部分，它由若干个踏步组成。为减少人们上下楼梯时的疲劳和适应人行的习惯，一个楼梯段的踏步数要求最多不超过 18 级，最少不少于 3 级。

平台是指两楼梯段之间的水平板，其主要作用是让人们在连续上楼时可在平台上稍加休息，以缓解疲劳，故又称休息平台。同时，平台还是梯段之间转换方向的连接处。

栏杆是楼梯段的安全设施，一般设置在梯段的边缘和平台临空的一边，要求它必须坚固可靠，并保证有足够的安全高度。

2.1.2.5　门和窗

门在房屋建筑中的作用主要是供人们出入，并兼采光和通风作用。窗主要起通风、采光、分隔、眺望等围护作用。

门和窗还有分隔、保温、隔声、防火、防辐射、防风沙等要求。处于外墙上的门窗又是围护构件的一部分，要满足热工及防水的要求。某些有特殊要求的房间，门、窗应具有保温、隔声、防火等功能。门与窗均属非承重构件。

门按其开启方式通常分平开门、弹簧门、推拉门、折叠门、转门等。门的尺寸通常是指门洞的高宽尺寸。一般情况下，门的高度不宜小于 2100mm。如门设有亮子（亮子高度一般为300～600mm)，则门洞高度宜为2400～3000mm。公共建筑的大门高度可视具体需要适当提高。

窗的形式一般按开启方式定，窗的开启方式主要取决于窗扇铰链安装的位置和转动的方式。

窗的尺度主要取决于房间的采光、通风、构造做法和建筑造型要求，要符合现行《建筑模数协调统一标准》中的规定。一般平开木窗的窗扇高度为800～1200mm，宽度不宜大于500mm，上下悬窗的窗扇高度为300～600mm，中悬窗窗扇高不宜大于1200mm且宽均不宜大于1000mm，推拉窗高宽均不宜大于1500mm。

2.1.2.6 屋顶

屋顶是建筑物顶部的围护构件和承重构件，主要抵抗风、雨、雪、霜、冰雹等的侵蚀和太阳辐射热的影响，承受风雪荷载及施工、检修等屋面荷载，并将这些荷载传给墙或柱。故屋顶应具备足够的强度、刚度及防水、保温、隔热等性能。

屋顶可大致分为平屋顶、坡屋顶、其他形式屋顶三大类。平屋顶通常指排水坡度小于5%的屋顶，常用坡度为2%～3%。坡屋顶通常是指屋面坡度大于10%的屋顶。对于大跨度的公共建筑，许多新型的屋顶结构形式不断出现，比如拱结构型屋顶、薄壳结构型屋顶、悬索结构型屋顶、网架结构型屋顶等。

2.1.3 建筑结构体系

建筑的本质是建造一个空间，这个空间由竖向和水平两个方向受力体系组成，形成整体结构，承受竖向的重力荷载与水平风力和地震力。在多高层建筑中，竖向结构受力体系主要有：排架结构、框架结构、剪力墙结构、框架剪力墙结构、筒体结构、框筒结构、巨型框架等；水平结构受力体系主要有：平板结构、主次梁结构、井字楼盖、密肋楼盖等。在大跨建筑结构中，水平结构受力体系主要有桁架结构、空间桁架结构、网架结构、拱结构、穹顶结构、网壳结构、膜结构等。

2.1.3.1 排架结构

排架结构是由柱子和屋架组成，若干屋架支撑在两边的柱子上形成排，相邻两排放上一块板形成空间连续的房子。排架结构的特点是在自身的平面内承载力和刚度都较大，而排架间的承载能力则较弱，通常在两个支架之间应该加上相应的支撑，以避免因风及其他荷载的推动而发生侧移。

排架结构常用于单层的工业厂房。一般采用钢筋混凝土或钢结构柱，屋盖采用钢屋架结构。排架结构柱与基础为刚接，屋架与柱顶的连接为铰接。单层装配式钢筋混凝土厂房一般由屋盖结构、吊车梁、柱子、支撑、基础和围护结构等组成。如图2－17所示。

屋盖结构用于承受屋面的荷载，包括屋面板、天窗架、屋架或屋面梁、托架。屋架（屋面梁）为屋面的主要承重构件，多采用角钢组成桁架结构，亦可采用变截面的H型钢作为屋面梁。托架仅用于柱距比屋架的间距大时，由托架支承屋架，再将其所受的荷载传给柱子。天窗架主要为车间通风和采光的需要而设置。吊车梁布设在屋架上，用于承受吊车的荷载，并将荷载传递到柱子上。柱子为厂房中的主要承重构件，上部结构的荷载均由柱子传给基础。

基础用于将柱子和基础梁传来的荷载传给地基。围护结构多由砖砌筑而成，现亦有墙板采用压型钢板。

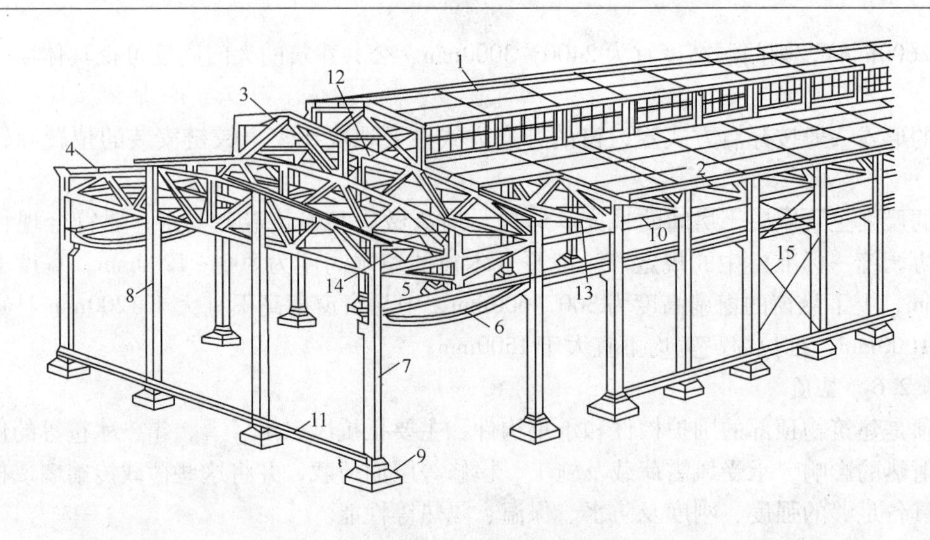

图2－17　单层装配式钢筋混凝土厂房

1—屋面板；2—天沟板；3—天窗架；4—屋架；5—托架；6—吊车梁；7—排架柱；
8—抗风柱；9—基础；10—连系梁；11—基础梁；12—天窗架垂直支撑；13—屋架下弦横向水平支撑；
14—屋架端部垂直支撑；15—柱间支撑

2.1.3.2　框架结构

框架结构（图2－18）是由梁、板、柱构成的承重体系，其受力特点是，水平方向仍然是楼板，楼板搭在梁上，梁支撑在两边的柱子上，这样就把质量传递给了柱子，再沿高度方向传到基础部分。框架结构的墙体是填充墙、不承重，可以在其中用其他的轻质材料进行房间的分割，因此它的墙仅起着一个划分空间的作用，同时也起到一个保温、隔热、隔声的作用。框架结构的突出特点能为建筑提供灵活的使用空间，但抗震性能差。

2.1.3.3　框架剪力墙结构

框架与剪力墙协同受力，剪力墙承担绝大部分水平荷载，框架以承担竖向荷载为主，这样，可大大减少柱子的截面。如图2－19所示。

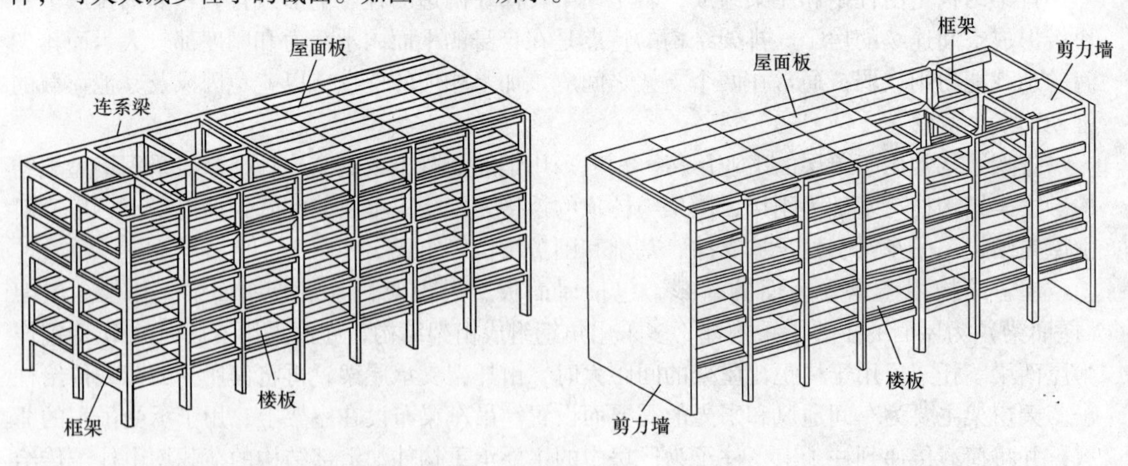

图2－18　框架结构　　　　图2-19　框架-剪力墙结构

剪力墙在一定程度上限制了建筑平面布置的灵活性。该类体系一般用于办公楼、旅馆、住宅以及某些工艺用房。

2.1.3.4　剪力墙结构

当房屋的层数较高时，横向水平荷载对结构设计起控制作用，如采用框架-剪力墙结构，剪力墙将需布置得非常密集，这时宜采用剪力墙结构，即全部采用纵横布置的剪力墙（图2-20）。剪力墙不仅承受水平荷载，亦承受垂直荷载。

剪力墙结构因其空间分隔固定，建筑布置极不灵活，所以一般用于住宅、旅馆等建筑中。剪力墙结构是用钢筋混凝土墙板来代替框架结构中的梁承担各类荷载引起的内力，并能有效控制结构的水平力，这种用钢筋混凝土墙板来承担水平力的结构称为剪力墙结构。这种结构在高层房屋中被大量运用。

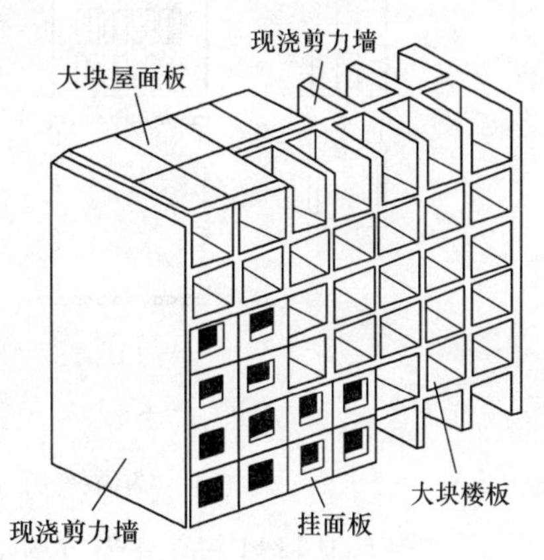

图2-20　剪力墙结构

2.1.3.5　框支剪力墙结构

为合理利用土地资源，可将建筑物底层开设商店，建造成大空间，而上部建设住宅楼或办公楼，这两种建筑的功能完全不同，上部住宅楼和办公楼需要小开间，比较适合采用剪力墙结构，而下部的商店则需要大空间，适合采用框架结构。为满足这种建筑功能的要求，应将这两种结构组合在一起，并在其交界位置设置巨型的转换大梁，将上部剪力墙的力传至下部柱子上。这种结构体系称之为框支剪力墙体系，如图2-21所示。

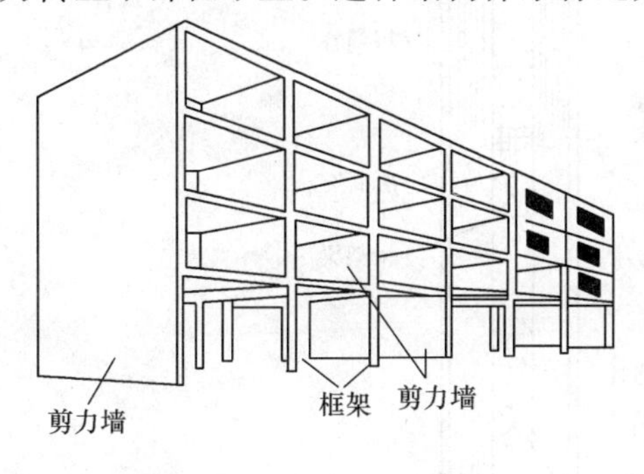

图2-21　框支剪力墙结构

框支剪力墙结构中上部的剪力墙刚度较大，而下部的框架结构刚度较弱，其差别一般较大，这对整幢建筑的抗震是非常不利的，同时，转换梁作为连接节点，受力亦非常复杂，地震区应慎用。

2.1.3.6　筒体结构

筒体结构为空间受力体系，在水平力作用下可以看成固定于基础上的箱形悬臂构件，它比单片平面结构具有更大的抗侧移刚度和承载力，并具有很好的抗扭刚度。

筒体结构体系可分为实腹筒体系、框筒体系、筒中筒体系、桁架筒体系和成束筒体系等（图2-22）。用剪力墙围成的筒体称为实腹筒。在实腹筒的墙体上开出许多规则的窗洞所形成的开孔筒体称为框筒，它实际上是由密排柱和刚度很大的窗裙梁形成的密柱深梁框架围成的筒体。如果筒体的四壁是由竖杆和斜杆形成的桁架组成，则成为桁架筒；如果体系是由上述筒体单元所组成，称为筒中筒或组合筒。筒体最主要的受力特点是它的空间受力性能。因此，该体系广泛应用于多功能、多用途，层数较高的高层建筑中。

2.1.3.7　巨型结构

巨型结构体系又称超级结构体系，它产生于20世纪60年代末，是由梁式转换层结构发展而形成的。巨型构件的截面尺寸通常很大，其中巨型柱的尺寸常超过一个普通框架的柱距，形式上可以是巨大的实腹式钢骨混凝土柱、空间格构式桁架或是筒体。巨型梁采用高度在一层以上的平面或空间格式桁架，一般隔若干层才设置一道。

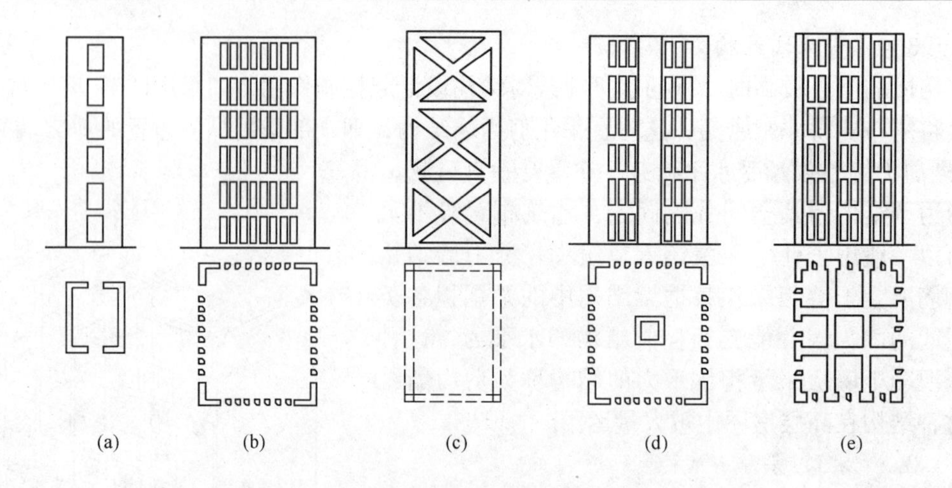

图 2-22　筒体结构

(a) 实腹筒；(b) 框筒；(c) 桁架筒；(d) 筒中筒；(e) 组合筒

巨型结构从材料上可分为巨型钢筋混凝土结构、巨型钢骨钢筋混凝土结构、巨型钢-钢筋混凝土结构及巨型钢结构。按其主要受力体系可分为巨型桁架（包括筒体）、巨型框架、巨型悬挂结构和巨型分离式筒体等四种基本类型（图 2-23）。

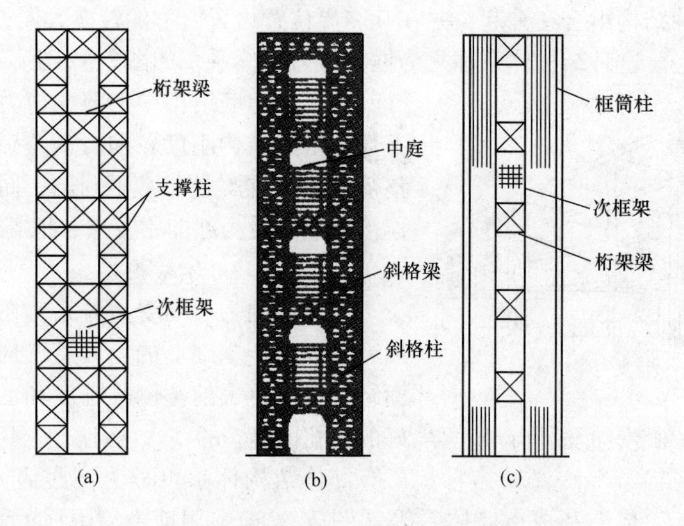

图 2-23　巨型结构

(a) 桁架型；(b) 斜架型；(c) 框筒型

2.2 交通工程

交通工程是土木工程的重要组成部分，主要解决人类活动中行的问题。主要包括道路工程、铁路工程等。

2.2.1　道路工程

道路是供各种车辆和行人通行的工程设施，它的功能是作为城市与城市、城市与乡村、乡村与乡村的联络通道。道路工程则是以道路为对象而进行的规划、设计、施工、养护与管理工作的全过程及其工程实体的总称。

我国道路的发展可追溯到上古时代。黄帝拓土开疆，统一中华，发明舟车，开始了我国的道路交通。秦始皇十分重视交通，以“车同轨”与“书同文”列为一统天下之大政，当时的国道以咸阳为中心，有着向各方辐射的道路网。但近代道路建设起步较晚，1912 年才修筑第一条汽车公路——湖南长沙至湘潭的公路，全长 50km。抗日战争时期（1941 年）完成的滇缅公路 155km，是我国最早建造的沥青表面处治路面的公路，也是我国公路机械化施工的开始。新中国建立初期，全国公路通车里程仅为 8.07 万 km。新中国成立后，从修筑康藏、青藏高原公路开始进行了大规模的公路建设，截至 2009 年底，全国公路通车总里程达到 386.08 万 km，比新中国成立初期的 8 万 km 增长了 47 倍。其中，高速公路里程达 6.51 万 km，一级公路 5.95 万 km，二级公路 30.07 万 km，三级公路 37.90 万 km，四级公路 225.20 万 km。

道路工程包括以下内容：道路网规划、路线勘测设计、路基工程、路面工程、道路排水工程、桥涵工程、隧道工程、附属设施和养护工程等。道路网规划是根据交通量大小，按道路功能分类，分明主次，合理规划，组成系统，保证交通运输。道路网分城市道路网和公路网。路线勘测设计是根据国家制定的分级管理和技术标准选定技术经济最优化的路线，对道路的平面、纵断面、横断面进行综合设计，力争平面短捷舒顺，纵坡平缓均匀，横断面稳定经济，以求保证设计车速。

2.2.1.1　道路的分类

现代交通运输体系由道路、铁路、水运、航空和管道五种运输方式组成，它们共同承担客、货运输的集散与交流，在技术与经济上又各具特点，根据不同的自然地理条件和运输功能发挥各自优势，相互分工、联系和合作，取长补短、协调发展，形成综合的运输能力。道路运输是交通运输的重要组成部分。根据其所处的位置、交通性质、使用特点等，可分为公路、城市道路、厂矿道路、林区道路和乡村道路等。

公路根据其功能和适应的交通量不同分为高速公路、一级公路、二级公路、三级公路和四级公路五个技术等级。

（1）高速公路为专供汽车分向分车道行驶并应全部控制出入的多车道公路。

四车道高速公路应能适应将各种汽车折合成小客车的年平均日交通量 25000 ~ 55000 辆。

六车道高速公路应能适应将各种汽车折合成小客车的年平均日交通量 45000 ~ 80000 辆。

八车道高速公路应能适应将各种汽车折合成小客车的年平均日交通量 60000 ~ 100000 辆。

（2）一级公路为供汽车分向分车道行驶并可根据需要控制出入的多车道公路。

四车道一级公路应能适应将各种汽车折合成小客车的年平均日交通量 15000 ~ 30000 辆。

六车道一级公路应能适应将各种汽车折合成小客车的年平均日交通量 25000 ~ 55000 辆。

（3）二级公路为供汽车行驶的双车道公路。

双车道二级公路应能适应将各种汽车折合成小客车的年平均日交通量 5000 ~ 15000 辆。

（4）三级公路为主要供汽车行驶的双车道公路。

双车道三级公路应能适应将各种车辆折合成小客车的年平均日交通量 2000 ~ 6000 辆。

（5）四级公路为主要供汽车行驶的双车道或单车道公路。

双车道四级公路应能适应将各种车辆折合成小客车的年平均日交通量 2000 辆以下。

单车道四级公路应能适应将各种车辆折合成小客车的年平均日交通量400辆以下。

公路按其在国家政治、经济、国防和区域行政管理中的重要性和使用性质的不同划分为国家干线公路（简称国道）、省级干线公路（简称省道）、县级公路（简称县道）、乡级公路（简称乡道）和专用公路等。

（1）国道是指具有全国性政治、经济意义的主要干线公路，包括重要的国际公路，国防公路，连接首都与各省会、自治区首府、直辖市的公路，连接各大经济中心、港站枢纽、商品生产基地和战略要地的公路。国道中跨省高速公路由交通部批准的专门机构负责修建、养护和管理。

（2）省道是指具有全省（自治区、直辖市）政治、经济意义，并由省（自治区、直辖市）公路主管部门负责修建、养护和管理的公路干线。

（3）县道是指具有全县（县级市）政治、经济意义，连接县城和县内主要乡（镇）、主要商品生产和集散地的公路，以及不属于国道、省道的县际间公路。县道由县、市公路主管部门负责修建、养护和管理。

（4）乡道是指主要为乡（镇）村经济、文化、行政服务的公路，以及不属于县道以上公路的乡与乡之间及乡与外部联络的公路。乡道由人民政府负责修建、养护和管理。

（5）专用公路是指专供或主要供厂矿、林区、农场、油田、旅游区、军事要地等与外部联系的公路，由专用单位负责修建、养护和管理，也可委托当地公路部门修建、养护和管理。

我国国道网采用放射与网络相结合的布局形式。以北京为中心，由具有重要政治、经济、国防意义的原有各省主要干线公路（省道）连接而成。国道网在布局上分为三类：一是首都放射线，二是南北纵线，三是东西横线，共有70条国道。

城市道路是指在城市范围内供车辆及行人通行的具备一定技术条件和设施的道路。现代的城市道路是城市总体规划的主要组成部分，它关系到整个城市的活动。在城市中，沿街两侧建筑红线之间的空间范围为城市道路用地。按照道路在道路网中的地位、交通功能及对沿线建筑物的服务功能等，城市道路可分为四类十级，包括快速路、主干路、次干路和支路等。

2.2.1.2　道路的基本组成

道路由线路、路基、路面和附属设施四部分组成。简单地说，确定道路线路就是确定道路的位置、形状和尺寸。路线平面、路线纵横断面和空间线形组合是道路线路的三个基本参数（图2-24）。

线形设计首先从路线规划开始，然后按照选线、平面线形设计、纵断面设计和平纵线形组合设计的过程进行，最终形成良好的平、纵、横三者组合的立体线形。

平面线形是指公路中线在平面上的投影，有直线、圆曲线、缓和曲线以及三种线形的组合线形。道路平面组合线形有：简单型、基本型、卵型、S型、凸型、复合型等。纵断面线形是通过线路中线的竖向剖面，即沿着线路的走向所作的剖面。纵断面线形反映了线路的起伏和设计线路的坡度。它由直线和曲线组成。纵断面线形设计必须综合考虑地形，纵坡的大小、长度和纵坡前后情况，以及同平面线形的组合。平面线形和纵断面线形的组合，除在路线选定时应予考虑外，在路线设计阶段要掌握以下基本原则：线形在视觉上能自然而然地引导驾驶员视线去适应环境的变化，不致感到视野突变；也不致由于视野单调而感到厌倦疲

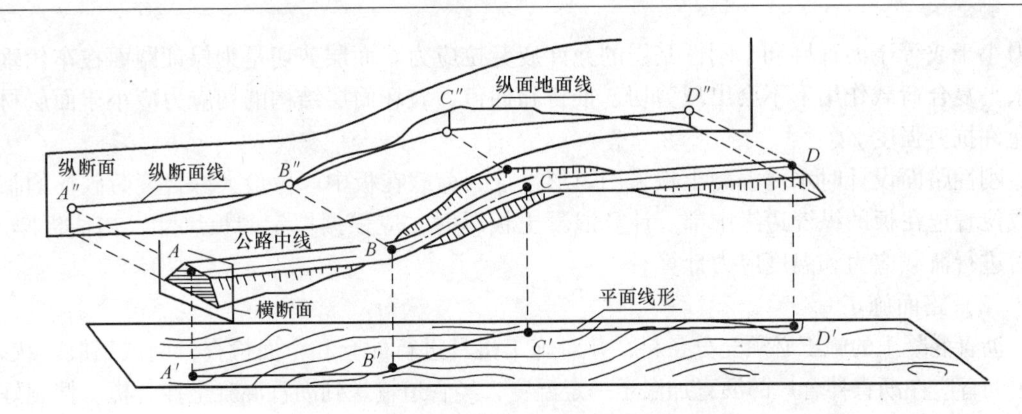

图 2－24　道路的平面、纵断面及横断面

困。注意保持平面、纵断面两种线形的均衡。选择适当合成坡度的线形组合。

道路结构由路基和路面两部分组成。路基是道路行车路面下的基础，是由土、石材料按照一定尺寸、结构与构造要求所构成的带状土工结构物。承受由路面传来的荷载，所以它既是线路的主体，又是路面的基础。其质量好坏，直接影响道路的使用品质。作为路面的支承结构物，路基必须具有足够的强度、稳定性和耐久性。

路面是在路基表面上用各种不同材料或混合料分层铺筑而成的一种层状结构物。为了保证道路行车畅通，提高行车速度，增强安全性和舒适性，降低运输成本、延长使用年限，路面应具有下述性能：强度和刚度好、稳定性好、耐久性好、表面平整度好、表面抗滑性好和少尘性等。

根据路面结构的力学特性，可将路面划分为柔性路面、刚性路面和半刚性路面三类。柔性路面主要包括用各种基层（水泥混凝土除外）和各类沥青面层、碎（砾）石面层或块石面层所组成的路面结构；刚性路面主要指用水泥混凝土作面层或基层的路面结构；半刚性路面一般是由半刚性基层和铺筑其上的沥青面层组成的路面结构。也有改善沥青（水泥）混凝土的性能使其呈现半刚性特性的半刚性路面。

按面层的使用品质、材料组成类型以及结构强度和稳定性的不同，将路面分成高级、次高级、中级和低级四个等级。高级路面强度和刚度高，稳定性好，使用寿命长，能适应较繁重的交通量，平整无尘，能保证高速行车；它的养护费用少、运输成本低，但基建投资大，需要质量较高的材料来修筑。次高级路面与高级路面相比，它的强度和刚度稍差，使用寿命较短，所适应的交通量较小，行车速度也较低；它的造价虽较高级路面低些，但要求定期修理、养护费用和运输成本也较高。中级路面强度和刚度低，稳定性差，使用期限短，平整度差，易扬尘；仅能适应较小的交通量，行车速度低，需要经常维修和补充材料才能延长使用年限；它的造价虽低，但养护工作量大，运输成本也高。低级路面强度和刚度最低，水稳性和平整度均差，易生尘，故只能保证低速行车，所适应的交通量最小；它的造价虽低，但要求经常养护修理，而且运输成本很高。

2.2.1.3　路面设计与施工

（1）路面设计

对于柔性路面设计时应控制的指标主要有路表回弹弯沉值、疲劳开裂和面层剪切。路表回弹弯沉值是保证路基路面的整体强度，弯沉越小路面整体强度越高，路面使用期限越长。防止疲劳开裂是为了保证机构正常工作，应控制沥青面层层底拉应力和水泥稳定剂层层底拉应力小于或等于沥青层和半刚性基层的允许疲劳拉应力。面层剪切是为保证路面在车轮垂直和水平复合荷载作用下不会出现剪切、推挤和拥包，破坏面层结构的切应力应小于面层材料的允许抗剪强度。

刚性路面设计时水泥混凝土板采用矩形设计，荷载在板中产生最大综合疲劳破坏的临界荷载位置选在板的纵缝边缘中部。计算混凝土板厚时，应根据拟定的板尺寸，初估板厚度，然后进行荷载应力和温度应力计算。

（2）路面施工

沥青混凝土的施工必须充分备料，并对施工机具进行配套和全面检查，调试到最好状态。路用沥青应在沥青拌合厂的沥青加温至一定温度，经管道输送到沥青混凝土拌合机。拌制好的沥青混合料装入自卸汽车运送到工地，运料车必须覆盖保温。沥青混凝土路面基层必须清扫干净，按规定浇洒透层油或粘层油。自卸汽车把沥青混凝土混合料倾卸于摊铺机料斗上，立即用沥青混凝土摊铺机进行摊铺，碾压时为了防止粘轮，可向压轮洒少量水或加洗衣粉水。

水泥混凝土路面的施工时首先在检验合格的水泥混凝土路面基层上打桩放样，认真清扫基层；模板按预先标定的位置放在基层上，并用铁钉打入基层将其固定；安设传力杆；拌制和运送混凝土，摊铺振捣，进行表面修整，混凝土养护，锯缝填缝。

2.2.1.4　高速公路与城市快速路

高速公路是一种具有四条以上车道，路中央设有隔离带，分隔双向车辆行驶，互不干扰，全封闭，全立交，控制出入口，严禁产生横向干扰，为汽车专用，设有自动化监控系统，以及沿线设有必要服务设施的道路（图 2-25）。高速公路的造价很高，占地多，但是从其经济效益与成本比较看，高速公路的经济效益还是很显著的。

图 2-25　我国的高速公路

高速公路除具有普通公路的功能外，还具有其自身的特殊功能与特点。

（1）沿线封闭、控制出入

在高速公路的沿线用护栏和路栏把高速公路与外界隔开，以控制车辆出入。只准汽车在规定的一些出入口进出高速公路，不准任何单位或个人将道路接入高速公路；在高速公路主线上不允许有平面交叉路口存在。

（2）分隔行驶、行车安全

分隔行驶包括两个方面，一是在对向车道间设有中央分隔带，实行往返车道分离，从而避免对向撞车；二是对于同一分向的车辆，至少设有两个以上车行道，并用画线的办法划分车道。对于行驶中需超车行驶的车辆，设有专门的超车车道，以减少超车和同向车速差造成的干扰。

高速公路有严格的管理系统，全程采用先进的自动化交通监控手段和完善的交通设施，全封闭、全立交、无横向干扰，因此与普通公路相比交通事故大幅度下降。另外高速公路的线形标准高，路面坚实平整，行车平稳，乘客不会感到颠簸。

（3）设施完善

高等级公路极大地避免了长直线形路段，采用大半径曲线形，根据地形以圆曲线或缓和曲线为主。增加了路线美感，更有利于行车安全。采用较高的线形标准和设置完善的交通安全与服务设施，从行车条件和技术上为安全、快速行车提供可靠的保证。

（4）通行能力大、运输成本低

高速公路路面宽、车道多，可容车流量大，通行能力大，根本上解决了交通拥挤与阻塞问题。高速公路的通行能力比一般公路高出几倍乃至几十倍。

高速公路完善的道路设施条件使主要行车消耗——燃油与轮胎消耗、车辆磨损、货损及事故赔偿损失降低，从而使运输成本大幅降低。

（5）带动沿线经济发展

高速公路的高能、高效、快速通达的多功能作用，使生产与流通、生产与交换周期缩短，速度加快，促进了商品经济的繁荣发展。实践表明，凡在高速公路沿线，都会兴起一大批新兴工业、商贸城市，其经济发展速度远远超过其他地区，这被称为高速公路的“产业经济带”。国家高速公路网采用放射线与纵横网格相结合布局方案，由 7 条首都放射线、9 条南北纵线和 18 条东西横线组成，简称为“7918”网，总规模为 86601km，其中主线 6.8 万 km。地区环线、联络线等其他路线约 1.7 万 km。截至 2009 年 6 月底，国家高速公路网建成 48896km，占规划里程的 56.5%（图 2－26）。

图 2－26　我国的高速公路网

城市快速路是指在城市内修建的由主路、辅路、匝道等组成的供机动车辆快速通行的道路系统。修建城市快速路是解决大城市机动车辆交通问题的措施之一。快速路的主路具有单向双车道或多车道、全部控制出入、通行能力大等特点。快速路系统设有配套的交通安全与管理设施系统。快速路在城市道路网中的功能类似于高速公路在公路网中的功能，只是规模不同而已。真正意义上的城市快速路在我国大陆城市里出现，还是近十多年的事情，在通行能力分析、道路几何设计、地面与高架的关系等方面还存在许多值得研究和进一步完善的问题。

2.2.2 铁路工程

2.2.2.1 铁路工程概述

铁路工程是指铁路上各种土木工程设施和修建铁路各个阶段（勘测、设计、施工、养护、改建等）所运用技术和管理的总称。20世纪80年代后，在全球能源紧张、环境恶化的大背景下，铁路以其独特的技术经济特征，进入了人们的视野。在高新技术的推动下，高速铁路技术与货运重载技术快速发展，铁路运量大、节能、环保、快捷、安全的优势更加突出。按照完成单位运输周转量造成的环境成本测算，航空、公路客运分别是铁路客运的2.3倍、3.3倍，货运分别是铁路的15.2倍、4.9倍。同时，在完成同样运输任务的情况下，铁路的占地和排放二氧化碳、氮氧化物等污染物的数量远小于公路和航空等交通方式。由于铁路具有降耗和减排的显著优势，许多工业发达国家纷纷投入巨额资金，积极发展高速重载铁路和城市轨道交通。发展中国家也投入巨资，修建铁路，扩大铁路网。

世界铁路的发展已有100多年的历史，第一条完全用于客货运输而且有特定时间行驶列车的铁路，是1830年通车的英国利物浦至曼彻斯特的铁路，这条铁路全长为35英里。1876年，中国土地上出现了第一条铁路，吴淞铁路，但这条铁路是帝国主义分子用欺骗手段非法修建的，通车后16个月就拆除了。1881年，清政府在洋务派主持下开始修建唐山至胥各庄铁路，该铁路轨距4英尺8.5英寸（1435mm）成为我国标准轨距，揭开了中国自主修建铁路的序幕。但由于种种原因，到1894年，近20年的时间里仅修建约400多公里铁路，旧中国铁路仅极少数为中国自建。到1949年新中国成立前夕，中国铁路里程达到2.18万km，实际能维持运营的仅1.1万km。

新中国成立后，人民政府成立了铁道部，统一管理全国铁路，组织了桥梁和线路恢复工程，并大力修建新铁路，以保证日益增长的运输需要。截至2009年底，铁路总里程排在世界前五位的分别是美国（23万km）、中国（8.6万km）、俄罗斯、印度和加拿大。我国铁路复线里程3.3万km，复线率为38.8%，铁路电气化里程3.6万km，电化率为41.7%。

目前，铁路覆盖了我国全部省、自治区、直辖市，已形成京哈、东部沿海、京沪、京九、京广、大湛、包柳、兰昆、京拉、煤运通道、陆桥通道、宁西、沿江通道、沪昆(成)、西南出海通道等“八纵八横”路网主骨架。构成了纵横交错、干支结合的铁路运输网络，初步形成了横贯东西、沟通南北、连接亚欧的路网骨架，路网布局趋于合理，路网质量有所提高。目前我国大力发展高速铁路，高速铁路的发展处于世界领先水平。高速铁路的最大实验时速已达400多km。我国建设的青藏铁路、宜万铁路为世界铁路工程建设谱写了新的历史。

2.2.2.2 铁路工程的组成

铁路是由线路、路基和上部建筑等三部分组成的，如图2－27所示。铁路工程设施还有桥梁、涵洞、隧道、排水系统、车站设施、机务设备、电力供应设施等。

（1）铁路线路　铁路线路是为进行铁路运输所修建的固定路线，是铁路固定基础设施的主体，分为正线、站线及特别用途线。正线是连接并贯穿分界点的线路；站线包括到发线、调车线、牵出线、装卸线、段管线等；特别用途线包括站内和区间的安全线、避难线及到企业厂矿砂石场等地点的岔线。

根据线路意义及其在整个铁路网中的作用，将铁路线路划分为不同的等级。铁路等级是区分铁路在国家铁路网中的作用、性质、旅客列车设计行车速度和客货运量的标志。它是铁

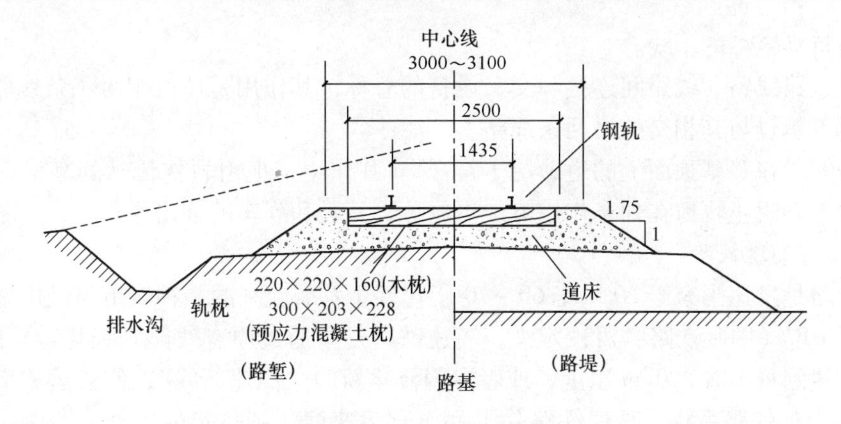

图2－27　铁路的组成

路的基本标准，也是确定铁路技术标准和设备类型的依据。《铁路线路设计规范》（GB 50090—2006）规定，依据铁路在路网中的作用、性质、旅客列车设计行车速度和近期客货运量，将铁路划分为4个技术等级。

Ⅰ级铁路：铁路网中起骨干作用的铁路，或近期年客运量大于或等于20Mt者。Ⅱ级铁路：铁路网中起联络、辅助作用的铁路，或近期年客运量小于20Mt且大于或等于10Mt者。Ⅲ级铁路：为某一地区或企业服务的铁路，或近期年客运量小于10Mt且大于或等于5Mt者。Ⅳ级铁路：为某一地区或企业服务的铁路，或近期年客运量小于5Mt者。

（2）铁路路基　铁路路基是支承轨道和传递列车荷载的基础，应具有足够的强度和整体稳定性。当地基承载力满足要求时，路基可不经填筑和开挖而直接以天然地面作路基面。一般情况下，路基均需要人工处理，路基两侧必须设置排水沟以保证线路排水、铁路畅通。

路基按其施工方式不同分为路堤式、路堑式、半填半挖式三类。

（3）铁路轨道　铁路轨道包括轨枕、钢轨、道岔和道床等部件。轨道是铁路的主要技术装备之一，是行车的基础（图2－28）。

图2－28　运行中的铁路

轨枕的主要作用承受来自钢轨的各向压力，并传递给道床。轨枕有效地保持轨道的几何形位，特别是轨距和方向。按其材料分主要有木枕、混凝土枕和混凝土宽枕。混凝土宽枕是一块预制的混凝土板，与混凝土枕外形相似，又称轨枕板。轨枕按其使用目的分为用于一般区间的普通轨枕，用于道岔上的岔枕，用于无砟桥梁上的桥枕。

轨枕应具有必要的坚固性、弹性和耐久性，并能便于固定钢轨，有抵抗纵向和横向位移的能力。

我国铁路钢轨类型有75kg/m、60kg/m、50kg/m、43kg/m及38kg/m等五种型号，标准钢轨长度为12.5m及25m两种。随着机车车辆轴重的加大和行车速度的提高，钢轨正在向特重型发展，目前世界上特重型的钢轨已达到77.5kg/m重轨，我国正在铺设75kg/m重轨，以加强运输特别繁忙的干线。

道岔是铁路线路、线路间连接和交叉设备的总称，其作用是使机车由一条线路转向另一条线路，或者越过与其相交的另两条线路。

道床是铺设在路基顶面上的道碴层（碎石）。其作用是把由轨枕传来的车辆荷载均匀传布到路基面上，阻止轨道在列车作用下产生位移，并缓和列车的冲击作用。

2.2.2.3 高速铁路

高速铁路是发达国家于20世纪60~70年代逐步发展起来的一种城市与城市之间的运输工具。根据UIC（国际铁路联盟）定义，高速铁路是指通过原有线路直线化、轨距标准化，使营运速率达到每小时200km以上，或者专门修建新的“高速新线”，使营运速率达到每小时250km以上的铁路系统。高速铁路除了列车营运速度达到一定标准外，车辆、路轨、操作都需要配合提升，广义的高速铁路还包含使用磁悬浮技术的高速轨道运输系统。

一般地讲，铁路速度的分档为：速度100~120km/h称为常速；速度120~160km/h称为中速；速度160~200km/h称为准高速或快速；速度200~400km/h称为高速；速度400km/h以上称为特高速。高速铁路具有速度快、客运量大、全天候、安全可靠、占地少、能耗低、污染少、效益高等显著特点。世界高速铁路发展先后经过三次浪潮。

第一次浪潮：1964—1990年。世界上第一条真正意义上的高速铁路是日本东海道新干线［图2-29（a）］。该线路从东京起始，途经名古屋、京都等地终至（新）大阪，全长515.4km，运营速度高达210km/h。1964年10月新干线的正式通车，标志着世界高速铁路新纪元的到来。随后日本于1972年又修建了山阳、东北和上越新干线。日本新干线的成功，给欧洲国家以巨大冲击，各国纷纷修建高速铁路。1981年，法国高铁（TGV）在巴黎与里昂之间开通［图2-29（b）］，如今已形成以巴黎为中心、辐射法国各城市及周边国家的铁路网络。此后，德国开发了高铁系统，意大利修建了罗马至佛罗伦萨线。除北美外，世界上经济和技术最发达的日本、法国、意大利和德国共同推动了高速铁路的第一次建设高潮。

(a)

(b)

图2-29 世界各国高速铁路

（a）日本高速铁路；（b）法国高速铁路

第二次浪潮：1990年至20世纪90年代中期。这一时期高速铁路表现出新的特征。一是已建成高速铁路的国家进入高速铁路网规划建设阶段。日、法、德等国对高速铁路网进行了全面规划。日本于1971年通过了新干线建设法，并对全国的高速铁路网做出了规划，日本高速路网的建设开始向全国普及发展。法国1992年公布全国高速铁路网的规划，20年内新建高速铁路总里程4700km。德国于1991年4月批准了联邦铁路公司改建、新建铁路计划，包括13个项目，其中新建高速铁路4项。1986年意大利政府批准了交通运输发展规划纲要，修建横连东西、纵贯南北、长达1230km的“T”形高速铁路网。二是跨越国境的高速铁路建设成为趋势。1994年英吉利海峡隧道把法国与英国连接在一起，开创了第一条高速铁路国际联结线。1997年，从巴黎开出的“欧洲之星”又将法国、比利时、荷兰和德国连接在一起。欧洲国家大规模修建本国或跨国界高速铁路，逐步形成了欧洲高速铁路网络。三是高速铁路技术创新实现新突破。高速铁路建设在日本等国所取得的成就影响了很多国家，促进了各国对高速铁路的关注和研究。

第三次浪潮：从20世纪90年代中期至今。1998年10月在德国柏林召开的第三次世界高速铁路大会，将当前高速铁路的发展定为世界高速铁路发展的第三次高潮。参与第三次高速铁路建设的各个国家与前两次高速铁路建设不同，其特征主要表现为：一是多数国家在高速铁路新线建设初期制定了修建高速铁路的全国规划；二是虽然建设高速铁路所需资金较大，但从社会效益、节约能源、治理环境污染等诸多方面分析，修建高速铁路对整个社会具有较好的效益，成为各国政府的共识；三是高速铁路促进地区之间的交往和平衡发展，欧洲国家已经将建设高速铁路列为一项政治任务，各国呼吁在建设中携手打破边界的束缚；四是高速铁路从国家公益投资转向多种融资方式筹集建设资金，建设高速铁路出现了多种形式融资的局面；五是高速铁路的技术创新正在向相关领域辐射和发展。这次高潮波及亚洲、北美、澳洲以及整个欧洲，形成了交通领域中铁路的一场复兴运动。自1992年以来，俄罗斯、韩国、我国台湾省、澳大利亚、英国、荷兰等国家和地区先后开始了高速铁路新线的建设。据不完全统计，为了配合欧洲高速铁路网的建设，东部和中部欧洲的捷克、匈牙利、波兰、奥地利、希腊以及罗马尼亚等国家正对干线铁路进行改造，全面提速。亚洲（韩国、中国)、北美洲（美国)、澳洲（澳大利亚）也都掀起了建设高速铁路的新热潮。

“九五”时期，针对铁路客运速度慢、运输能力严重不足等突出问题，我国先后进行了三次大提速。在此基础上，以高速铁路建设列入铁道部《“十五”期间铁路提速规划(2001—2005)》为标志，我国高速铁路建设进入加速期。《“十五”规划》提出：初步建成以北京、上海、广州为中心，连接全国主要城市的全路快速客运网，实现高速铁路、部分繁忙干线客货分线。根据中国中长期铁路网规划方案，到2020年，我国铁路运营里程将达到12万km以上。其中，新建高速铁路将达到1.6万km以上，连接所有省会城市和50万人口以上城市，覆盖全国90%以上人口。

“十五”以来，我国铁路充分利用“后发优势”，高速铁路迅猛发展。以国际铁路联盟规定的商业（平均）运营时速（全程运行距离/全程运行时间）超过200km的标准作为高速铁路的定义，2010年底，我国铁路营业里程达到9.1万km，居世界第二位；投入运营的高速铁路营业里程达到8358km，居世界第一位。现在我国已成为世界上高速铁路系统技术最全、集成能力最强、运营里程最长、运行速度最高、在建规模最大的国家，引领着世界高铁发展的新潮流。未来几年，中国高铁建设将进入全面收获期。届时，我国高速铁路网将初具规模。邻近省会城市将形成1至2小时交通圈，省会与周边城市形成半小时至1小时交通圈。北京到全国绝大部分省会城市将形成8小时以内交通圈。到2015年，我国铁路营业里程将达到12万km以上。其中，新建高速铁路将达到1.6万km以上；加上其他新建铁路和既有线提速线路，我国铁路快速客运网将达到5万km以上，连接所有省会城市和50万人口以上城市，覆盖全国90%以上人口，“人便其行、货畅其流”的目标将成为现实。高速铁路的发展在面向21世纪的中国可持续发展战略中，将产生深远的意义和影响。图2-30为我国高速铁路。

(a)

(b)

图2-30　我国高速铁路
（a）武广高速铁路；（b）京津城际高速铁路

2.2.2.4　城市轻轨

城市轻轨是城市轨道建设的一种重要形式，机车质量和载客量比起一般列车要小，它的客运量在地铁与公共汽车之间。

轻轨可分为两类：一类为车型和轨道结构类似地铁，运量比地铁略小的轻轨交通称为准地铁；另一类为运量比公共汽车略大，在地面行驶，路权可以共用的新型有轨电车。它是在传统的有轨电车基础上发展起来的新型快速轨道交通系统，由于其造价低、无污染、乘坐舒适、建设周期较短而被许多国家的大、中城市所接受，近年来得到不断发展和推广。

近年来，随着城市化步伐的加快，我国重庆、上海、北京等城市纷纷兴建城市轻轨。它比公交车速度快、效率高、省能源、无污染等。相比地铁，轻轨造价更低，见效更快。城市轻轨一般具有如下特点：

（1）机车一般采用直流电机牵引，以轨道作为供电回路。为了减少泄漏电流的电解腐蚀，要求钢轨与基础间有较高的绝缘性能。

（2）行车线路多经过居民区，对噪声和振动的控制较严，除了对车辆结构采取减振措施及建筑声障屏以外，对轨道结构也要求采取相应的措施。

（3）运营时间长，行车密度大，留给轨道的作业时间短，因而须采用较强的轨道部件，一般用混凝土道床等少维修轨道结构。

（4）线路中曲线段所占的比例较大，曲线半径比常规铁路小得多，一般为100m左右，因此要解决好曲线轨道构造问题。

上海于2000年12月建成了我国第一条轻轨铁路——明珠线，一期工程自上海市西南角的徐汇区开始，贯穿于长宁区、普陀区、闸北区、虹口区，直到东北角的宝山区，沿线共设19个车站，全长24.975km。全线采用无缝线路，除了与上海火车站连接的轻轨车站外，其余全部采用高架桥形式（图2-31）。

重庆轨道交通规划有7条轨道交通线，总体布局为九线一环，线路总长513km。目标是用20年的时间，建设300km的轨道交通线路。其中第一条建成的是轻轨二号线，它是中国西部地区第一条城市轨道交通线，也是中国第一条跨座式轻轨。于2005年6月18日正式运行（图2-32）。

图 2－31　城市轻轨（上海明珠线）

图 2－32　重庆轨道交通

轻轨可建于地下、地面、高架，而地铁同样可建于地下、地面、高架。两者区分主要视其单向最大高峰小时客流量。建设城际快速轨道交通网，是一个地区综合运输系统现代化的重要标志，快速轨道交通以其输送能力大、快速准时、全天候、节省能源和土地、污染少等特点，将开拓城市未来可持续发展的新空间。

2.2.2.5　磁悬浮铁路

磁悬浮铁路是一种新型的交通运输系统，它是利用电磁系统产生的排斥力将车辆托起，使整个列车悬浮在导轨上，利用电磁力进行导向，利用直线电机将电能直接转换成推动列车前进。它消除了轮轨之间的接触，无摩擦阻力，线路垂直负荷小，时速高，无污染，安全，可靠，舒适，其应用仍具有广泛前景。

磁悬浮技术的研究源于德国，早在 1922 年德国工程师赫尔曼·肯佩尔就提出了电磁悬浮原理，并于 1934 年申请了磁悬浮列车的专利。1970 年以后，随着世界工业化国家经济实力的不断加强，德国、日本等发达国家相继开始筹划进行磁悬浮运输系统的开发。1983 年，德国在曼姆斯兰德建设了长 32km 的试验线，完成载人试验（行驶速度 412km/h）（图 2－33）。

我国磁悬浮研究起步较晚，1989 年我国第一套磁悬浮实验列车在长沙国防科技大学建成，运行时速为 10m/s。2001 年 3 月 1 日，由中德两国合作开发的世界第一条磁悬浮商运线在上海浦东开始施工，2002 年 12 月 31 日全线试运行，2003 年 1 月 4 日正式开始商业运营。上海磁悬浮列车专线西起地铁 2 号线龙阳路站，东至浦东国际机场，全长约 30km，设计最高时速 430km，单向运行时间 8min，既是浦东国际机场与市区连接的高速交通线，又是旅游观光线（图 2－34）。

磁悬浮铁路的主要特点是：

图2-33　德国磁悬浮列车

图2-34　上海磁悬浮列车

（1）磁悬浮列车以电为动力，在轨道沿线不会排放废气，无污染，是一种名副其实的绿色交通工具。

（2）磁悬浮列车可靠性大、维修简便、成本低，其能源消耗仅是汽车的一半、飞机的四分之一。

（3）由于磁悬浮列车是轨道上行驶，导轨与机车之间不存在任何实际的接触，成为“无轮”状态，故其几乎没有轮、轨之间的摩擦，时速高达几百公里。

（4）磁悬浮有一大缺点，它的车厢不能变轨，不像轨道列车可以从一条铁轨借助道岔进入另一铁轨。因此，一条轨道只能容纳一列列车往返运行，造成浪费。磁悬浮轨道越长，使用效率越低。

（5）由于磁悬浮系统是凭借电磁力来进行悬浮导向和驱动功能的，一旦断电，磁悬浮列车将发生严重的安全事故，因此断电后磁悬浮的安全保障措施仍然没有得到完全解决。

（6）强磁场对人的健康、生态环境的平衡与电子产品的运行都会产生不良影响。

（7）磁悬浮铁路的造价十分昂贵，无法利用既有铁路线路，必须全部重新建设。

2.3　桥梁工程

桥梁工程是土木工程中最重要的组成部分之一。在公路、铁路、城市和农村道路以及水利建设中，为跨越各种障碍（如江河、沟谷或其他路线等），采用石、砖、木、混凝土、钢筋和各种金属材料建造的跨越障碍物而修建构造物，称为桥梁。桥梁既是交通线上重要的工程实体，又是一种空间艺术。建立四通八达的现代化交通网，大力发展交通运输事业，对于发展国民经济，促进各地经济发展及文化交流和巩固国防具有重要意义。

在国防上，桥梁是交通运输的咽喉，在高度快速、机动的现代战争中，它具有非常重要的地位。在经济上，一般来说，桥梁的造价平均占公路总造价的10%～20%，随着公路等级的进一步提高，其所占的比例将会增大，桥梁往往也是交通运输的咽喉，是保证全线早日通车的关键。此外，为了保证已有公路的正常运营，桥梁的养护与维修工作也十分重要。纵观世界各国，常以工程雄伟的大桥作为城市的标志与骄傲。因而桥梁建筑已不单纯作为交通线上重要的工程实体，而且常作为一种空间艺术结构物存在于社会之中。

2.3.1　桥梁的分类

桥梁的分类方法很多，常用的分类方法主要有以下几种：

（1）按跨径大小分为特大桥、大桥、中桥、小桥。我国公路工程技术标准（JTJ B 01—2003）规定特大桥、大桥、中桥、小桥的跨径划分依据见表2－2。

表2－2　桥梁按总长和跨径分类

桥梁分类	多孔桥全长 L（m）	单孔跨径 l（m）
特大桥	$L \geqslant 1000$	$l \geqslant 150$
大　桥	$100 \leqslant L \leqslant 1000$	$40 \leqslant l \leqslant 150$
中　桥	$30 < L < 100$	$20 \leqslant l < 40$
小　桥	$8 \leqslant L \leqslant 30$	$5 \leqslant l < 20$

（2）按建筑材料分为：木桥、钢桥、圬工桥（包括砖、石、混凝土桥）、钢筋混凝土桥和预应力混凝土桥，组合桥等。

（3）按桥面系和上部结构的相对位置分为：上承式、中承式、下承式。

（4）按桥梁的主要用途分为：公路桥、铁路桥、公路铁路两用桥、农桥、人行桥、军用桥、运水桥及其他专用桥梁。

（5）按结构体系分为：梁式桥、拱桥、缆索承重体系、组合体体系桥梁。

（6）按跨越方式分为：固定式桥梁、开启桥、浮桥、漫水桥等。

（7）按施工方法分为：整体施工桥梁、节段施工桥梁、预制安装桥梁等。

2.3.2　桥梁的组成

桥梁一般由四个部分组成，即上部结构、下部结构、支座以及附属设施。如图2－35。

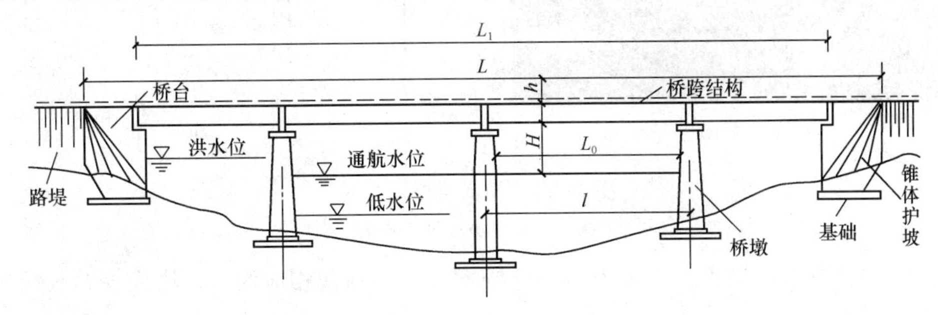

图2－35　桥梁组成示意图

（1）上部结构

上部结构又称桥跨结构或桥孔结构，是线路遇到障碍（如江河、山谷或其他线路等）

中断时，跨越障碍的结构物，桥跨结构直接承受各种荷载，是桥梁支座以上跨越桥孔的总称。

（2）下部结构

下部结构包括桥墩、桥台及基础。桥墩一般位于河谷中间或岸上，其作用是支承上部结构并将荷载传递给基础的结构物；桥台一般位于桥梁的两端，一端与路堤相接，另一端与上部结构相连并支撑上部结构。墩台基础是保证桥梁墩台安全并将荷载传至地基的结构，其作用是将上部结构和下部结构传递下来的全部荷载传给地基。

（3）支座

支座设置在桥墩和桥台顶部，其作用是支承上部结构并将上部结构的荷载传递给墩台，同时应保证上部结构在荷载、温度变化或其他因素作用下所产生相应的位移。

（4）附属设施

附属设施包括桥面铺装、排水防水系统、伸缩缝、栏杆等。附属设施对保证桥梁功能的正常发挥有重要作用。

2.3.3 桥梁结构型式

1. 梁式桥

梁式桥为桥梁的基本体系之一，在上部结构在铅垂荷载作用下，支点只产生竖向反力。制造和架设均比较方便，使用广泛，在桥梁建筑中占有很大比例。

梁式桥按上部结构材料分为：木梁桥、石梁桥、钢梁桥、钢筋混凝土梁桥、预应力混凝土梁桥以及用钢筋混凝土桥面板和钢梁构成的结合梁桥等。按主要承重结构的形式分为：实腹梁桥和桁架梁桥两大类。按上部结构的静力体系分为：简支梁桥、连续梁桥和悬臂梁桥。

（1）简支梁桥

一般适用于中小跨度的桥梁，其结构简单，制造运输和架设均比较方便。由于其各跨独立受力，多设计成各种标准跨径的装配式结构，以便于构件生产工艺工业标准化、施工机械化，提高工程质量，降低工程造价。如图2－36所示。

(a)

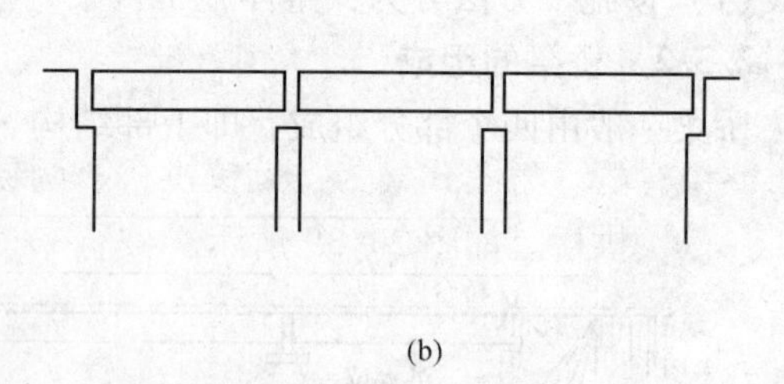
(b)

图2－36　简支梁桥示意图

（a）简支梁桥图片；（b）简支梁桥结构简图

简支梁桥随着跨径增大，主梁内力将急剧增大，用料便相应增多，因而大跨径桥一般不用简支梁。

（2）连续梁桥

连续梁桥的主梁是连续支承在几个桥墩上。在荷载作用下，连续梁桥主梁内有正弯矩和负弯矩，但弯矩的绝对值均较同跨径桥的简支梁小。连续梁桥施工时，可以先将主梁逐孔架设成简支梁然后互相连接成为连续梁；或者从墩台上逐段悬伸加长，最后连接成为连续梁。连续梁按其截面变化可分为等截面连续梁和变截面连续梁图；按其各跨的跨长可分为等跨连续梁和不等跨连续梁。

由于连续梁桥的主梁是超静定结构，墩台的不均匀沉降会引起梁体各孔内力发生变化。因此，连续梁一般用于地基条件较好、跨径较大的桥梁上。如图 2－37 所示。

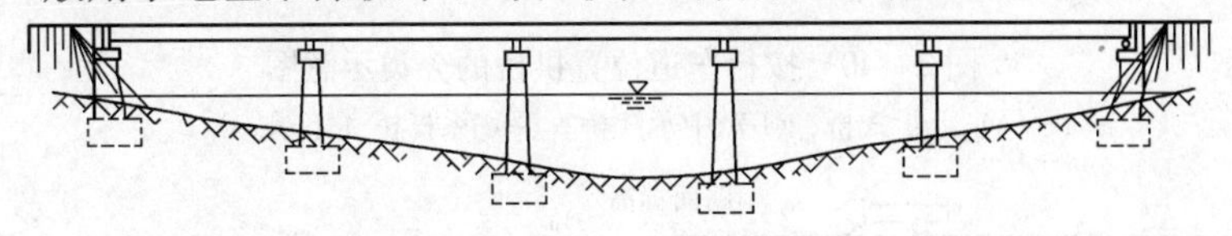

图 2－37　连续梁桥示意图

（3）悬臂梁桥

悬臂梁桥是简支梁桥的梁体向一端或两端伸过其支点所形成的梁式桥，悬臂梁桥有单悬臂梁和双悬臂梁两种。单悬臂梁是简支梁的一端从支点伸出以支承一孔吊梁的体系。双悬臂梁是简支梁的两端从支点伸出形成两个悬臂的体系。如图 2－38 所示。

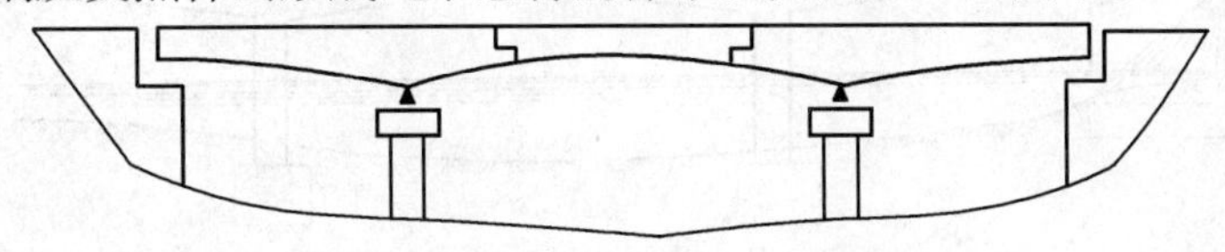

图 2－38　悬臂梁桥示意图

2. 拱式桥

拱式桥简称拱桥，是用拱作为桥身主要承重结构的桥。因拱桥主要承受压力，故可用砖、石、混凝土等抗压性能良好的材料建造。大跨度拱桥则可用钢筋混凝土或钢材建造。

拱桥主要由桥跨结构、下部结构及附属设施组成。拱桥的桥跨结构由主拱圈，传力结构和桥面系组成。拱桥是桥梁工程中使用广泛且历史悠久的一种桥梁结构类型，外形优美，古今中外名桥遍布各地，在桥梁建筑中占有重要地位。

拱桥按拱圈受力分为：有推力式拱桥、无推力式拱桥。按拱圈结构的材料分为：石拱桥、钢拱桥、混凝土拱桥、钢筋混凝土拱桥。按拱圈结构的静力图式分为：无铰拱桥、两铰拱桥、三铰拱桥。如图 2－39 所示。按行车道位置分有：上承式桥、中承式桥和下承式桥。如图 2－40 所示。

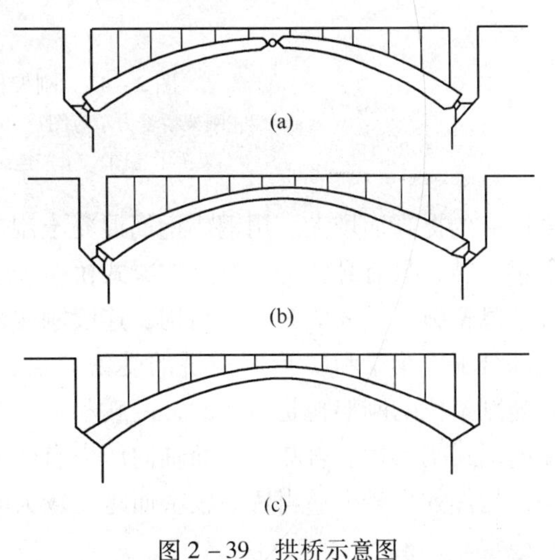

图 2－39　拱桥示意图

（a）三铰拱桥；（b）两铰拱桥；（c）无铰拱桥

3. 刚架桥

刚架桥也称刚构桥，是上部结构和下部结构连成整体的框架结构。常见的刚架桥有门式刚架桥、T 形刚架桥、连续刚架桥和斜腿刚架桥。如图 2－41。

门式刚架桥，简称门架桥，其腿和梁垂直相交呈门架形。腿所受的弯矩将随腿和梁的刚

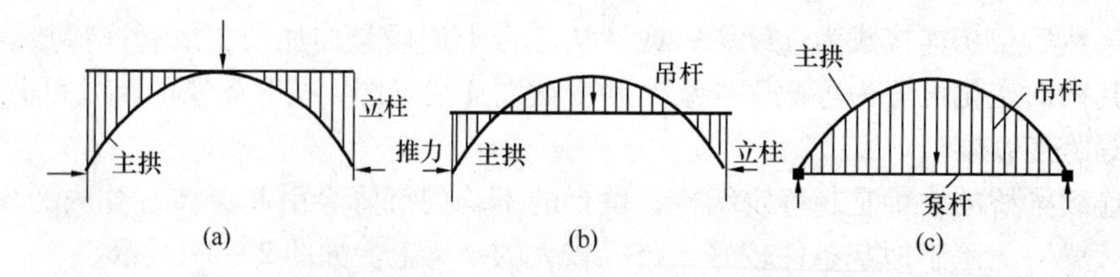

图 2－40　按行车道位置拱桥的分类示意图

（a）上承式桥；（b）中承式桥；（c）系杆桥（下承式）

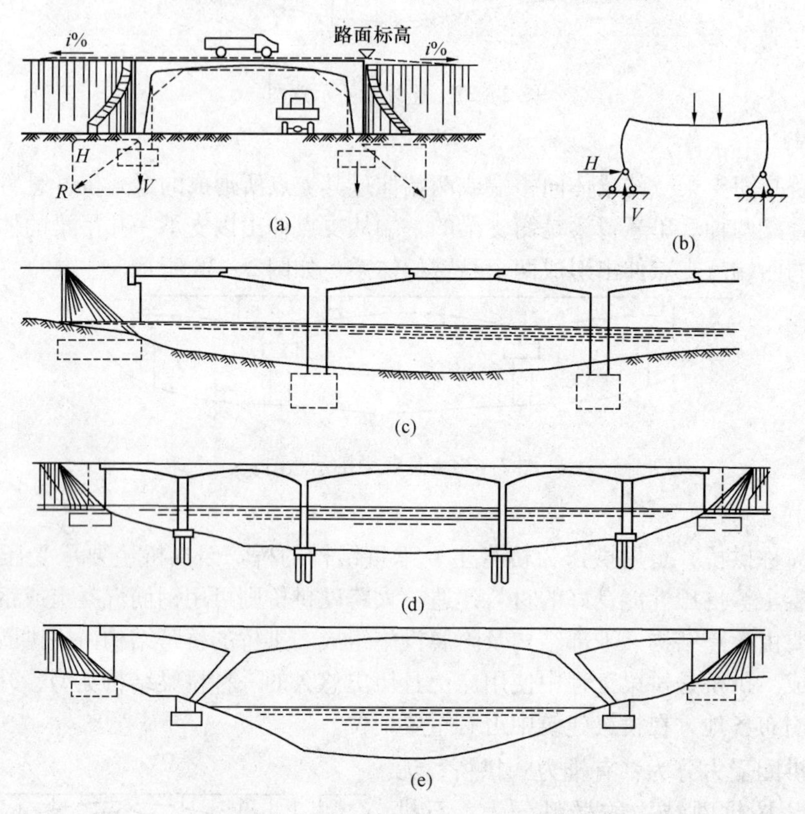

图 2－41　刚架桥受力示意及其类型

（a）门式刚架桥受力示意图；（b）门式刚架桥计算简图；（c）T 形刚架桥示意图；（d）连续刚架桥；（e）斜腿刚架桥

度比率的提高而增大。用钢或钢筋混凝土制造的门架桥，多用于跨线桥。T 形刚架桥是一种墩梁固结、具有悬臂受力特点的梁式桥。T 形刚架桥在自重作用下的弯矩类似于悬臂梁，适合于悬臂施工，一般为静定结构。连续刚构桥是预应力混凝土大跨梁式桥的主要桥型之一，它综合了连续梁和 T 形刚构桥的受力特点，将主梁做成连续梁体，与薄壁桥墩固结而成。斜腿刚架桥的刚架腿是斜置的，两腿和梁中部的轴线大致呈拱形，腿和梁所受的弯矩比同跨度的门式刚架桥显著减小，而轴向压力有所增加。同上承式拱桥相比，这种桥不需要拱上结构，构件数目较少；当桥面较窄而跨度较大时，可将其斜腿在桥的横向放坡，以保证桥的横向稳定。

4. 斜拉桥

斜拉桥主要由主梁、拉索、索塔和桥墩组成。斜拉桥最典型的跨径布置有两种：双塔三跨和独塔双跨，特殊情况下也可以布置成独塔单跨式、双塔单跨式及多塔多跨式。主梁一般采用钢筋混凝土结构、钢-混凝土组合结构或钢结构，索塔大都采用钢筋混凝土结构，而斜拉索则采用高强材料（高强钢丝或钢绞线）制成。斜拉索的两端分别锚固在主梁和索塔上，将主梁的恒载和车辆荷载传递至索塔，再通过索塔传至地基。如图2－42所示。

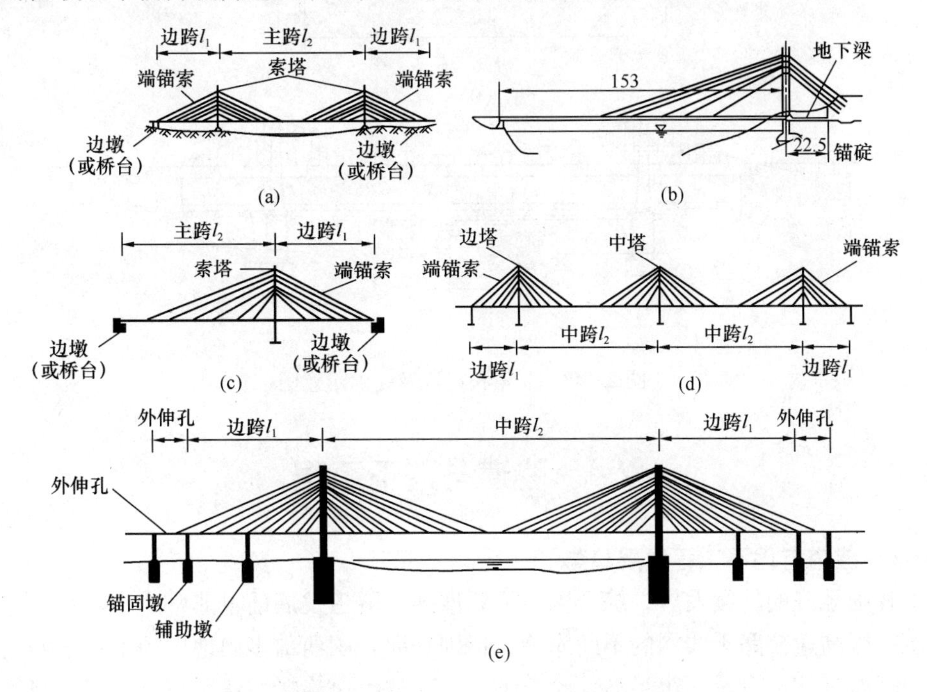

图2－42　斜拉桥的结构布置形式

（a）双塔三跨式；（b）独塔单跨式；（c）独塔双跨式；（d）多塔多跨式；（e）辅助墩的设置

由于斜拉索拉力产生的水平分力可以对梁产生预压力，从而增强主梁的抗裂性能，节约高强钢材的用量。此外，由于斜拉索拉力的方向与荷载相反，所以主梁的弯矩就显著减小，挠度也相应有所减少，梁体的受力情况得到改善。

斜拉桥优点是主梁尺寸较小，跨越能力大；受桥下净空和桥面标高的限制小；抗风稳定性优于悬索桥。但是索与梁或塔的连接构造比较复杂、施工中高空作业较多，技术要求严格。斜拉桥适宜用于中等及大跨径桥梁。

5. 悬索桥

悬索桥又称吊桥，是由桥塔、主缆索、吊索、加劲梁、锚碇及鞍座等部分组成的承载结构体系（图2－43），其跨度一般比其他桥型大。主缆为主要承重构件，受力特点为外荷载从梁经过系杆传递到主缆，再到两端锚碇。主要材料为预应力钢索、混凝土、钢材。悬索桥的结构自重较轻，跨越能力比其他桥式大，适宜于大跨径桥梁，常用于建造跨越大江大河或跨海的特大桥。但整体刚度小，抗风稳定性差；需要极大的锚碇，费用高，施工难度大。

由于这一桥型能充分利用和发挥高强钢材的作用，并能很好地适应跨越海峡和宽阔江河的要求，加之近年来悬索桥设计理论和计算方法的发展和完善以及施工技术的进步，使其成为近年来发展较快的桥型之一。

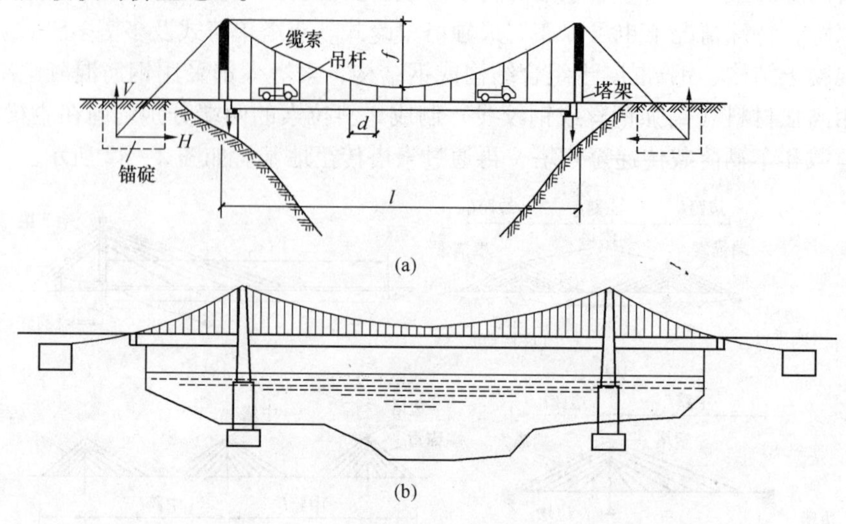

图 2－43　悬索桥组成及受力示意图

2.4　隧道与地下工程

2.4.1　隧道与地下工程发展趋势

随着我国经济的持续发展，综合国力不断增强，隧道发展前景非常广阔。在交通隧道方面，随着我国高速公路干线网的不断完善，特别是向我国西部多山地区的不断延伸，海南岛与陆地的跨海延伸，以及辽东半岛、胶东半岛之间的跨海连接，崇明岛与上海之间等长江沿线的地下连接都需要巨大的隧道工程来支撑。在水电隧道方面，随着三峡水利水电工程等一大批大型、超大型水电工程项目的实施与完成，我国在深埋、长大隧道及大跨度地下厂房的设计与施工能力上，都已经或将要达到或接近世界先进水平。随着我国西部大开发的进行，雅鲁藏布江、金沙江等水力资源丰富的江河上梯级电站建设，我国水利水电隧道的建设也将进入一个全新的发展时期。

我国人多地少，人均耕地占有面积只有世界平均水平的 1/4，城市不能无限制地蔓延扩张，只能着眼于走内涵式集约发展的道路。充分利用城市地下资源，建设各类地下工程是城市经济高速发展的客观需要。

近年来，隧道及地下工程建设所形成的产业规模巨大，前景诱人。随着铁路和公路建设高潮的到来，按照以往的隧道含量比例统计计算，平均每年应建隧道在 300 km 以上。城市轨道交通发展迅速，我国已有和正在修筑轨道交通的大城市近十个，正在规划和设计轨道交通的大城市有 7 个，在未来几十年内有修建城轨道交通的愿望和打算的城市则更多，初步估计到 2020 年我国城市轨道交通将会达到 2500～3000 km，其中半数以上为地铁。由此可见，我国快速持久的经济发展将会给隧道及地下工程建设事业带来空前的发展机遇。

2.4.2　隧道工程的分类

隧道分类方法很多，从地质条件可分为岩石隧道和土砂隧道；按埋深可分为浅埋隧道和深埋隧道；从所处的位置可分为山岭隧道、水底隧道和城市隧道；按施工方法可分为矿山法、明挖法、盾构法、沉埋法、掘进机法等；按断面形式又可分为圆形、马蹄形、矩形隧道等；按车道数分，可分为单车道、双车道和多车道。以下按用途进行分类。

1. 交通隧道

交通隧道是应用最为广泛的一种隧道，其作用是提供一种克服障碍物和高差的交通运输及人行的通道，主要包括铁路隧道、公路隧道、地下铁道、航运隧道、水底隧道及人行地道等六种。

（1）铁路隧道　铁路隧道是专供火车运输行驶的通道。当铁路穿越山地、丘陵、高原等地区时，由于铁路限坡平缓，常难以上升到越岭所要求的高度，同时，铁路还要求限制最小曲线半径，常限于山地、丘陵地形而无法绕行，修建隧道能够缩短线路并使线路顺直、减小坡度、改善运营条件、提高牵引定数和行车速度。

（2）公路隧道　公路隧道是专供公路运输使用的地下工程结构物。随着社会经济的发展，高速公路大量出现，对道路的修建技术提出了较高的标准，要求线路顺直、坡度平缓、路面宽敞等，故隧道方案越来越受到重视，它在缩短运行距离、提高运输能力以及减少交通事故等方面都起到了十分重要的作用。另外，在城市为避免平面交叉、利于高速行车、保护环境、景观及一些古建筑也常采用修建隧道方式通过。

（3）地下铁道　地下铁道充分利用城市地下空间，将部分客流转入地下，大大改善了城市的交通状况，并可减少交通事故。地铁是解决大城市交通拥挤、车辆堵塞等问题，且能大量、快速、安全、准时输送乘客的一种城市交通设施。

（4）人行隧道　人行隧道是修建于闹市区穿越街道或跨越铁路、高速公路、专供行人通过的地下通道。它可缓解地面交通压力，提高交通运送能力，并减少交通事故的发生。

（5）航运隧道　航运隧道是专供轮船运输行驶而修建的通道。当运河需要跨越分水岭时，克服高程障碍成为十分困难的问题。解决该问题约有力手段是修建运河隧道，把分水岭两边的河道沟通起来，这样，既可缩短航程，又可省掉修建船闸的费用，便船只迅速而顺直地驶过，大大改善航运条件。

（6）水底隧道　水底隧道是修建于水面以下、供汽车和火车运输行驶的通道。当交通线路跨越江、河、湖、海、洋时，可选用水底隧道方案。水底隧道具有较明显的优点，它不影响河道通航，引道占地少，不受气候影响，战时不易暴露交通设施的目标且防护层较厚等，其缺点是造价较高。

2. 水工隧道

水工隧道是水利工程和水力发电枢纽的一个重要组成部分。根据用途可以分为引水隧道、尾水隧道、导流隧道和排沙隧道。

3. 市政隧道

市政隧道是城市中修建在地面以下、用来安置各种不同市政设施的孔道。按照市政隧道的用途，分类如下：

（1）给水隧道　给水隧道是为铺设自来水管网系统而修建的隧道。城市给水管路是满足人们基本生存需求的重要保障，将其安置于地下孔道，既不占用地面空间，又可避免遭受人为的破坏。

（2）污水隧道　污水隧道是为城市污水排送系统修建的隧道。排污隧道的进口处，多设有拦渣隔栅，把漂浮的杂物拦在隧道之外，不致涌入造成堵塞。这种隧道可以采用本身导流排送，此时隧道的形状多采用卵形；也可以在孔道中安放排污管，由管道进行排污。

（3）管路隧道　管路隧道是把城市生产和居民生活所需的煤气、暖气、热水等能源供给管路安置在地下的孔道中，经过防漏及保温措施，实现能源的安全输送。

（4）线路隧道　线路隧道是为安置电力和通信系统修建的地下孔道，多半是沿着街道两侧敷设的。它可以保证电力及通信电缆不为人们的活动所损伤或破坏，又可避免悬挂高空而有碍市容景观。

（5）人防隧道　人防隧道是为战时的防空目的而修建的避难隧道。在受到空袭威胁时，市民可以进入其中以得到庇护。人防隧道除应设有排水、通风、照明和通信设备外，还应考虑保障人们生存的储备饮水、粮食和必要的救护设备。在洞口处还需设置防爆装置，以阻止冲击波的侵入。此外，为做到应急要求，人防隧道应多口联通、互相贯穿，以便在紧急时刻，可以随时找到出口。

4. 矿山隧道

矿山隧道是为采矿服务的隧道（也称为巷道），从山体以外通向矿床，并将开采到的矿石运输出来，矿山隧道主要有运输隧道、给水隧道和通风隧道。

2.4.3　隧道工程设计

隧道属于地下工程结构，通常包括主体工程和附属工程两部分。主体工程包括洞身衬砌和洞门，附属工程包括通风、照明、防排水和安全设备等。由于地层内结构受力以及地质环境的复杂性，施工场地空间有限、光线暗、劳动条件差，隧道衬砌的结构设计和施工与地上结构相比有很多特殊性和困难。

隧道最主要的特点是较地上结构更易受地质条件的影响，其影响贯穿规划、设计、施工、养护全寿命周期。所以准确的地质资料就成为设计的前提。

1. 隧道的几何设计

隧道几何设计的主要任务是确定隧道的空间位置。主要内容包括平面线形、纵断面线形、与平行隧道或其他结构物的间距、引线、隧道横断面设计等。几何设计中要综合考虑地形、地质等工程因素和行车的安全因素。

（1）平面线形

隧道的平面线形原则上采用直线，避免曲线。如必须设置曲线时，其半径不宜小于不设超高的平面曲线半径，并应符合视距的要求。曲线隧道在测量、衬砌、内装、吊顶等工作上是很复杂的。此外曲线隧道增加了通风阻抗，对自然通风很不利。从这些方面考虑也希望不设曲线；不过，是否放大曲线，应该根据隧道洞口部分的地形地质条件及引道的线形等进行综合考虑决定。由隧道及前后引道组成的路段应做到线形平顺、连续、行车安全舒适，并与环境景观协调一致。如果长、大隧道需要利用竖井、斜井通风时，在线形上应考虑便于设置。

（2）纵断线形

隧道的纵坡以不妨碍排水的缓坡为宜。在变坡点应放入足够的竖曲线。隧道纵坡过大，不论是在汽车的行驶还是在施工及养护管理上都不利。隧道控制坡度的主要因素是通风问题，一般把纵坡保持在2%以下比较好，超过2%时有害物质的排出量迅速增加。纵坡大于3%是不可取的。对于单向通行的隧道，设计成下坡对通风非常有利。另外，从施工出渣和运送材料上看，大于2%的坡度是不利的。

从施工中和竣工后的排水需要上考虑，在隧道内不应采用平坡。在施工时，为了使隧道涌水和施工用水能在坑道内的施工排水侧沟中流出，需要0.3%的坡度。竣工后的排水，包括涌水、漏水、清洗隧道用水、消防用水等都要考虑。在高寒地区，为了减少冬季排水沟产生冻害，应适当加大纵坡，使水流动能增加，这对排水是有利的。

（3）引线

引线的平面及纵断线形，应当保证有足够的视距和行驶安全。尤其在进口一侧，需要在足够的距离外能够识别隧道洞口。如道路隧道，为了使汽车能顺利驶入隧道，驾驶员应提早知道前方有隧道。通常当汽车驶近隧道，但尚有一定距离时，驾驶员若能自然地集中注意力观察到洞口及其附近的情况，并保证有足够的安全视距，对障碍物可以及时察觉，采取适当措施，才能保证行车安全。

（4）净空断面

隧道净空是指隧道衬砌的内轮廓线所包围的空间，以公路隧道为例，包括公路建筑限界通风及其他所需的断面积。断面形状和尺寸应根据围岩压力求得最经济值。

“建筑限界”指建筑物（如衬砌和其他任何部件）不得侵入的一种限界。道路隧道的建筑限界包括车道、路肩、路缘带、人行道等的宽度，以及车道、人行道的净高。道路隧道的净空除包括公路建筑限界以外，还包括通风管道、照明设备、防灾设备、监控设备、运行管理设备等附属设备所需要的足够空间，以及富余量和施工允许误差等。

“隧道行车限界”是指为了保证道路隧道中行车安全，在一定宽度、高度的空间范围内任何物件不得侵入的限界。隧道中的照明灯具、通风设备、交通信号灯、运行管理专用设施（如电视摄像机、交通流量、流速检测仪等）都应安装在限界以外。图2－44为公路隧道限界示意图。

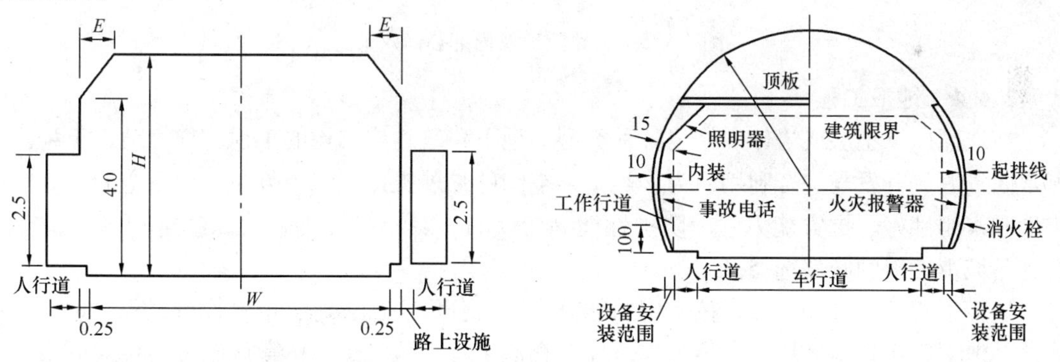

图2－44　公路隧道限界示意图

2. 隧道结构构造

隧道结构构造由主体构造物和附属构造物两大类组成。主体构造物是为了保持岩体的稳定和行车安全而修建的人工永久建筑物，通常有洞身衬砌和洞门构造物。洞身衬砌的平、纵、横断面的形状由道路隧道的几何设计确定，衬砌断面的轴线形状和厚度由衬砌计算决定。在山体坡面有发生崩塌和落石可能时，往往需要接长洞身或修筑明洞。洞门的构造型式由多方面的因素决定，如岩体的稳定性、通风方式、照明状况、地形地貌以及环境条件等。附属构造物是为了运营管理、维修养护、给水排水、供蓄发电、通风、照明、通讯、安全等而修建的构造物。随着人们对隧道工程实践经验的积累，对围岩压力和衬砌结构所起作用认识的发展，隧道结构形式发生了很大变化，出现各种适应不同地质条件的结构类型，如直墙式衬砌、曲墙式衬砌、喷混凝土衬砌、锚喷衬砌及复合式衬砌等。

洞门是隧道两端的外露部分，其作用是保证洞口边坡的安全和仰坡的稳定，引离地表流水，减少洞口土石方开挖量，也是联系洞内衬砌与洞口外路堑的支护结构。洞门也是标志隧道的建筑物，因此，洞门应与隧道规模、使用特性以及周围建筑物、地形条件等相协调。

洞门附近的岩（土）体通常都比较破碎松软，易于失稳，形成崩塌。为了保护岩（土）体的稳定和使车辆不受崩塌、落石等威胁，确保行车安全，应该根据实际情况，选择合理的洞门形式。

3. 附属设施

为了使隧道正常使用，除了上述主体建筑物外，还要修建一些附属设施，其中包括防排水设施、电力、通风以及通讯设施等。为了保障行车安全，公路隧道内的环境，如亮度必须要保持在合适的水平上。因此，需要对墙面和顶棚进行合理的处理。通过内装改善隧道内的环境条件，增强能见度，吸收噪声等。图 2 –45 为公路隧道及内部装修效果图。

图 2 –45　公路隧道及内部装修效果图

2.4.4　地下工程

在地面以下土层或岩体中修建各种类型的地下建筑物或结构的工程，称为地下工程。地下空间资源的开发与综合利用，为人类生存空间的扩展提供了一个方向。地下空间具有热稳定性和密闭性好、抗灾能力强、防护性能高等优点，具有良好的社会、经济与环境综合效益，是城市发展的必然选择。

地下工程分类方法很多，按使用功能分类，可分为交通工程、市政管道工程、地下工业建筑、地下民用建筑、地下军事工程、地下仓储工程、地下娱乐体育设施等；按四周围岩介质分类，可分为软土地下工程、硬土（岩石）地下工程、海（河、湖）底或悬浮工程；按照地下工程所处围岩介质的覆盖层厚度，可分为深埋、浅埋、中埋等不同埋深工程；按施工方法分类，可分为浅埋明挖法地下工程、盖挖逆作法地下工程、矿山法隧道、盾构法隧道、顶管法隧道、沉管法隧道、沉井（箱）基础工程等；按结构形式分，可分为附建式和单建式；按衬砌材料和构造分类，可分为砌体、混凝土；按现场浇筑施工方法及衬砌构造形式，可分为模筑式衬砌、离壁式衬砌、装配式衬砌、锚喷支护衬砌等。

2.4.4.1　人防工程

人防工程是指为防空要求而修建在地下或半埋于地下的民用建筑物。是防备敌人突然袭击，有效地掩蔽人员和物资，保存战争潜力的重要设施；是坚持城镇战斗，长期支持反侵略战争直至胜利的工程保障。

人防工程按构筑形式可分为地道工程、坑道工程、堆积式工程和掘开式工程。地道工程是大部分主体地面低于最低出入口的暗挖工程，多建于平地。坑道工程是大部分主体地面高于最低出入口的暗挖工程，多建于山地或丘陵地。堆积式工程是大部分结构在原地表以上且被回填物覆盖的工程。掘开式工程是采用明挖法施工且大部分结构处于原地表以下的工程，包括单建式工程和附建式工程。单建式工程上部一般没有直接相连的建筑物；附建式工程上都有坚固的楼房，亦称防空地下室。

目前，许多城市将人防工程和城市地下铁道、大楼地下室及地下停车库等市政建设工程相结合，组成一个完整的防护群体。

2.4.4.2　城市地下综合体

城市地下综合体是地面地下连通的，结合交通、商业贮存、娱乐、市政等多用途的大型公共地下建筑。地下综合体具有多重功能、空间重叠、设施综合的特点，与城市的发展应统筹规划、联合开发和同步建设。

（1）地下商场　我国的地下空间的开发和利用，在经历了一段以民防地下工程建设为主体的历程后，目前正逐步走向与城市的改造、更新相结合的道路。一大批中国式的大中型地下综合体、地下商场在一些城市建成，并发挥了重要的社会作用，取得良好的经济效益。

（2）地下停车场　随着城市用地的日益紧张，结合城市再开发和地下空间综合利用的规划设计，建造地下停车场是合理和可行的。

（3）地下街　地下街是连系各个建筑物的，或是独立修建的城市的一种地下通道。其存在形式可以是独立实体或附属于某些建筑物。

2.4.4.3　地下贮藏建筑

地下仓库是解决人口集中地区能源、粮食、水的供应和放射性以及其他废弃物处理问题的有效途径。在地下空间开发利用的贮能、节能方面，北欧、美国、英国、法国和日本成效显著。一些能源短缺国家的专家提出了建造地下燃料贮库为主的战略储备主张。

地下燃料贮库可分为以下几种类型：①开凿硐室贮库，如岩石中金属罐油库，衬砌密封防水油库，地下水封石洞油库，软土水封油库等；②岩盐溶淋洞室油库；③废旧矿坑油库；④其他油库，包括冻土库、海底油库、爆炸成型油库等。

2.4.4.4　地下工业建筑

地下工业建筑包括：地下水电站、核电站、地下工厂、地下垃圾焚烧厂等。

（1）地下水电站　地下水电站可以充分利用地形、地势，尤其在山谷狭窄地带，在地下建站、布置发电机组，十分经济有效。地下水电站包括地上和地下一系列建筑物和构筑物，可概括为水坝和电站两大部分。水坝属于大型水工建筑，电站主要包括主厂房、副厂房、变配电间和开关站等。

（2）地下原子能发电站　核电站以核反应堆来代替火电站的锅炉，以核燃料在核反应堆中发生特殊形式的“燃烧”产生热量，来加热水使之变成蒸汽。蒸汽通过管路进入汽轮发电机，推动汽轮发电机发电。

（3）地下工厂　将山体挖空或在平地挖下去，将一些工厂置于地下，不仅是战略的需要，也是经济发展的必然趋势。地下工厂具有减少噪声、恒温恒湿、保护自然景观等优势。

2.4.5 地下工程设计

地下结构与地面结构虽然都是一种结构体系，但两者在环境、力学作用机理等方面存在比较大的差异。地下结构体系由地层和支护结构组成，一般承受来自地层本身产生的荷载，即地层压力或围岩压力。因此，地下结构的稳定与其所处的环境密切相关。正确的勘测、设计和施工是确保地下工程安全的前提。

地下结构设计的目的是通过对结构本身和周围介质的全面考察，协调结构可靠与结构经济这一矛盾，合理选择结构的参数，达到安全、适用、耐久和经济等目的。地下结构的设计内容包括选择结构的轴线、内轮廓尺寸、结构尺寸、材料和构造等。

2.4.6 地下工程防水

地下工程是在岩土中修建的结构物，时刻受地下水的影响。常遇到的地下水有上层滞水、潜水、毛细管水和层间水。在地下水的侵蚀和渗透作用下，工程不可避免受到病害的影响，轻者影响地下结构使用功能，严重时会使结构整体破坏，造成巨大的经济损失和严重的社会影响。因此，地下工程的防水要求极为严格。

《地下工程防水技术规范》（GB 50108—2008）规定：地下工程的防水设计和施工应该遵循“防、排、截、堵相结合，刚柔相济，因地制宜，综合治理”的原则。“防”即要求地下工程结构具有一定的防水能力，能防止地下水渗入；“排”即地下工程应有排水设施并充分利用，以减少渗水压力和渗水量；“截”是指在地下工程的顶部有地表水或积水，应设置截、排水沟和采取消除积水的措施；“堵”是采用注浆、喷涂、嵌补、抹面等方法堵住渗水裂隙、孔隙、裂缝。

2.4.7 隧道及地下工程的施工方法

隧道及地下工程的施工方法很多，概括起来有两大施工方式，即明挖法和暗挖法。暗挖法又分矿山法、掘进法、锚喷法（新奥法）和盾构法等。

（1）明挖法

明挖法是浅埋地下通道最常用的方法，也称作基坑法。它是一种用垂直开挖方式修建隧道的方法。基坑法施工时从地面向下开挖，并在欲建地下隧道及地下工程位置进行结构的修建，然后在结构上部回填土及恢复路面的施工方法。或者从地面向下开挖，用大号型钢架于两侧钢桩或连续墙上，以维持原来路面的交通运行。后一种基坑法也称为路面覆盖式基坑法(也称盖板法)。常用的明挖法有三种形式：敞口放坡明挖、板桩法和地下连续墙施工法。

（2）矿山法

矿山法属于暗挖法，该法主要是用钻眼爆破方法开挖断面而修筑隧道及地下工程的施工方法，因借鉴矿山开拓巷道的方法故得其名。用矿山法施工时，将整个断面分部开挖至设计轮廓，并随之修筑衬砌。当地层松软时，则可采用简便挖掘机具进行，并根据围岩稳定程度，在需要时应边开挖边支护。分部开挖时，断面上最先开挖导坑，再由导坑向断面设计轮廓进行扩大开挖。在坚实、整体的岩层中，对中、小断面的隧道，可不分部而将全断面一次开挖。如遇松软、破碎地层，须分部开挖，并配合开挖及时设置临时支撑，以防止土石坍塌。矿山法按衬砌施工顺序，主要分为先拱后墙法及先墙后拱法两大类。

（3）新奥法

新奥法（NATM）的概念是奥地利学者拉布采维兹教授于1948年提出的，它是以既有隧道工程经验和岩体力学的理论基础，将锚杆和喷射混凝土组合在一起作为主要支护手段的一种施工方法。新奥法隧道施工基本原则可概括为：少扰动、早喷锚、勤量测、紧封闭。

新奥法是在利用围岩本身所具有的承载效能的前提下，采用毫秒爆破和光面爆破技术，进行全断面开挖施工，并以形成复合式内外两层衬砌来修建隧道的洞身，即以喷混凝土、锚杆、钢筋网、钢支撑等为外层支护形式，称为初次柔性支护，系在洞身开挖之后必须立即进行的支护工作。因为蕴藏在山体中的地应力由于开挖成洞而产生再分配，隧道空间靠空洞效应而得以保持稳定。第二次衬砌主要是起安全储备和装饰美化作用。

新奥法施工，按其开挖断面的大小及位置可分为：①全断面开挖法；②台阶法（包括长台阶法、短台阶法、超短台阶法）；③分部开挖法。

（4）盾构法

盾构法是指采用盾构（一种软土隧道掘进机）为施工机具，在地层修建隧道和大型管道的一种暗挖式施工方法。施工时在盾构前端切口环的掩护下开挖土体，在盾尾的掩护下拼装衬砌（管片或砌块）。在挖去盾构前面土体后，用盾构千斤顶顶住拼好衬砌，将盾构推进到挖去土体空间内，在盾构推进距离达到一环衬砌宽度后，缩回盾构千斤顶活塞杆，然后进行衬砌拼装，再将开挖面挖至新的进程。如此循环交替，逐步延伸而成隧道。

采用盾构施工，不影响地面交通，没有振动，对地面邻近建筑物危害较小；施工费用埋深影响较小；在土质差、水位高的地方建设埋深较大的隧道，盾构法有较高的技术经济优越性。

（5）其他施工方法

注浆法：在施工范围布置注浆孔，灌入水泥砂浆或其他化学浆液，以使土层固结，此法亦称为灌浆固结法。这样，甚至可以不加支撑开挖竖井或隧道。

沉管法：当地下铁道处于航道或河流中时，可采用沉管法。它是水底隧道建设的方法。该法施工是在船台上或船坞中分段预制隧道结构，然后经水中浮运或拖运办法将节段结构运到设计位置，再以水或砂土将其进行压在载下沉，当各节段沉至水底预先开挖的沟槽后，进行节段间的接缝处理，待全部节段连接完毕，进行沟槽回填，就建成整体贯通的隧道。

顶管法：当浅埋地铁隧道穿越地面铁路、城市交通干线、岔路口或地面建筑物密集、地下管线纵横地区，为保证交通不致中断和行车安全，可采用顶管法施工。顶管法施工是在做好的工作坑内预制钢筋混凝土隧道结构，待其达到一定强度后用千斤顶将结构推顶至设计位置。这种施工技术不仅用于浅埋地铁，还可用于城市供排水管道工程、城市道路与地面铁路立叉点以及铁路桥涵等工程。

2.5　港口与海洋工程

2.5.1　港口工程

港口工程是兴建港口所需工程设施的总称，如港址选择、工程规划设计及各项设施（如各种建筑物、装卸设备、系船浮筒、航标等）的修建；是供船舶安全进出和停泊的运输枢纽。随着港口科学技术的发展，已成为相对独立的学科，但仍和土木工程有着密切的联系。

我国的主要港口有：上海港、香港、宁波北仑港、大连港、秦皇岛港、天津港、青岛港、湛江港、连云港、烟台港、海口港、南通港、温州港和北海港等。改革开放以来，我国海运事业取得了长足的进展，并跨入世界航运大国的行列。海运事业的发展是建立在港口工程发展的基础上的，港口工程的发展在很大程度上影响和促进着海运事业的发展和壮大。

2.5.1.1 港口的分类

港口有许多分类方法。按所在位置分为海岸港、河口港和内河港，海岸港和河口港统称为海港；按成因分为天然港和人工港；按港口水域在寒冷季节是否冻结分为冻港和不冻港；按潮汐关系、潮差大小，是否修建船闸控制进港分为闭口港和开口港；按对进口的外国货物是否办理报关手续分为报关港和自由港；按用途分为渔港、商港、军港、工业港和避风港。

(1) 渔港。渔港供渔船停泊，卸下渔获物、修补渔网和渔船生产及进行补给修理的港口，是渔船队的基地、具有天然或人工的防浪设施，有码头作业线、装卸机械、加工和存储渔产品的工厂、冷藏库和渔船修理厂等。

(2) 商港。商港是供客货运输用的港口，具有停靠船舶、上下客货、供应燃料和修理船舶等所需要的各种设施和条件，是水运运输的枢纽。如我国的上海港、大连港、天津港、广州港和湛江港等均属此类。

(3) 军港。军港专供海军舰艇使用，是海军基地的组成部分。通常有停泊、补给等设备和各种防御设施。

(4) 工业港。工业港是指为临近江、河、湖、海的大型工矿企业直接运输原材料及输出制成品而设置的港口。

(5) 避风港。避风港是供船舶躲避风浪用的，亦可取得补给，进行小修。

2.5.1.2 港口的组成

港口由水域、陆域、机械设备、水工建筑物等组成。

(1) 水域 港口水域可分为港外水域和港内水域。港外水域包括进港航道和港外锚地。有的海港及河口港有天然深水进港航道，有的天然航道水深不足或有部分浅段，需进行疏浚和整治。有防波堤掩护的海港，在港口以外的航道称为港外航道。通向内河港口的航道，有的也需要人工改善。海港及河口港一般设有港外锚地，供船舶抛锚停泊，等待检查及引水。航道及锚地需用航标加以标志。港内水域包括港内航道、转头水域、港内锚地和码头前水域或港池。

(2) 陆域 是指港口陆上部分的面积，供货物装卸、储存、转运、旅客集散及其他方面之用，由进港陆上通道（铁路、公路、运输管路等）、码头前方装卸作业区和后方区组成。码头前方装卸作业区供分配货物，布置码头前沿铁路、道路、装卸机械设备和快速周转仓库、堆场（简称前方库场）、客运站及其他方面用；后方区供布置铁路、道路、后方库场、港口附属设施（车库、停车场、机械修理厂、变电站、消防站等）以及行政、服务房屋等。为减少陆域面积，港内可不设后方库场。

(3) 机械设备 包括陆上和水上装卸机械设备、运输机械设备，供电、照明设备，通讯导航设备及环境保护设备。

(4) 水工建筑物 包括码头、防波堤、修船水工建筑物等。

2.5.1.3 港口规划与布置

港口建设的步骤一般分为规划、设计、施工三个阶段。

港口规划一般分为选址可行性研究和工程可行性研究两个阶段。选址可行性研究是港口设计工作的先决条件。一个优良的港址应满足下列基本要求：(1) 有广阔的经济腹地；(2)

与腹地有方便的交通运输联系；（3）与城市发展相协调；（4）有发展余地；（5）满足船舶航行与停泊要求；（6）有足够的岸线长度和陆城面积，用以布置前方作业地带、库场、铁路、道路及生产辅助设施；（7）应注意能满足船舰调动的迅速性，航道进出口与陆上设施的安全隐蔽性以及疏浚设施及防波堤的易于修复性等；（8）对附近水域生态环境和水、陆域自然景观尽可能不产生不利影响；（9）尽量利用荒地劣地，少占或不占良田，避免大量拆迁。

工程可行性研究应从各个侧面研究规划实现的可能性，把港口的长期发展规划和近期实施方案联系起来。通过不同方案的研究，找到投资少、建设工期短、成本低、利润大、综合效益最好的方案。

港口布置有三种基本形式：自然地形的布置、挖入内陆的布置和填筑式的布置。自然地形的布置适用于疏浚费用不高的情况；为合理利用土地提供了可能性，在泥沙质海岸，当有大片不能耕种的土地时，宜采用挖入内陆的布置；如果港口岸线已充分利用，泊位长度已无法延伸，但仍未能满足增加泊位数的要求时可采用填筑式的布置。

2.5.1.4　我国港口工程的未来发展前景

港口是一个物流基地、物流中枢、物流结点，是物流企业的集群，主要从事进出口货物的集散。改革开放以来，我国的港口建设与港口经济取得了巨大的发展，迄今为止，我国对外开放的港口已有140多个，我国已与50多个国家签订了海运协定，已有30多个国家近百家境外航运公司获准在中国港口开辟集装箱班轮航线。

中国加入WTO以后，许多领域将逐步开放，既给港口的发展带来了机遇与空间，也带来了巨大的压力与挑战。这些竞争和挑战主要表现在：国际集装箱运输中港口的竞争与合作进入新阶段，我国港口成为世界集装箱运输港口中发展最快、建设规模最大的港口群；港口功能和区域有了很大拓展，综合物流和集装箱多式联运成为现代港口经营的重要内容；管理现代化成为中国现代港口建设和经营追求的重要目标。这些必将促使我国大力开辟深水航道和开挖深水港池，大量建设深水泊位；码头结构向构件大型化、结构简单化方向发展；电子计算机和其他先进技术在港口勘测、设计、施工和经营管理等方面日益得到广泛应用。

未来我国港口建设必须以发展为主导，以结构调整为主线，合理布局，加快建设步伐，最大限度地满足国民经济和社会发展，以及国际航运发展对我国港口的要求。

2.5.2　海洋工程

2.5.2.1　海洋工程定义

海洋工程是指以开发、利用、保护、恢复海洋资源为目的，并且工程主体位于海岸线向海一侧的新建、改建、扩建工程。具体包括：围填海、海上堤坝工程、人工岛、海上和海底物资储藏设施、跨海桥梁、海底隧道工程，海底管道、海底电（光）缆工程，海洋矿产资源勘查开发及其附属设施工程，海上潮汐电站、波浪电站、温差电站等海洋能源开发利用工程，大型海水养殖场、人工鱼礁工程，盐田、海水淡化等海水综合利用工程，海上娱乐运动、景观开发工程，以及国家海洋主管部门会同国务院环境保护主管部门规定的其他海洋工程。

2.5.2.2　海洋工程分类

海洋工程可分为海岸工程、近海工程和深海工程三类。

（1）海岸工程。海岸工程主要包括海岸防护工程、围海工程、海港工程、河口治理工程、海上疏浚工程、沿海渔业设施工程、环境保护设施工程等。

(2) 近海工程。近海工程主要指在大陆架较浅水域的海上平台、人工岛等的建设工程，和在大陆架较深水域的建设工程，如浮船式平台、半潜式平台、自升式平台、石油和天然气勘探开采平台、浮式贮油库、浮式炼油厂、浮式飞机场等建设工程。

(3) 深海工程。深海工程包括无人深潜的潜水器和遥控的海底采矿设施等建设工程。

2.5.2.3 海洋工程的主要结构形式

海洋工程的结构型式很多，常用的有重力式建筑物、透空式建筑物和浮式结构物。重力式建筑物适用于海岸带及近岸浅海水域，如海提、护岸、码头、防波堤、人工岛等，以土、石、混凝土等材料筑成斜坡式、直墙式或混成式的结构。透空式建筑物适用于软土地基的浅海，也可用于水深较大的水域，如高桩码头、岛式码头、浅海海上平台等。其中海上平台以钢材、钢筋混凝土等建成，可以是固定式的，也可以是活动式的。浮式结构物主要适用于水深较大的大陆架海域，如钻井船、浮船式平台、半潜式平台等，可以用作石油和天然气勘探开采平台、浮式贮油库和炼油厂、浮式电站、浮式飞机场、浮式海水淡化装置等。除上述三种类型外，近十多年来还在发展无人深潜水器，用于遥控海底采矿的生产系统等。

由于海洋工程常要承受台风（飓风）、波浪、潮汐、海流、冰凌等的强烈作用，在浅海水域还要受复杂地形，以及岸滩演变、泥沙运移等的影响。因此，海洋工程在进行建筑物和结构物的外力分析时需要考虑各种动力因素的随机特性，在结构计算中考虑动态问题，在基础设计中考虑周期性的荷载作用和土壤的不定性，在材料的选择上考虑经济耐用等，都是十分必要的。

2.5.2.4 我国海洋工程的未来发展前景

21 世纪是海洋开发的时代现已成为全球共识，对人口急剧膨胀、陆地资源日益枯竭和环境不断恶化的中国来说，将目光瞄准海洋，是一项影响深远的战略选择，同时，在建设海洋强国的过程中必将带动海洋工程的迅速发展。

(1) 海洋大国、海岸线长，海洋资源丰富，给海洋工程发展奠定了良好的基础。我国濒临太平洋西岸，拥有 18000km 的大陆海岸线，14000km 的海岛岸线，油气、矿床、再生能源等资源非常丰富，尤其是海洋石油天然气资源丰富。据有关资料显示，南海海域的石油储量达 200 亿 t，天然气资源达 25 万亿 m^3。正是这些丰富的资源为海洋工程的发展提供了良好的物质条件。

(2) 国家产业政策不断进行调整，国家及沿海各省市对开发海洋经济的重视，将给海洋工程带来巨大的市场。20 世纪 90 年代以来，我国就把海洋资源开发作为国家发展战略的重要内容，把发展海洋经济作为发展国民经济的重大举措，对海洋资源开发、环境保护，海洋管理和海洋事业的投入逐步加大，到 21 世纪中叶，海洋产业将成为国民经济的支柱产业之一。

(3) 海洋石油天然气勘探开发市场规模巨大，是海洋工程发展的直接动力。能源紧张问题已成为影响国民经济发展的重大问题，加大能源的勘探开发，特别是加大对海洋石油天然气勘探开发的力度已是我国发展的当务之急。

(4) 深潜、超大型浮式结构物及深海工程技术，将成为海洋工程研究的重要方面。随着海洋资源的开发和海洋工程建设规模的不断扩大，伴生的海洋灾害也随之增多。因此，对海洋灾害的预防和减轻的理论、方法的研究将得到应有的重视。

（5）在海洋工程实施过程中，将以实现资源的可持续利用，对环境的不利影响控制在可容许的范围内，对区域资源实现综合优化开发，使社会、经济和环境都能得到持续发展，将是海洋开发的总目标。

思 考 题

1. 建筑物的基本构建有哪些？
2. 简述高层和超高层建筑的结构形式及特点。
3. 试述公路和城市道路的分类。
4. 简述路基的基本结构和基本形式。
5. 如何理解高速铁路的定义？
6. 简述桥梁工程的基本概念与桥梁工程的分类。
7. 简述梁式桥、拱式桥、刚架桥、斜拉桥的分类及特点。
8. 简述隧道的分类与设计方法。
9. 隧道及地下工程的施工方法有哪些？
10. 什么是港口？港口的分类与组成是什么？
11. 简述海洋工程的种类及发展现状。

第3章 土木工程材料

3.1 土木工程材料分类与基本性质

3.1.1 土木工程材料的分类

在土木工程中所使用的各类材料统称为土木工程材料。

1. 按材料的化学成分分类

有机材料：是指以有机物构成的材料。主要包括天然有机材料（如木材），人工合成有机材料（如塑料）。

无机材料：是指以无机物构成的材料。主要包括金属材料（如钢材），非金属材料（如水泥）。

复合材料：是指有机-无机复合材料（如玻璃钢），金属-非金属复合材料（如钢纤维混凝土）。

2. 按材料的功能分类

结构材料：是指承受荷载作用的材料。如建筑物的梁、板、柱所用的材料。

功能材料：是指具有某些特殊功能的材料。如用于围护作用、防水作用、装饰作用、保温隔热作用的材料。

3. 按材料的用途分类

建筑结构材料、建筑墙体材料、建筑装饰材料、建筑防水材料、建筑保温材料、桥梁结构材料、水工结构材料等。

3.1.2 土木工程材料的基本性质

土木工程材料的基本性质是指材料处于不同的使用条件和使用环境时，通常必须考虑的最基本的、共有的性质。掌握土木工程材料的基本性质是掌握材料的基本知识、正确选择和合理使用材料的基础。

3.1.2.1 材料的物理性质

1. 与质量有关的性质

1）密度

密度是指材料在绝对密实状态下单位体积的质量，计算式如下：

$$\rho = \frac{m}{V} \tag{3-1}$$

式中 ρ——材料的密度，g/cm^3；

m——材料的质量，g；

V——材料在绝对密实状态下的体积，cm^3。

材料在绝对密实状态下的体积是指不包括内部孔隙的材料体积。除玻璃、钢材、沥青等材料基本不含孔隙外，绝大多数材料含有孔隙。

2）表观密度

表观密度是指材料在自然状态下单位体积的质量，计算式如下：

$$\rho_0 = \frac{m}{V_0} \tag{3-2}$$

式中　ρ_0——材料的表观密度，kg/m^3；

m——材料的质量，kg；

V_0——材料在自然状态下的体积，m^3。

材料自然状态下的体积是指包括材料固体物质和内部孔隙的外观体积。测定材料的表观密度一般为气干状态。

3）堆积密度

堆积密度是指散粒状材料在堆积状态下单位体积的质量，计算式如下：

$$\rho'_0 = \frac{m}{V'_0} \tag{3-3}$$

式中　ρ'_0——材料的堆积密度，kg/m^3；

m——材料的质量，kg；

V'_0——材料的堆积体积，m^3。

材料的堆积体积是指散粒状材料堆积状态下的总体外观体积，堆积体积中，既包括了材料颗粒内部的孔隙，也包括了颗粒间的空隙。材料的堆积密度与散粒状材料自然堆积时的颗粒间空隙、颗粒内部结构、含水状态、颗粒间被压实的程度有关。

4）孔隙率与空隙率

（1）孔隙率

孔隙率是指材料中孔隙体积占总体积的百分率，计算式如下：

$$P = \frac{V_0 - V}{V_0} \times 100\% = \left(1 - \frac{V}{V_0}\right) \times 100\% = \left(1 - \frac{\rho_0}{\rho}\right) \times 100\% \tag{3-4}$$

孔隙率的大小反映了材料内部孔隙的多少，孔隙率越大，材料的密实度越小。材料的孔隙有开口孔隙、闭口孔隙、球型孔隙等特征。

（2）空隙率

空隙率是指散粒状材料在堆积体积内颗粒之间的空隙体积所占的百分率，计算式如下：

$$P' = \frac{V'_0 - V_0}{V'_0} \times 100\% = \left(1 - \frac{V_0}{V'_0}\right) \times 100\% = \left(1 - \frac{\rho'_0}{\rho_0}\right) \times 100\% \tag{3-5}$$

空隙率的大小反映了散粒状材料堆积时的密实程度，与颗粒的堆积状态有关。

2. 与水有关的性质

1）亲水性与憎水性

材料与水接触时，有些能被水润湿，而有些不能被水润湿，对这两种现象可以用亲水性和憎水性表示。

当材料与水接触时，在材料、水、空气三相的交点处，沿水滴表面的切线和与材料表面所成的夹角 θ，称为“润湿角”，如图3－1所示。润湿角 θ 越小，表明材料越易被水润湿。当材料的润湿角 $\theta \leq 90°$ 时，为亲水性

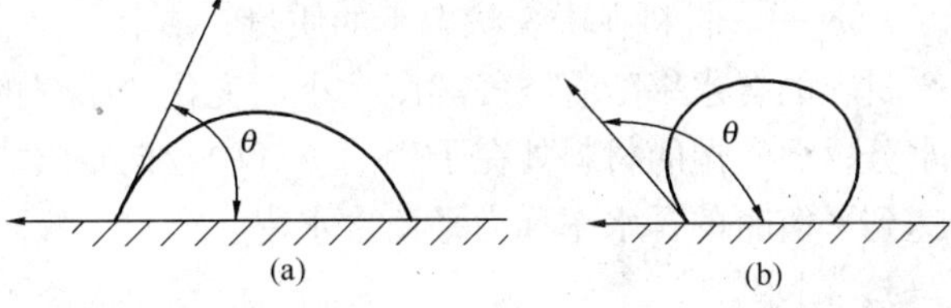

图3－1　材料润湿示意图

（a）亲水性材料；（b）憎水性材料

材料；当材料的润湿角 $\theta>90°$时，为憎水性材料。土木工程材料中，混凝土、砖和木材等为亲水性材料；沥青、塑料等为憎水性材料。

2）吸水性与吸湿性

（1）吸水性

吸水性是指材料在水中吸收水分的能力，用吸水率表示。材料吸水率的表达方式有质量吸水率和体积吸水率两种。

①质量吸水率：材料吸水饱和时，吸水量占材料干质量的百分率，计算式如下：

$$W_m = \frac{m_b - m_g}{m_g} \times 100\% \tag{3-6}$$

式中　W_m——材料的质量吸水率,%；

m_b——材料吸水饱和状态下的质量，g；

m_g——材料在干燥状态下的质量，g。

②体积吸水率：材料在吸水饱和时，所吸水的体积占材料自然体积的百分率，计算式如下：

$$W_v = \frac{m_b - m_g}{V_0} \cdot \frac{1}{\rho_w} \times 100\% \tag{3-7}$$

式中　W_v——材料的体积吸水率,%；

V_0——材料在自然状态下的体积，cm^3；

ρ_w——水的密度，g/cm^3。

材料的质量吸水率与体积吸水率之间的关系为：

$$W_v = \frac{W_m \cdot \rho_0}{\rho_w} \tag{3-8}$$

式中　ρ_0——材料在干燥状态下的表观密度，g/cm^3。

材料的吸水率与其孔隙率大小有关，更与其孔特征有关。因为水分是通过材料的开口孔吸入，并经过连通孔渗入内部的；材料内与外界连通的孔隙越多，其吸水率就越大。

（2）吸湿性

吸湿性是指材料在潮湿空气中吸收水分的性质，用含水率表示。含水率用材料所含水的质量与材料干燥时质量的百分比来表示，计算公式如下

$$W_h = \frac{m_s - m_g}{m_g} \times 100\% \tag{3-9}$$

式中　W_h——材料的含水率,%；

m_s——材料在吸湿状态下的质量，g；

m_g——材料在干燥状态下的质量，g。

材料的含水率随着空气湿度大小而变化，干燥的材料处在较潮湿的空气中会吸收空气中的水分；而潮湿的材料处在干燥的空气中会向空气中放出水分，材料中所含的水分与空气湿度达到平衡时的含水率称为平衡含水率。

3）耐水性

耐水性是指材料在长期饱和水作用下，保持其原有的功能，强度不显著降低的性质。耐水性用软化系数表示，计算公式如下：

$$K_R = \frac{f_b}{f_g} \tag{3-10}$$

式中　K_R——材料的软化系数；

f_b——材料饱水状态下的抗压强度，MPa；

f_g——材料干燥状态下的抗压强度，MPa。

材料吸水后，水分会分散在材料内微粒的表面，减弱了微粒间的结合力，导致材料强度降低。工程中通常将 $K_R>0.85$ 的材料称为耐水性材料，可以用于水中或潮湿环境中的重要结构；用于受潮较轻或次要结构时，其值也不宜小于0.75。

4）抗渗性

抗渗性是指材料抵抗压力水的渗透能力。材料的抗渗性用渗透系数和抗渗等级表示，渗透系数的计算公式如下：

$$K = \frac{Qd}{AtH} \tag{3-11}$$

式中　K——材料的渗透系数，cm/h；

Q——渗水量，cm^3；

d——试件厚度，cm；

A——渗水面积，cm^2；

t——渗水时间，h；

H——静水压力水头，cm。

材料的渗透系数 K 值愈小，则其抗渗能力愈强。

材料的抗渗性可用抗渗等级 Pn 表示。材料的抗渗等级是指材料用标准方法进行透水试验时，规定的试件在透水前所能承受的最大水压力。如防水混凝土的抗渗等级为P6、P12、P20，表示其分别能够承受0.6MPa、1.2MPa、2.0MPa的水压而不渗水。材料的抗渗等级越高，其抗渗性越强。

材料的抗渗性也可用渗水高度法表示。水压在24h内恒定控制在（1.2±0.05）MPa，达稳定压力时开始计时，24h后停止试验，取出试件，劈裂两半，测10点渗水高度平均值。

材料的抗渗性与孔隙率及孔隙特征有关。开口的连通孔是渗水的主要通道，其抗渗性较差；封闭孔隙且孔隙率小的材料，其抗渗性好。

5）抗冻性

抗冻性是指材料在饱和水状态下，经多次冻融循环保持原有性质而不破坏的性质。材料的抗冻性用抗冻等级 Fn（相对动弹性模量下降至60%、质量损失≤5%）或抗冻强度等级 Dn（强度损失≤25%、质量损失≤5%）表示。如F25表示能经受25次冻融循环而不破坏。

当温度下降到负温时，材料内的水分由表及里逐渐结冰，阻止了内部水分的外溢；当内部毛细孔中的水结冰时，体积增大约9%，对孔壁产生很大的冰晶压应力，使孔壁被胀裂，造成材料局部破坏。抗冻性与其孔隙率、孔特征、吸水性及抵抗胀裂的强度等因素有关。

3. 与热有关的性质

（1）导热性

导热性是指材料将热量由温度高的一侧向温度低的一侧传递的性质，用导热系数（λ）

表示，计算公式如下：

$$\lambda = \frac{Q\delta}{At(t_2 - t_1)} \tag{3-12}$$

式中 λ——材料导热系数，W/（m·K）；

Q——传导的热量，J；

δ——材料厚度，m；

A——材料的传热面积，m^2；

t——传热的时间，s；

$t_2 - t_1$——材料两侧的温度差，K。

材料的导热系数越大，导热性越强。材料导热系数的大小与材料的组成、含水率、孔隙率、孔隙尺寸及孔特征等有关。

（2）热容量与比热容

热容量是指材料受热时吸收热量或冷却时放出热量的能力，计算公式如下：

$$Q = cm(t_2 - t_1) \tag{3-13}$$

式中 Q——材料的热容量，J；

c——材料的比热容，J/（kg·K）；

m——材料的质量，g；

$t_2 - t_1$——材料受热或冷却前后的温度差，K。

$$c = \frac{Q}{m(t_2 - t_1)} \tag{3-14}$$

比热容表示质量为1g的材料，在温度每改变1K时所吸收或放出热量的大小。材料的比热容值的大小与其组成和结构有关。

（3）温度变形性

材料的温度变形是指温度升高或降低时材料的尺寸变化，温度变形性一般用线膨胀系数表示，计算公式如下：

$$\Delta L = (t_2 - t_1)\alpha L \tag{3-15}$$

式中 α——线膨胀系数，1/K；

ΔL——线膨胀或线收缩量，mm；

$t_2 - t_1$——材料升、降温前后的温度差，K；

L——材料原来的长度，mm。

材料的线膨胀系数与材料的组成和结构有关，一般都比较小。

3.1.2.2 材料的力学性质

1. 强度与比强度

（1）强度

材料的强度是指材料在外力作用下抵抗破坏的能力。根据所受外力的作用形式不同，如图3-2所示，材料的强度主要分为抗压强度、抗拉强度、抗弯强度和抗剪强度。

材料的抗拉、抗压、抗剪强度计算公式如下：

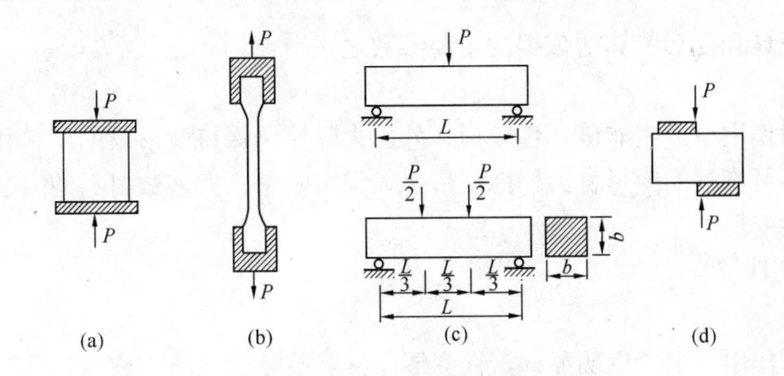

图 3－2　材料受外力示意图

（a）压力；（b）拉力；（c）弯曲；（d）剪切

$$f = \frac{P}{A} \tag{3-16}$$

式中　f——抗拉、抗压、抗剪强度，MPa；

P——材料受拉、压、剪破坏时的荷载，N；

A——材料受力面积，mm^2。

材料的抗弯（折）强度与材料受力情况有关，矩形截面试件，两端支撑，中间作用一集中荷载，其抗弯（折）强度计算公式如下：

$$f_m = \frac{3PL}{2bh^2} \tag{3-17}$$

式中　f_m——材料的抗弯（折）强度，MPa；

P——受弯时的破坏荷载，N；

L——两支点间距，mm；

b、h——材料截面宽度、高度，mm。

影响材料的强度除与其组成有关外，还与材料的孔隙率、试件形状、尺寸、表面状态、含水率、温度及试验时的加荷速度等因素有关。

（2）比强度

比强度是指按单位体积质量的材料强度，即材料的强度与其表观密度之比，是衡量材料轻质高强性能的一项重要指标。

2. 弹性与塑性

（1）弹性

材料在外力作用下产生变形，外力去除后能完全恢复原来形状和大小的性质称为弹性。这种可以完全恢复的变形称为弹性变形。弹性变形的大小与其所受外力的大小成正比，其应力与应变的比称为该材料的弹性模量，计算公式如下：

$$E = \frac{\sigma}{\varepsilon} \tag{3-18}$$

式中　E——材料的弹性模量，MPa；

σ——材料所受的应力，MPa；

ε——在应力 σ 作用下的应变。

弹性模量 E 是反映材料抵抗变形能力的指标，E 值越大，表明材料在外力作用下的变形越小，是结构设计和变形验算所依据的主要参数之一。

（2）塑性

材料在外力作用下产生非破坏性变形，外力去除后仍保持变形后的形状和大小的性质称为塑性，这种不可恢复的变形称为塑性变形。工程实际中，大多数材料的力学变形既有弹性变形，又有塑性变形。

3. 脆性与韧性

（1）脆性

材料在外力作用下未产生明显的塑性变形而突然破坏的性质，称为脆性。具有这种性质的材料为脆性材料。

（2）韧性

材料在冲击或震动荷载作用下产生较大变形而不突然破坏的性质，称为韧性。材料在荷载的作用下，能吸收较大的能量，产生较大的变形，用冲击韧性值衡量材料的韧性大小。

4. 硬度与耐磨性

（1）硬度

硬度是指材料抵抗较硬物质的刻划或压入表面的能力。表示材料硬度的指标有多种，对金属、木材等材料以压入法检测其硬度，如洛氏硬度是以金刚石圆锥或圆球的压痕深度计算求得；布氏硬度以压痕直径计算求得。

（2）耐磨性

材料的耐磨性是指材料表面抵抗磨损的能力，用磨损率表示，其计算公式如下：

$$B = \frac{m_1 - m_2}{A} \tag{3-19}$$

式中　B——材料的磨损率，g/cm^2；

$m_1 - m_2$——材料磨损前后的质量损失，g；

A——材料试件受磨面积，cm^2。

材料的耐磨性与材料的强度、硬度、密实度、内部结构、组成、孔隙率等有关。

3.1.2.3　材料的耐久性

材料的耐久性是指在外界各种因素的作用下，能长久地保持其性能的性质。

材料在使用过程中，除要承受各种外力作用外，还要受到环境中许多自然因素的作用。材料在干湿、冷热、冻融循环作用发生破坏；材料在酸、碱、盐及大气的作用下，发生化学反应，改变原材料的性质；材料在长期受磨损、磨耗机械作用发生破坏；材料受菌类和昆虫等的侵害发生破坏等现象。

3.2　石材、砖和砌块

3.2.1　石材

天然石材是由天然岩石开采的，具有较高的强度和硬度。天然石材可用作装饰材料、建筑物的基础和墙体砌筑材料、混凝土的集料，有些岩石是生产硅酸盐水泥、石灰、玻璃的原料。

3.2.1.1　石材的分类

根据形成石材的地质条件分为：岩浆岩、沉积岩和变质岩。

根据石材加工的程度分为：毛石（又称片石或块石）、料石（又称条石）。

根据石材的用途分为：装饰石材、混凝土用集料和砌筑用石材。

3.2.1.2　石材的技术性质

1. 表观密度

石材按表观密度大小可分为重石和轻石两类，表观密度大于 1800kg/m^3 的为重石，表观密度小于 1800kg/m^3 的为轻石。重石可用于建筑物的基础、地面、外墙；轻石用作墙体工程。

2. 强度

石材具有较高的抗压强度。采用 70mm 的立方体标准试件，用标准方法进行测试，将天然石材的强度等级分为 MU100、MU80、MU60、MU50、MU40、MU30、MU20、MU15、MU10 九个等级。

3. 耐磨性

耐磨性是石材抵抗摩擦、撞击等作用的性质，耐磨性包括耐磨损性和耐磨耗性两个方面。石材的耐磨性以单位面积磨耗量表示。石材的强度高，则耐磨性也高。

4. 放射性

在一些天然石材中含有放射性元素，超过国家规范的规定，对人体的健康不利。

3.2.2　砖和砌块

凡以黏土、工业废料或其他地方资源为原料，经焙烧而成标准尺寸的实心砖，称为烧结普通砖。烧结普通砖按所用原材料分为：黏土砖、页岩砖、煤矸石砖、粉煤灰砖等；按生产工艺可分为烧结砖和非烧结砖；按有无空洞又可分为空心砖和实心砖。

3.2.2.1　烧结普通砖

1. 烧结普通砖生产工艺

以黏土、页岩、煤矸石、粉煤灰等为原料烧制普通砖时，其生产工艺过程如下：

采土→调制→制坯→干燥→焙烧→成品

焙烧是生产烧结普通砖的重要环节，严格控制焙烧温度，避免产生欠火砖或过火砖。欠火砖是由于焙烧温度过低，砖的孔隙率很大，故强度低、耐久性差。过火砖是由于焙烧温度过高，产生软化变形，使砖的孔隙率小，外形尺寸易变形、不规整。

2. 烧结普通砖的技术要求

（1）规格尺寸

烧结普通砖的标准尺寸为 240mm × 115mm × 53mm。加上砌筑灰缝厚度的 10 mm，则 4 块砖长、8 块砖宽和 16 块砖厚均为 1m，砌筑 1m^3 的砌体需用 512 块砖。

（2）强度

烧结普通砖强度划分为 MU30、MU25 、MU20、MU15、MU10 五个强度等级，各等级的强度应符合有关标准规定。

（3）抗风化性能

烧结普通砖的抗风化性能通常以其抗冻性、吸水率及饱和系数等指标判别。

（4）泛霜

泛霜是指砖中的可溶性盐类（如硫酸钠等）在砖的使用过程中，随着砖内水分蒸发而在砖表面产生的盐析现象，一般为白色粉末。泛霜后的砖因盐析结晶膨胀将使砖砌体表面产生粉化剥落。

（5）石灰爆裂

当砖内夹有石灰质等杂物时，生石灰吸水熟化，体积显著膨胀，导致砖块裂缝甚至崩溃，不仅造成砖的外观缺陷和强度降低，严重时可造成砌体的强度降低、破坏。

3. 烧结普通砖的应用

烧结普通砖具有一定的强度，又具有良好的隔热性、透气性和热稳定性，在建筑工程中主要用于墙体材料。砖的吸水率大，一般为15%～20%之间。在砌筑前，必须预先将砖进行吸水润湿，否则水泥砂浆不能正常水化、凝结硬化。

由于黏土砖的体积小、表观密度较大、生产时毁坏良田、能耗高、施工效率低、抗震性能差等缺点，所以我国正大力推广墙体材料改革，以空心砖、工业废渣及砌块来代替实心黏土砖。

3.2.2.2 烧结多孔砖和多孔砌块

以黏土、页岩、煤矸石、粉煤灰、淤泥及其他固体废弃物等为主要原料，经焙烧制成主要用于建筑物承重部位的多孔砖和多孔砌块（GB 13544—2011），孔洞率等于或大于33%、孔的尺寸小而数量多，砖孔洞排列，如图3－3所示。

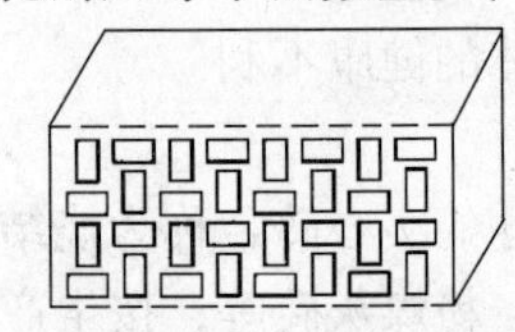
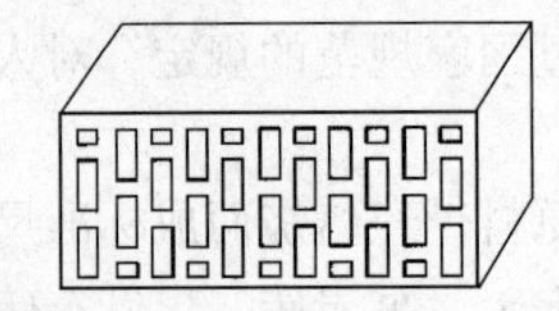

图3－3 砖孔洞排列示意图

烧结多孔砖和多孔砌块与普通砖相比，可减轻建筑物自重，节约黏土资源，节省燃料10%～20%，可降低造价20%，提高施工效率，并能改善砖的隔热和隔声性能。因此，大力推广烧结多孔砖是加快我国墙体材料改革的重要举措之一。

烧结多孔砖的长度、宽度、高度尺寸（mm）：290、240、190、180、140、115、90。密度等级分为1000、1100、1200、1300四个等级。

烧结多孔砌块的长度、宽度、高度尺寸（mm）：490、440、390、340、290、240、190、180、140、115、90。密度等级分为900、1000、1100、1200四个等级。

根据抗压强度分为MU30、MU25 、MU20、MU15、MU10五个强度等级。

烧结多孔砖和多孔砌块的物理性能包括泛霜、石灰爆裂、抗风化性能和放射性核素限量等，其性质的好坏直接影响墙体结构的安全和耐久性。

3.2.2.3 蒸压加气混凝土砌块

蒸压加气混凝土砌块是以钙质材料（水泥、石灰等）、硅质材料（粉煤灰、粒化高炉矿渣等）和水按一定比例配合，加入少量发气剂（铝粉）和外加剂，经搅拌、浇筑、切割、蒸压养护等工序制成的一种轻质、多孔墙体材料。

蒸压加气混凝土砌块按尺寸偏差与外观质量、干密度、抗压强度和抗冻性分为：优等品（A）、合格品（B）。

蒸压加气混凝土砌块按抗压强度分为：A1.0、A2.0、A2.5、A3.5、A5.0、A7.5、A10.0七个级别；按干密度分为：B03、B04、B05、B06、B07、B08六个级别。

蒸压加气混凝土砌块的干燥收缩、抗冻性和导热系数应符合标准规范要求。

3.3 胶凝材料

建筑上将砂、石散粒材料或块状材料粘结成为整体的材料，统称为胶凝材料。胶凝材料按其化学成分可分为无机胶凝材料和有机胶凝材料两大类。

无机胶凝材料按其硬化条件的不同分为气硬性和水硬性两种。气硬性胶凝材料是只能在空气中硬化，也只能在空气中保持或继续发展其强度的胶凝材料，如石膏、石灰、水玻璃等。水硬性胶凝材料是不仅能在空气中硬化，而且能更好地在水中硬化，并保持和继续发展其强度的胶凝材料，如各种水泥。气硬性胶凝材料只适用于地上或干燥环境，而水硬性胶凝材料既适用于地上，也可用于地下或水中环境。

有机胶凝材料是以高分子化合物为主要成分的胶凝材料，如沥青、树脂等。

3.3.1 石灰

由于生产石灰的原料石灰石分布较广，生产工艺简单，成本低廉，所以石灰是建筑中使用最早的胶凝材料之一。

3.3.1.1 石灰的生产

石灰是以碳酸钙为主要成分的石灰石、白云石等为原料，在高温下煅烧所得的产物，其原料的主要成分是$CaCO_3$，煅烧反应式如下：

$$CaCO_3 \xrightarrow{900 \sim 1100℃} CaO + CO_2 \uparrow$$

石灰在煅烧过程中，煅烧温度的高低影响石灰的质量。若煅烧温度过低或时间不足，$CaCO_3$未完全分解，将产生欠火石灰，降低了石灰的质量等级和利用率；若煅烧温度过高或时间过长，将产生过火石灰，其内部结构致密，CaO晶粒粗大，水化速度极慢，当石灰浆硬化以后才发生水化作用，产生体积膨胀，引起已硬化石灰的开裂或隆起鼓包现象。

由于石灰中含有一定量的氧化镁，因此将石灰分为钙质和镁质石灰。当石灰中$MgO \leq 5\%$则为钙质石灰，当石灰中$MgO > 5\%$则为镁质石灰。

3.3.1.2 生石灰的熟化和硬化

生石灰加水使之发生水化反应，生成熟石灰$Ca(OH)_2$称为生石灰的熟化，反应式如下：

$$CaO + H_2O \longrightarrow Ca(OH)_2 + 64.9kJ$$

石灰水化时放出大量的热，同时体积会膨胀1～2.5倍。石灰浆体在空气中逐渐硬化，是由结晶和碳化两个作用同时进行完成的。

3.3.1.3 生石灰的特性及应用

1. 生石灰的特性

（1）可塑性好

生石灰熟化为石灰浆时，能形成颗粒极细高度分散的氢氧化钙胶体，表面吸附一厚层水膜，具有良好的可塑性。将石灰浆掺入水泥砂浆中，可显著提高砂浆的可塑性和保水性。

（2）凝结硬化慢、强度低

石灰浆在空气中的凝结硬化速度慢，导致氢氧化钙和碳酸钙结晶很少，最终硬化后的强度很低。

(3) 硬化时体积收缩大

由于石灰浆中存在大量的游离水，硬化时大量水分蒸发，导致内部毛细管失水紧缩，引起显著的体积收缩变形，使硬化石灰体产生裂纹，故石灰浆不宜单独使用，通常施工时掺入一定量的集料（砂子）或纤维材料（麻刀、纸筋）。

(4) 耐水性差

由于石灰浆硬化慢、强度低，当其受潮后，未碳化的 $Ca(OH)_2$ 易溶于水，使硬化的石灰遇水破坏，故石灰不宜用于潮湿环境。

2. 石灰的应用

(1) 石灰乳涂料和石灰砂浆

石灰浆加水搅拌稀释，成为石灰乳涂料，可用于内墙面和顶棚粉刷。将石灰膏或消石灰粉配制成石灰砂浆和水泥石灰砂浆，可用于墙体的砌筑和装饰抹灰。

(2) 配制灰土和三合土

消石灰粉与黏土拌合后称为灰土，再加砂或石屑、炉渣等即为三合土。灰土和石灰土在强力夯打下，密实度大大提高，黏土中少量的活性氧化硅和氧化铝与氢氧化钙反应生成水化硅酸钙和水化铝酸钙，提高黏土的抗压强度，耐水性和抗渗性得到改善。灰土和三合土适用于建筑物的基础、路面或地面的垫层。

(3) 硅酸盐混凝土及制品

以石灰和硅质材料（石英砂、粉煤灰、矿渣等）为原料，经磨细、拌合、成型、养护等工序而成的材料，统称为硅酸盐制品。如粉煤灰砖、蒸压加气混凝土砌块等。

3.3.2 石膏

石膏是以硫酸钙为主要成分的具有许多优良特性的气硬性矿物胶凝材料，具有轻质、高强、保温隔热、耐火、吸声等优点。

3.3.2.1 *石膏的生产*

生产石膏的主要原料是天然二水石膏，也可采用化工石膏。将天然二水石膏或化工石膏经加热、煅烧、脱水、磨细可得石膏胶凝材料。随着加热的条件和程度不同，可制得性能各异的石膏。

将天然二水石膏加热温度达到 107 ~ 170℃时，可得到 β 型的半水石膏（建筑石膏），其反应式为：

$$CaSO_4 \cdot 2H_2O \longrightarrow CaSO_4 \cdot \frac{1}{2}H_2O + 1\frac{1}{2}H_2O$$

将天然二水石膏在压力为 0.13MPa，温度为 124℃的密闭压蒸釜内蒸炼脱水，可制成 α 型半水石膏（高强石膏）。

3.3.2.2 *建筑石膏的技术性质及特性*

1. 建筑石膏的技术性质

建筑石膏是白色的粉末，密度 2.60 ~ 2.75g/cm^3，堆积密度 800 ~ 1000kg/m^3，按其凝结时间、细度及强度分为优等品、一等品和合格品。

2. 建筑石膏的特性

(1) 凝结硬化速度快

建筑石膏加水拌合后 3 ~ 5 分钟内即可失去可塑性凝结，为满足施工操作的要求，可掺加适量的缓凝剂（硼砂、柠檬酸等）。

（2）硬化时体积微膨胀

建筑石膏硬化后会有 0.05% ~0.15% 的体积微膨胀，使得硬化体表面饱满，尺寸精确，干燥时不开裂。

（3）孔隙率大，表观密度和强度较低

建筑石膏水化的理论用水量为 18.6%，为了满足施工要求的可塑性，实际加水量约为 60% ~80%，石膏凝结后多余水分蒸发，导致孔隙率大、质量轻、强度降低。

（4）保温、隔热、吸声性好

石膏硬化体中含有大量的毛细孔，所以导热系数小，一般为 0.12 ~0.20W/（m·K），具有良好的保温隔热性和较强的吸声能力。

（5）具有一定的调温调湿性

由于石膏内大量毛细孔隙对空气中的水蒸气具有较强的吸附能力，所以对室内的空气湿度有一定的调节作用。

（6）防火性能良好

建筑石膏当遇火时，二水石膏脱出结晶水，结晶水吸收热量在表面形成蒸汽幕，在火灾发生时，能够有效抑制火焰蔓延。

（7）耐水性和抗冻性差

石膏硬化后孔隙率高，吸水性强，长期在潮湿环境中，建筑石膏晶体粒子间的结合力会削弱，使二水石膏溶解而引起溃散，因此不耐水、不抗冻。

3.3.2.3　建筑石膏的应用

1. 室内抹灰和粉刷

将建筑石膏加水、砂及缓凝剂拌合成石膏砂浆，用于室内抹灰。抹灰后的表面光滑、细腻、洁白美观。

2. 石膏制品

建筑石膏掺入各种填料加工制成各种石膏制品。石膏板主要品种有纸面石膏板、纤维石膏板、空心石膏板、装饰石膏板等，具有轻质、保温隔热、吸声、防火、尺寸稳定及施工方便等性能，在建筑中得到广泛的应用。石膏空心条板在生产时常加入纤维材料或轻质填料，以提高板的抗折强度和减轻自重，多用于民用住宅的分隔墙。由于石膏凝结快、体积稳定常被用于制作建筑雕塑，此外，建筑石膏也可用于生产水泥和各种硅酸盐建筑制品。

3.3.3　水玻璃

水玻璃俗称“泡花碱”是一种碱金属硅酸盐，其化学通式为 $R_2O \cdot nSiO_2$，其中 n 为水玻璃的模数。根据碱金属氧化物的不同，分为硅酸钠水玻璃和硅酸钾水玻璃等。建筑上通常使用的是硅酸钠水玻璃的水溶液。

3.3.3.1　水玻璃的性质

1. 水玻璃有良好的粘结能力。水玻璃在空气中吸收 CO_2，发生反应生成的无定型二氧化硅凝胶，具有较高的粘结强度。但由于反应非常缓慢，常加入促硬剂氟硅酸钠（Na_2SiF_6）。

2. 水玻璃在高温下不燃烧，具有良好的耐热性能。

3. 水玻璃具有高度的耐酸性能，能抵抗大多数无机酸和有机酸的作用。

3.3.3.2　水玻璃的应用

1. 作为涂料。涂刷在黏土砖、硅酸盐制品的表面，提高密实性和抗风化能力。

2. 加固地基。将水玻璃溶液与氯化钙溶液交替灌入土壤中，发生化学反应，析出硅酸胶体，起到胶结和填充土壤空隙的作用，能提高土壤密度和强度。

3. 堵漏、抢修。水玻璃掺入水泥浆、砂浆或混凝土中，用于堵漏和抢修工程。

4. 配制耐酸混凝土和耐酸砂浆。配制耐热混凝土和耐热砂浆，可用于高炉基础、热工设备等耐热工程。

3.3.4　水泥

水泥品种较多，是最重要的建筑材料之一。按化学成分划分为硅酸盐水泥、铝酸盐水泥、硫铝酸盐水泥等系列。硅酸盐水泥按掺混合材料的种类及数量不同，又分为硅酸盐水泥、普通硅酸盐水泥、矿渣硅酸盐水泥、火山灰质硅酸盐水泥、粉煤灰硅酸盐水泥和复合硅酸盐水泥等。特种水泥是指具有独特的性质，用于具有特殊要求的工程中的水泥。

3.3.4.1　硅酸盐水泥

凡由硅酸盐水泥熟料，0~5%石灰石或粒化高炉矿渣、适量石膏磨细制成的水硬性胶凝材料，称为硅酸盐水泥。不掺加混合材料的硅酸盐水泥称Ⅰ型硅酸盐水泥，代号为P·I；在硅酸盐水泥熟料粉磨时掺加不超过水泥质量5%的石灰石或粒化高炉矿渣混合材料的称Ⅱ型硅酸盐水泥，代号为P·Ⅱ。

1. 硅酸盐水泥的生产

凡以石灰质原料（如石灰石 CaO）、黏土质原料（SiO_2）为主，加入少量铁矿粉（Fe_2O_3），按适当比例混合后在球磨机中磨细，制成生料，然后在窑中煅烧，得以硅酸钙为主要成分的硅酸盐水泥熟料再与适量石膏共同磨细，即可得 P·I 型的硅酸盐水泥。其生产工艺流程如图3-4所示。

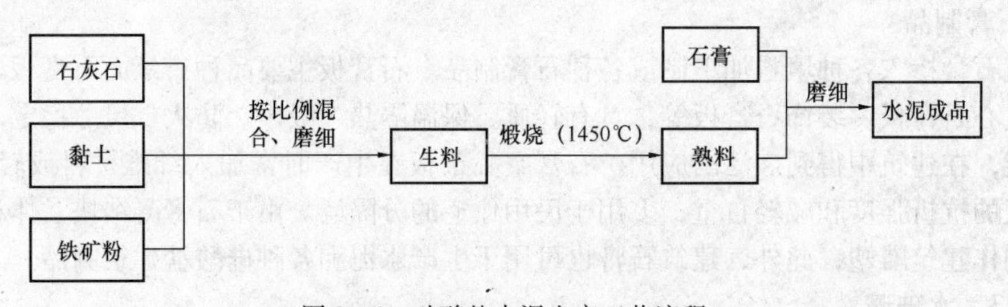

图3-4　硅酸盐水泥生产工艺流程

硅酸盐水泥的生产过程简称为“两磨一烧”。生产水泥时掺入适量的石膏，其目的是为了调节水泥的凝结时间。

2. 硅酸盐水泥熟料的矿物组成

硅酸盐水泥熟料主要由硅酸三钙、硅酸二钙、铝酸三钙和铁铝酸四钙四种矿物组成，硅酸三钙和硅酸二钙，一般占总量的75%以上，铝酸三钙、铁铝酸四钙占总量的25%左右。硅酸盐水泥熟料除上述主要组成外，尚含有少量游离氧化钙和氧化镁、Na_2O 和 K_2O。

3. 硅酸盐水泥的水化和凝结硬化

水泥与水拌合后，其颗粒表面的熟料矿物立即与水发生化学反应，生成水化硅酸钙、氢氧化钙、水化铝酸钙、水化铁酸钙和水化硫铝酸钙；随着水化反应的进行，逐渐失去流动性达到“初凝”；待完全失去可塑性，并产生强度时，即为“终凝”。随着水化反应的进一步发展，浆体逐渐转变为具有一定强度的水泥石。

由于硅酸盐水泥中熟料成分较多，所以凝结硬化速度快，早期强度高；水化反应放出热量多；抗冻性能好；在淡水、酸和硫酸盐溶液等有害介质中，发生物理和化学作用，导致强度降低，耐腐蚀性差；耐热性差。

3.3.4.2 掺混合材料的硅酸盐水泥

1. 普通硅酸盐水泥

在硅酸盐水泥熟料和石膏中掺入>5%且≤20%混合材料磨细而制成的水泥，简称普通水泥，代号P·O。由于混合材料掺量少，其性能与硅酸盐水泥性能相近。

2. 矿渣硅酸盐水泥

在硅酸盐水泥熟料和石膏中掺入粒化高炉矿渣磨细而制成的水泥，简称矿渣水泥，分为P·S·A和P·S·B，与硅酸盐水泥相比具有以下特点：

(1) 矿渣硅酸盐水泥水化作用分两步进行：首先是硅酸盐水泥熟料水化，生成$Ca(OH)_2$等水化产物；接着矿渣中的活性SiO_2和Al_2O_3成分与水化析出的$Ca(OH)_2$作用生成水化硅酸钙和水化铝酸钙，因此凝结硬化慢，早期强度低。

(2) 由于水泥中熟料含量较少，水化热低，适用于大体积工程。

(3) 水化产物中的氢氧化钙含量少，耐腐蚀性好。

(4) 水化硬化过程中，对温度敏感，适合蒸汽养护。

(5) 由于矿渣是高温形成的材料，故矿渣水泥耐热性能好。

3. 火山灰硅酸盐水泥

在硅酸盐水泥熟料和石膏中掺入火山灰质混合材料磨细而制成的水泥，简称火山灰水泥，代号P·P，其性能与矿渣水泥有许多共同点。由于火山灰颗粒较细，泌水性小，适用于有一般抗渗要求的工程；如果处于干燥环境下，很容易出现干缩裂缝，不适于干燥环境中的混凝土工程。

4. 粉煤灰硅酸盐水泥

在硅酸盐水泥熟料和石膏中掺入粉煤灰混合材料磨细而制成的水泥，简称粉煤灰水泥，代号P·F，其性能与火山灰水泥相近。粉煤灰水泥颗粒多呈球形，且较致密，吸水性小，因此，硬化时干缩性较小，抗裂性好，故粉煤灰水泥适用于大体积的水工建筑物。

5. 复合硅酸盐水泥

在硅酸盐水泥熟料和石膏中掺入两种或两种以上规定的混合材料磨细而制成的水泥，简称复合水泥，代号P·C，其性能与矿渣水泥、火山灰水泥、粉煤灰水泥有相近之处。

3.3.4.3 硅酸盐水泥的技术要求

依据《通用硅酸盐水泥》国家标准第1号修改单（GB 175—2007/XG1—2009），主要技术性质要求如下：

1. 细度

细度是指水泥颗粒的粗细程度，是影响水泥的凝结时间、体积安定性、强度等性能的重要指标。由于一般水泥的细度能满足标准规范要求，因此细度作为选择性指标。

2. 凝结时间

水泥的凝结时间对施工有重大意义。水泥的初凝不宜过早，以便在施工时有足够的时间完成混凝土或砂浆的搅拌、运输、浇捣和砌筑等操作；水泥的终凝不宜过迟，混凝土浇筑后，则要求尽快硬化，具有强度。硅酸盐水泥初凝不得早于45min，终凝不得迟于6.5h；掺混合材料的硅酸盐水泥初凝不得早于45min，终凝不得迟于10h。

3. 体积安定性

安定性不良的水泥，在浆体硬化过程中或硬化后产生不均匀的体积膨胀、开裂，甚至引起工程事故，主要原因是熟料中含有过量的游离氧化钙、游离氧化镁、三氧化硫或掺入的石膏过多。可用试饼法或雷氏法测定水泥的安定性，安定性不良的水泥严禁用于工程。

4. 水泥的强度

水泥的强度是以水泥、标准砂、水按规定比例拌合成水泥胶砂，根据有关标准的规定制作试件，经标准养护后测定其3d和28d的抗折强度、抗压强度，确定水泥的强度等级。

硅酸盐水泥的强度等级为42.5、42.5R、52.5、52.5R、62.5、62.5R（R表示早强型）六个强度等级，矿渣硅酸盐水泥、火山灰质硅酸盐水泥、粉煤灰硅酸盐水泥、复合硅酸盐水泥水泥分为32.5、32.5R、42.5、42.5R、52.5、52.5R六个强度等级。

5. 碱含量

水泥中的Na_2O和K_2O含量应符合标准规定，若碱含量过高，与集料中的活性成分发生碱-集料反应，对工程造成危害。

3.3.4.4 其他品种水泥

1. 白色和彩色硅酸盐水泥

（1）白色硅酸盐水泥

白色硅酸盐水泥是以适当成分的生料烧至部分熔融，得以硅酸钙为主要成分的熟料，加入适量石膏，磨细制成的水硬性胶凝材料称为白色硅酸盐水泥，简称白色水泥。

为了保证白水泥的白度，生产过程中应严格控制Fe_2O_3含量，减少MnO、TiO_2等着色氧化物的掺量。

白水泥的细度要求为0.08mm方孔筛筛余不得超过10%，初凝时间不得早于45min，终凝时间不得迟于10h，安定性用沸煮法检验必须合格。

（2）彩色硅酸盐水泥

在白色硅酸盐水泥熟料中加入适量石膏和颜料；或者在水泥生料中加入着色物质，烧成彩色熟料再磨成彩色水泥。

白色和彩色硅酸盐水泥主要用于装饰工程，用来配制彩色水泥浆、彩色混凝土、人造大理石及水磨石等。

2. 快硬硅酸盐水泥

以硅酸盐水泥熟料和适量石膏磨细制成，以3d抗压强度表示强度等级的水硬性胶凝材料称为快硬硅酸盐水泥，简称快硬水泥。

与硅酸盐水泥相比主要是提高了水泥熟料中硅酸三钙和铝酸三钙含量，适当增加石膏的掺量和提高水泥粉磨细度。快硬水泥凝结硬化快，早期强度高，适用于早期强度要求高的紧急抢修工程、冬季施工及预应力混凝土工程。

3. 高铝水泥

高铝水泥是以矾土和石灰石作为原料，按适当比例配合、煅烧、磨细而成，以铝酸钙为主要成分的一种快硬早强、水化热大、抗硫酸盐腐蚀能力强、耐热性能好、后期强度会降低的胶凝材料，适用于紧急抢修、有耐热要求的混凝土工程。

高铝水泥的细度要求 80μm 方孔筛筛余不超过 10%，初凝不得早于 40min，终凝不得迟于 10h。

4. 膨胀水泥

硅酸盐水泥在空气中硬化时，通常会产生一定的收缩，导致混凝土结构内部产生微裂缝，影响混凝土结构的力学性能和耐久性。膨胀硅酸盐水泥是一种在水化过程中产生膨胀，由于膨胀过程发生在水泥浆体完全硬化之前，所以能使水泥石的结构密实而不致引起破坏。

在钢筋混凝土中应用膨胀水泥，由于混凝土的膨胀使钢筋产生一定的拉应力，混凝土受到相应的压应力，即“自应力”。膨胀水泥按自应力的大小分为两类：当其自应力值大于或等于 2.0MPa 时，称为自应力水泥；当其自应力值小于 2.0MPa（通常为 0.5MPa 左右）时，称为膨胀水泥。

3.4　混凝土和砂浆

3.4.1　混凝土

3.4.1.1　概述

混凝土是由胶凝材料、粗细集料、水及其他材料，按适当比例拌合、成型，并于一定条件下硬化而成的人造石材。混凝土是土建工程中主要材料之一，种类很多，目前使用最广泛、用量最大的是以水泥为胶凝材料的水泥混凝土，简称混凝土。

组成混凝土的原材料资源丰富、价格低廉，混凝土拌合物可塑性好、可调整性好、强度高、耐久性好，自重大、比强度小、抗拉强度低、易开裂，传热快等。

通常混凝土有以下几种分类：

按表观密度分类：表观密度大于 2600kg/m^3 的重混凝土，表观密度为 2000～2500kg/m^3 之间的普通混凝土和表观密度小于 1950kg/m^3 的轻混凝土。

按用途分类：结构混凝土、道路混凝土、防水混凝土、耐热混凝土、耐酸混凝土、装饰混凝土、防射线混凝土等。

按胶凝材料分类：水泥混凝土、石膏混凝土、水玻璃混凝土、沥青混凝土、聚合物水泥混凝土等。

按生产和施工方法分类：预拌混凝土、泵送混凝土、喷射混凝土、预应力混凝土、离心成型混凝土等。

按强度等级分类：混凝土的抗压强度小于 30MPa 为低强度混凝土，大于或等于 60MPa 为高强混凝土，大于 100MPa 时为超高强混凝土。

3.4.1.2　普通混凝土的组成材料

1. 水泥

水泥是混凝土中最主要的组成材料，合理地选择水泥的品种和强度等级，对于保证混凝土的质量，降低成本是非常重要的。水泥品种的选择应根据工程性质特点、工程所处的环境、施工条件及水泥的特性等因素综合考虑；水泥强度等级的选择，应与所配制的混凝土强度等级相适应，原则是配制高强度等级的混凝土选用高强度等级的水泥，低强度等级的混凝土选用低强度等级的水泥，一般水泥的强度等级约为混凝土强度等级的1.5~2.0倍。

2. 粗细集料

集料按粒径大小分为：公称粒径大于5mm的为粗集料（石），小于5mm的为细集料（砂）。

粗集料分为碎石和卵石；细集料分为天然砂和人工砂，天然砂分为河砂、海砂和山砂。

在混凝土中，粗细集料约占混凝土体积的60%~80%，集料质量直接影响混凝土的各种性能，因此对集料的技术质量提出了具体的要求。

（1）泥和泥块含量

含泥量是指公称粒径小于0.08mm颗粒含量。砂的泥块含量是指公称粒径大于1.25mm，经水洗、手捏后变成小于0.63mm的颗粒含量；石中公称粒径大于5mm，经水洗、手捏后变成小于2.50mm的颗粒含量。泥颗粒极细，包覆在集料颗粒表面，影响了水泥浆与集料之间的粘结，降低混凝土的强度与耐久性；泥块对混凝土的性能影响更大，因此对集料中的含泥量和泥块要严加控制。

（2）有害杂质

砂石中的有害杂质包括黏土、淤泥、黑云母、硫化物、有机物、贝壳、煤渣等，影响混凝土的强度和耐久性；硫化物及硫酸盐，对水泥有腐蚀作用。采用海砂时，应控制氯离子的含量。

（3）坚固性

坚固性是指集料在自然风化和其他外界物理化学因素作用下，抵抗破坏的能力。

（4）粗细程度及颗粒级配

① 砂的粗细程度和颗粒级配。砂的粗细程度是指不同的砂粒混合在一起的平均粗细程度，分为粗砂、中砂、细砂和特细砂等。砂的颗粒级配是指砂中不同粒径的颗粒互相搭配及组合的情况。如果砂的粒径相同，则空隙率大，在混凝土中填充砂子空隙的水泥浆用量多，如图3-5（a）所示；当用两种粒径的砂搭配，空隙就减少了，如图3-5（b）所示；用更多粒径的砂组配，空隙会更少，如图3-5（c）所示。

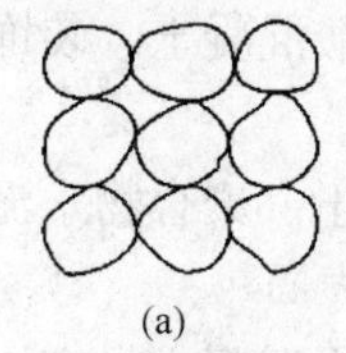
(a)
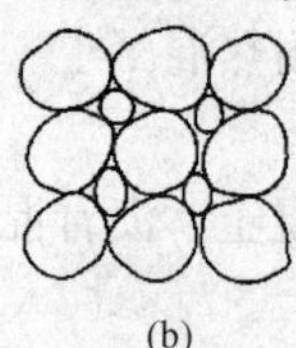
(b)
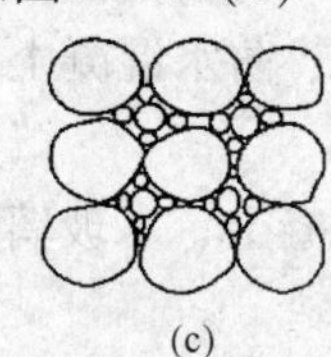
(c)

图3-5 集料的颗粒级配

砂的颗粒级配和粗细程度用筛分法测定。砂筛分析法是用一套孔径为5.00mm、2.50mm、1.25mm、0.630mm、0.315mm、0.160mm的标准筛（方孔筛），将500g的干砂由粗到细依次过筛，然后称量留在各筛上的砂量，并计算出各筛上的分计筛余百分率a_1、a_2、a_3、a_4、a_5和a_6表示（各筛上的筛余量占砂样总质量的百分率）及累计筛余百分率A_1、A_2、A_3、A_4、A_5和A_6（各筛和比该筛粗的所有分计筛余百分率之和）。

砂的粗细程度用通过累计筛余百分率计算而得的细度模数（M_x）表示，其计算式为：

$$M_x = \frac{(A_2 + A_3 + A_4 + A_5 + A_6) - 5A_1}{100 - A_1} \tag{3-20}$$

细度模数M_x越大，表示砂越粗，普通混凝土用砂的细度模数一般在3.7~1.6之间，其中M_x在3.7~3.1为粗砂，M_x在3.0~2.3为中砂，M_x在2.2~1.6为细砂，M_x在1.5~0.7

为特细砂。其中以采用中砂较为适宜。

根据普通混凝土用砂、石质量及检验方法标准（JGJ 52—2006）规定，对细度模数 3.7 ~1.6 的普通混凝土用砂，按 0.630mm 孔径筛的累计筛余百分率，划分为Ⅰ、Ⅱ、Ⅲ三个级配区，砂的实际颗粒级配与规定的累计筛余相比，除 5.00mm 和 0.630mm 的累计筛余外，允许稍有超出分界线，但总超出量不应大于 5%。砂的级配区曲线如图 3－6 所示。

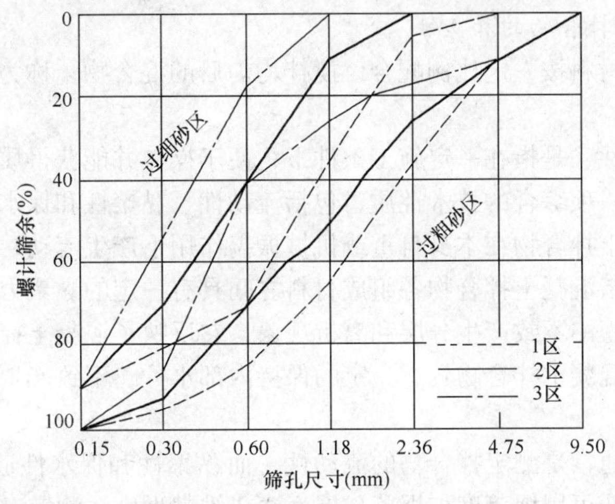

图 3－6　砂的级配区曲线

②石子的颗粒级配和最大粒径。石子的颗粒级配通过筛分试验确定，标准筛孔径为 100.0mm、80.0mm、63.0mm、50.0mm、40.0mm、31.5mm、25.0mm、20.0mm、16.0mm、10.0mm、5.00mm、2.50mm 共 12 个方孔筛，分计筛余百分率及累计筛余百分率的计算与砂相同。石子的颗粒级配分连续级配和间断级配。

粗集料公称粒级的上限称为该粒级的最大粒径。当集料用量一定时，其比表面积随着粒径的增大而减小，包裹其表面所需的水泥浆量减少，可以节约水泥。因此粗集料的最大粒径应在条件许可的情况下，尽量选大些。但对于结构混凝土，粗集料的粒径还受到有关规范的限制，混凝土用粗集料的最大粒径不得大于结构截面最小尺寸的 1/4，且不得大于钢筋间最小净距的 3/4；对于混凝土实心板，集料的最大粒径不宜超过板厚的 1/3，且不得超过 40mm。

（5）颗粒形状和表面特征

选用表面洁净、光滑、比表面积小的集料，拌制的混凝土的流动性大；表面粗糙、有棱角的集料与水泥浆粘结牢固，拌制的混凝土强度较高。粗集料中含针状和片状颗粒，不仅本身受力时易折断，而且含量较多时，会增大集料空隙率，使混凝土拌合物和易性变差，同时降低混凝土的强度，因此粗集料中的针、片状含量应符合有关规定。

（6）粗集料的强度

为了保证配制混凝土的强度，则混凝土所用粗集料必须具有足够的强度。卵石或碎石的强度可采用岩石立方体强度和压碎指标两种方法来检验。

3. 混凝土拌合及养护用水

混凝土拌合及养护用水应符合有关标准的规定。

4. 外加剂和外掺料

混凝土外加剂掺量少，但能显著改善混凝土的性能。如减水剂、引气剂和泵送剂可改善混凝土的和易性；缓凝剂、速凝剂和早强剂可调节混凝土的凝结时间；引气剂、防水剂和阻锈剂可改善混凝土的耐久性等。

外掺料可作为混凝土的一个成分，不仅可取代部分水泥、减少水泥用量、降低成本，而且可以改善混凝土拌合物和硬化混凝土的各项性能，如粉煤灰、硅灰、矿渣微粉等。

3.4.1.3　混凝土拌合物的和易性

混凝土的各组成材料按一定比例配合，搅拌均匀后的混合物，称为混凝土拌合物。

1. 和易性

和易性又称工作性，是指在一定施工条件下，便于操作并能获得质量均匀、密实的混凝土的性能。和易性是一项综合的技术性质，包括流动性、黏聚性和保水性三个方面的含义。

流动性是指混凝土拌合物在本身自重或机械振捣作用下产生流动，能均匀密实地填满模板的性能。黏聚性是指混凝土拌合物各组成材料之间具有一定的黏聚力，使集料在水泥浆中均匀分布，在施工过程中不致产生分层和离析现象，它反映了混凝土拌合物保持整体均匀性的能力。保水性是指混凝土拌合物具有一定的保持内部水分，不致产生泌水的性质。

2. 和易性的测定

混凝土的和易性通常是测定拌合物的流动性，而黏聚性和保水性通过目测观察来评定。混凝土拌合物的流动性可用坍落度与坍落扩展度法或维勃稠度法测定。

(1) 坍落度法

坍落度法适用于集料最大粒径不大于40mm，坍落度值不小于10mm的混凝土拌合物稠度测定。当混凝土拌合物的坍落度大于220mm时，用坍落扩展度法。测定时，将混凝土拌合物按规定的方法装入坍落度筒，顶层插捣完后并抹平，然后垂直平稳地提起坍落度筒，混凝土拌合物因自重而向下坍落，坍落的高度为坍落度，如图3-7所示。在测定坍落度的同时，用捣棒在已坍落的混凝土锥体侧面轻轻敲打，如果锥体逐渐下沉，则表示黏聚性良好；如果锥体倒坍、部分崩裂或出现离析现象，则表示黏聚性不好。坍落度筒提起后如有较多的稀浆从底部析出，锥体部分的混凝土因失浆而集料外露，则表明保水性能不好。

图3-7　坍落度测定图

按坍落度的大小，将混凝土拌合物分为四级：低塑性混凝土，坍落度为10~40mm；塑性混凝土，坍落度为50~90mm；流动性混凝土，坍落度为100~150mm；大流动性混凝土坍落度为≥160mm。

(2) 维勃稠度法

当混凝土拌合物比较干硬，坍落度值小于10mm时，则用维勃稠度仪来测定流动性。将混凝土拌合物按照坍落度的同样要求装入振动台上的坍落度筒内，然后垂直提走坍落度筒，把透明圆盘转到混凝土圆台体顶面，同时开启振动台和秒表，振至透明圆盘的底面被水泥浆布满时关闭振动台，振动所用的时间即为维勃稠度值。

按维勃稠度值的大小，将混凝土拌合物分为四级：半干硬性混凝土，维勃稠度10~5s；干硬性混凝土，维勃稠度20~11s；特干硬性混凝土，维勃稠度30~21s；超干硬性混凝土，维勃稠度≥31s。

3. 影响和易性的主要因素

(1) 水泥浆的数量和稠度

水泥浆赋予混凝土拌合物一定的流动性。在水胶比保持不变的情况下，水泥浆用量越多，包裹在集料颗粒表面的浆层越厚，润滑作用越好，混凝土拌合物的流动性越大；但若水泥浆过多，将会出现流浆现象；水泥浆过少，不能很好地包裹集料表面和填补集料间的空隙，则拌合物就会产生崩坍现象，黏聚性差。在水泥用量不变的情况下，水胶比越小，水泥浆越稠，拌合物流动性越小。

(2) 砂率

砂率是指混凝土中砂的质量占砂石总质量的百分率。砂的粒径远小于石子，具有很大的比表面积，而且砂在拌合物中填充粗集料的空隙，因此，砂率的变动会使集料的总表面积和空隙率发生较大的变化，对拌合物的和易性有显著的影响。

(3) 组成材料性质的影响

不同品种的水泥，标准稠度用水量不同，因此在水和水泥用量相同的情况下，拌合物的稠度也有所不同。用普通水泥拌制的混凝土拌合物流动性和保水性较好；用矿渣水泥拌制的混凝土拌合物流动性较大，但黏聚性和保水性差。

在水和水泥用量一定的情况下，采用级配好的集料，空隙率小，相对来说包裹集料颗粒表面的水泥浆较厚，拌合物和易性好。在混凝土集料用量一定的情况下，采用表面光滑的卵石和河砂拌制的混凝土拌合物，其流动性比用表面粗糙多棱角的碎石和山砂的拌制要好。

拌制混凝土时，加入少量的外加剂能使混凝土拌合物在不增加水泥浆用量的条件下，显著地提高流动性，并具有较好的黏聚性和保水性。

(4) 时间和温度

随着时间的延长，混凝土拌合物由于部分水分蒸发，被集料吸收和供水泥水化，拌合物逐渐变得干稠，流动性减小。混凝土拌合物随着周围环境温度的升高，水分蒸发和水泥的水化反应速度的加快，使混凝土的流动性减小。

3.4.1.4　混凝土的强度

强度是硬化后混凝土的最重要的技术性质。强度包括抗压、抗拉、抗弯及抗剪等，其中以抗压强度为最大，抗拉强度为最小，故混凝土在工程上主要用于承受压力。

1. 混凝土的抗压强度及强度等级

我国采用立方体抗压强度作为混凝土的强度特征值。混凝土立方体抗压强度是指按标准方法制作的边长为 150mm 的立方体试件，在标准条件[(温度(20±2)℃，相对湿度 95% 以上]下养护 28d，用标准试验方法测得的抗压强度值为混凝土立方体抗压强度，用 f_{cc} 表示。

混凝土的强度等级应按立方体抗压强度标准值划分，采用符号 C 与立方体抗压强度标准值（$f_{cu,k}$，以 N/mm^2 计）表示。立方体抗压强度标准值系指对按标准方法制作和养护的边长为 150mm 的立方体试件，在 28d 龄期，用标准试验方法测得的抗压强度总体分布中的一个值，强度低于该值的百分率不超过 5%。混凝土的强度等级划分为 C15、C20、C25、C30、C35、C40、C45、C50、C55、C60、C65、C70、C75、C80 十四个等级。

2. 影响混凝土强度的因素

(1) 水泥的强度等级和水胶比

水泥的强度等级和水胶比是决定混凝土强度的主要因素。在配合比相同的条件下，所用的水泥强度等级越高，水泥石的强度及与集料的粘结强度也越高，制成的混凝土强度也越高。在水泥的品种和强度等级相同的条件下，水胶比越小，水泥石的强度及与集料的粘结强度越大，混凝土的强度越高。

根据工程实践的经验，可建立混凝土强度与水泥强度及灰水比之间的线性关系式，即混凝土强度经验公式（又称鲍罗米公式）：

$$f_{cu,28} = Af_{ce}(C/W - B) \qquad (3-21)$$

式中 $f_{cu,28}$——混凝土28d龄期的抗压强度，MPa；

C/W——混凝土的水胶比；

F_{ce}——实测水泥胶砂28d抗压强度，MPa；

A、B——与粗集料有关的回归系数，可通过历史资料统计计算得到。

若无统计资料，可采用《普通混凝土配合比设计规程》（JGJ 55—2000）提供的经验值：采用碎石时 $A=0.46$、$B=0.07$；采用卵石时 $A=0.48$、$B=0.33$。

（2）集料的影响

集料的种类不同，其表面状态不同。碎石表面粗糙并富有棱角，集料颗粒之间有嵌固作用，与水泥石的粘结力较强，而卵石表面光滑，则粘结较差，因此在原材料和水胶比相同的条件下，用碎石拌制混凝土的强度比用卵石拌制混凝土的强度高。

（3）养护温度和湿度

混凝土成型后必须保持适当的温度和足够的湿度，使水泥充分水化，以保证混凝土强度不断发展。温度升高，水泥水化速度加快，混凝土强度发展也快；湿度适当，水泥水化顺利进行，混凝土强度能充分发展。因此混凝土浇筑完毕后，应在12h以内进行覆盖并浇水养护。对硅酸盐水泥、普通水泥或矿渣水泥拌制的混凝土不少于7d；对掺缓凝型外加剂或有抗渗要求的混凝土不少于14d；采用其他品种水泥时，养护时间应根据所采用水泥的技术性能确定。

（4）龄期

混凝土在正常养护条件下，其强度将随龄期的增加而增长，最初7~14d内，强度增长较快，以后便逐渐缓慢，28d达到预定的强度。如果能长期保持一定的温度和湿度，其强度增长可延续数十年之久。

（5）试验条件的影响

同一批混凝土，如试件的尺寸、形状、表面状态及加荷速度等试验条件不同，所测得的混凝土强度值有所差异。

3.4.1.5 混凝土的变形性能

1. 化学收缩

化学收缩是由于水泥水化产物的体积小于反应前反应物的体积，而使混凝土收缩，这种收缩是不可恢复的，其收缩量是随混凝土硬化龄期的延长而增加的，一般在40d后趋于稳定，且收缩值很小，对混凝土结构没有破坏作用。

2. 干湿变形

混凝土的干湿变形是由于混凝土周围环境的湿度变化而引起。当混凝土在水中硬化时，由于凝胶体中胶体粒子吸附水膜增厚，使胶体粒子间的距离增大，会引起混凝土产生微小膨胀；当混凝土在干燥空气中硬化时，首先失去自由水，继续干燥则毛细管水分蒸发，使毛细孔中负压增大而产生收缩力，如再继续受干燥，吸附水分蒸发引起凝胶体失水紧缩，其结果使混凝土产生干缩变形。

3. 温度变形

混凝土同其他材料，也具有热胀冷缩的性质。温度变形对大体积及大面积混凝土工程极为不利。在混凝土硬化初期，水泥水化放出较多的热量，而混凝土又是热的不良导体，传热很慢，造成大体积混凝土内外温度差较大，使内部混凝土的体积产生较大的膨胀，外部混凝土随气温降低而收缩，在混凝土外表产生很大拉应力，使混凝土产生裂缝。因此，对于大体积混凝土施工时常采用低热水泥，减少水泥用量，或采取人工降温等措施。

4. 荷载作用下的变形

混凝土是一种弹塑性体，在受力时既产生可恢复的弹性变形，又产生塑性变形，其应力与应变的关系不是直线而是曲线。混凝土在长期荷载作用下，在加荷时发生瞬时变形，随着时间的延长，产生缓慢的徐变。在荷载作用初期，徐变增长较快，以后逐渐变慢且稳定下来。

3.4.1.6 混凝土的耐久性

混凝土不仅具有设计要求的强度，能安全地承受设计荷载外，还应根据其周围的环境及使用上的特殊要求，具有经久耐用，抵抗周围介质侵蚀的能力。

1. 抗渗性

抗渗性是指混凝土抵抗压力介质（水，油，溶液等）渗透的性能。混凝土的抗渗性是决定混凝土耐久性最主要的因素，抗渗能力的大小主要与其本身的密实度、内部孔隙的大小及构造有关。混凝土渗水（或油）是由于内部存在有相互连通的孔隙和裂缝，这些孔道除了是由于施工振捣不密实外，主要来源于水泥浆中多余的水分蒸发和泌水后留下形成的毛细管孔道及粗集料下界面聚集的水所形成的孔隙。抗渗性好的混凝土，应选择适当的水泥品种和数量，采用较小的水胶比，质量好的集料，也可掺加适量引气剂或减水剂，施工时要充分振捣和加强养护。

2. 抗冻性

抗冻性是指混凝土在饱和水状态下，能经抵抗多次冻融循环作用而不破坏，同时也不严重降低强度的性能。对于受冻害影响寒冷地区的混凝土，要求具有一定的抗冻能力。混凝土的抗冻性取决于本身的密实度、孔隙构造和数量、孔隙的充水程度。

3. 抗侵蚀性

抗侵蚀性是指混凝土抵抗周围环境介质侵蚀的能力，混凝土的抗侵蚀性主要与所用水泥的品种、混凝土的密实度和孔隙特征有关。选用合理的水泥品种，采用密实度较高和孔隙封闭的混凝土，周围环境不易侵入，混凝土的抗侵蚀性比较强。

4. 混凝土的碳化

混凝土的碳化是空气中的二氧化碳与水泥石中的氢氧化钙，在潮湿的条件下发生化学反应，生成碳酸钙和水的过程。碳化对混凝土性能既有有利的影响，又有不利的影响。碳化作用放出的水分有助于水泥的水化作用，生成的碳酸钙减少了水泥石内部的孔隙，提高混凝土的抗压强度。碳化作用使混凝土碱度降低，钢筋处于中性环境，钢筋表面的钝化膜被破坏，产生体积膨胀，导致混凝土保护层开裂，开裂后的混凝土更有利于碳化作用的进行和钢筋的锈蚀。

5. 碱-集料反应

水泥中的碱（Na_2O、K_2O）与集料中的活性二氧化硅发生反应，生成碱-硅酸凝胶，当其吸水后产生体积膨胀，从而导致混凝土产生膨胀开裂而破坏。这种反应称为碱-集料反应。碱-集料反应速度缓慢，由此引起的膨胀破坏往往需要几年后才能发现，因此对于重要的工程应采取预防措施。

3.4.1.7 普通混凝土配合比设计

混凝土配合比是指混凝土各组成材料用量之间的比例关系。

1. 配合比设计的基本要求

（1）满足混凝土结构设计的强度等级要求；

（2）满足施工和易性要求；

（3）满足工程所处环境对混凝土耐久性的要求；

（4）满足经济要求，节约水泥，降低成本。

2. 混凝土配合比设计中的三大参数

混凝土配合比设计，实际上是确定水泥、水、砂与石子这四项基本组成材料用量之间的三个比例关系。水与水泥之间的比例关系，用水胶比表示；砂与石子之间的比例关系，用砂率表示；水泥浆与集料间的比例关系，用单位用水量表示。这三个参数与混凝土的各项性能有着密切关系，因此配合比设计要正确地确定这三大参数，以满足混凝土的四项基本要求。

3. 混凝土配合比设计的步骤

进行混凝土配合比设计时，首先要掌握原材料性能和了解混凝土的各项技术性质，计算 $1m^3$ 混凝土各种材料用量，即“初步计算配合比”；在此基础上经试验室试拌调整，得出混凝土“基准配合比”；再经强度复核，获得满足设计和施工要求并比较经济合理的“设计配合比”；在施工现场，集料露天堆放，含有水分，在这种条件下，对试验室配合比再进行调整，最后得出“施工配合比”。

3.4.1.8 其他种类混凝土

1. 轻混凝土

轻混凝土是指表观密度小于 $1950kg/m^3$ 的混凝土。轻混凝土具有轻质、高强、多功能等特性，在工程中使用可减轻结构自重，增大构件尺寸，改善建筑物保温和防震性能，降低工程造价等方面有较好的技术经济效果。

轻混凝土可分为轻集料混凝土、多孔混凝土和大孔混凝土三类。

1）轻集料混凝土

用轻质集料、水泥和水配制而成的混凝土，称轻集料混凝土。

轻集料混凝土按细集料不同，又分为全轻混凝土（粗、细集料均为轻集料）和砂轻混凝土（细集料全部或部分为普通砂）。

轻集料按其来源不同分为工业废料轻集料，如粉煤灰陶粒、膨胀矿渣珠、煤渣及轻砂；天然轻集料，如浮石、火山渣及轻砂；人造轻集料，如页岩陶粒、黏土陶粒及轻砂。

轻集料混凝土密度小，内部结构属多孔状，导热系数低，具有良好的保温性能。

2）多孔混凝土

多孔混凝土是一种不用集料的轻混凝土，内部充满大量细小封闭的气孔。多孔混凝土按气孔产生的方法不同，分为加气混凝土和泡沫混凝土。

（1）加气混凝土

用含钙材料（水泥、石灰）、含硅材料（石英砂、粉煤灰、粒化高炉矿渣等）和加气剂为原材料，经过磨细、配料、搅拌、浇注、成型、切割、蒸压养护等工序生产加气混凝土。

加气混凝土的表观密度为 300 ~1200kg/m^3，抗压强度为 1. 5 ~5. 5MPa。

（2）泡沫混凝土

泡沫混凝土是将水泥净浆与泡沫剂拌合后经浇注成型、养护而成的一种多孔混凝土。

泡沫剂常采用松香胶等，可用水稀释，经强力搅拌可形成稳定的泡沫。

（3）大孔混凝土

由水泥、粗集料和水拌制而成的轻混凝土。因为混凝土中不含细集料，所以在混凝土内部形成大孔。

2. 高强混凝土

高强混凝土是指强度等级为 C60 及其以上的混凝土。

由于高强混凝土强度高、变形小、耐久性好，因此高强混凝土在高层和超高层建筑、大跨度桥梁、高级公路等工程中得到了推广应用。采用高强混凝土，可减轻结构自重，提高构件的承载力，节省投资，可获得明显的技术经济效益。

3. 纤维混凝土

纤维混凝土是以普通混凝土为基材，外掺各种纤维材料而组成的复合材料。普通混凝土的抗拉、抗弯、韧性和耐磨性差，掺入的纤维材料与混凝土基体共同承受荷载，可显著提高混凝土抗拉强度，降低其脆性。通常采用的纤维材料有钢纤维、玻璃纤维、合成纤维、碳纤维等，可抑制混凝土裂缝的形成，提高混凝土抗拉和抗弯强度。

纤维混凝土目前主要用于机场跑道、停车场、公路路面、桥面、薄壁结构、屋面板、墙板等要求高耐磨、高抗冲击、抗裂的部位及构件。

3. 4. 2　砂浆

建筑砂浆是由胶结料、细集料和水，有时也可掺入某些掺加料，按适当比例配制而成。在建筑工程中起粘接、衬垫和传递应力作用。

砂浆按用途可分为砌筑砂浆、抹面砂浆、装饰砂浆、特种砂浆等；按所用胶结材料分为水泥砂浆、石灰砂浆、水泥混合砂浆及聚合物水泥砂浆等。

3. 4. 2. 1　*砌筑砂浆*

1. 砂浆的组成材料

（1）胶结材料

常用的胶结材料有水泥、石灰、石膏等，应根据砌筑部位，所处的环境条件等合理选择。

（2）细集料

砂的含泥量、泥块含量和有害杂质含量等应符合有关标准规范要求。由于砂浆铺设层较薄，应对砂的最大粒径加以限制，其最大粒径不应大于 2. 5mm；用于毛石砌体的砂浆，其最大粒径应小于砂浆层厚度的 1/4 ~1/5。

（3）掺合料

为改善砂浆的和易性，降低水泥用量，通常在水泥砂浆中掺入部分石灰膏、黏土膏、电石膏、粉煤灰等无机材料。

（4）水

拌合砂浆的水，其水质应符合现行标准的规定。

2. 砌筑砂浆的技术性质

1）和易性

新拌砂浆应具有良好的和易性，包括流动性和保水性。

（1）流动性

砂浆的流动性是指在自重或外力作用下流动的性质，也称稠度，用砂浆稠度测定仪测定其稠度，以沉入度值（mm）来表示。沉入度大，砂浆的流动性大，但流动性过大，将会降低砂浆硬化后强度；若流动性过小，则不便于施工操作。砂浆的稠度选择需考虑基层材料的吸水性能和施工时的气候条件等因素。

（2）保水性

保水性是指新拌砂浆保持内部水分的能力。保水性好的砂浆，在存放、运输和使用过程中，能很好保持其中的水分不致很快流失，在砌筑时容易铺成均匀密实的砂浆薄层，保证砌体的质量。砂浆的保水性用保水率（%）表示。

2）砂浆的强度及强度等级

砂浆的强度等级是以边长为70.7mm的立方体试块，在标准养护条件下养护28d龄期的抗压强度平均值来确定。水泥砂浆强度等级为M5、M7.5、M10、M15、M20、M25、M30共七个等级；水泥混合砂浆强度等级为：M5、M7.5、M10、M15共四个等级

影响砂浆强度因素较多，当原材料质量一定时，砂浆的强度主要取决于水泥的强度等级与水泥用量。可按下面经验公式计算：

$$f_{m,0} = \frac{\alpha f_{ce} Q_c}{1000} + \beta \qquad (3-22)$$

式中 $f_{m,0}$——砂浆28d抗压强度值，MPa；

f_{ce}——水泥的实测强度值，MPa；

Q_c——每立方米砂浆的水泥用量，kg；

α、β——砂浆的特征系数，其中$\alpha=3.03$，$\beta=-15.09$；也可由当地统计资料计算（$n \geq 30$组）获得。

3）砂浆的粘结力

砂浆能把许多块状的砖石材料粘结成为一个整体，砌体的强度、耐久性及抗震性取决于砂浆粘结力的大小。砂浆的粘结力随其抗压强度的增大而提高，与砖石的表面状态、清洁程度、湿润状况及施工养护条件等因素有关。

4）砂浆的变形

砂浆在承受荷载或温湿度条件变化时，均会产生变形。如果变形过大或者不均匀，会降低砌体质量，引起沉陷或裂缝。

5）砂浆的抗冻性

在受冻融影响较多的建筑部位，要求砂浆具有一定的抗冻性。对有冻融次数要求的砌筑砂浆，经冻融试验后，质量损失率不得大于5%，抗压强度损失率不得大于25%。

3. 砌筑砂浆的配合比设计

首先根据工程类别及砌体部位的设计要求，选定砂浆的品种和强度等级。一般可通过查有关资料或手册来选择初步配合比，也可根据《砌筑砂浆配合比设计规程》（JGJ/T 98）进行配合比设计；然后通过试拌作适当调整。

4. 砌筑砂浆的工程应用

水泥砂浆宜用于砌筑潮湿环境和强度要求比较高的砌体，如地下的砖石基础、多层房屋的墙、钢筋砖过梁等，一般砂浆的强度等级为 M5 ~ M10；水泥石灰混合砂浆宜用于砌筑干燥环境中的砌体，如地面以上的承重或非承重的砖石砌体，多用砂浆的强度等级为 M5。

3.4.2.2　抹面砂浆

凡涂抹在建筑物或建筑构件表面的砂浆，称为抹面砂浆，兼有保护基层，满足使用要求和装饰作用。对抹面砂浆要求具有良好的和易性，容易抹成均匀平整的薄层，便于施工；要有较高的粘结力，与基层材料粘结牢固，长期使用不致开裂或脱落等性能。

根据其功能不同，可分为普通抹面砂浆、装饰砂浆和具有某些特殊功能的抹面砂浆。

1. 普通抹面砂浆

普通抹面砂浆主要是对建筑物和墙体起保护作用，抵抗自然环境中有害介质对建筑物的侵蚀，提高建筑物的耐久性；同时使表面平整、清洁和美观。

抹面砂浆通常分为底层、中层和面层抹面施工。底层抹灰的作用，使砂浆层能与基层牢固地粘结，要求砂浆具有良好的和易性和较高的粘结力；中层抹灰主要是为了找平，有时可省去；面层抹灰主要为了平整美观的表面效果。

2. 装饰砂浆

装饰砂浆涂抹在建筑物内外墙表面，可增加建筑物的美观。装饰砂浆一般面层选用具有一定颜色的胶凝材料和集料以及采用某些特殊的操作工艺，使装饰面层呈现出各种不同的色彩、线条与花纹等。常见的做法有：拉毛、喷涂、弹涂、水刷石、水磨石、斩假石等。

3. 特种砂浆

根据工程不同性能要求，通过调整砂浆的构成材料或施工方法，使砂浆具有某些特殊功能。如防水砂浆、保温砂浆、吸声砂浆、耐酸砂浆和耐热砂浆等。

3.5　钢　材

钢材在建筑中主要用于钢结构及钢筋混凝土结构，包括钢结构用的各种型钢、钢板和钢筋等。建筑钢材具有强度高、塑性和韧性好、可焊接等优点，适用于高层及大跨度结构，是重要的建筑材料之一。

3.5.1　钢的冶炼与分类

钢是由生铁冶炼而成，通过冶炼使碳的含量降到预定的范围，杂质含量降到允许范围。钢的炼钢方法分为转炉法、平炉法和电炉法。

根据脱氧程度不同分：沸腾钢、镇静钢、半镇静钢和特殊镇静钢。

按化学成分可分：碳素钢和合金钢。

按用途分：结构钢、工具钢、特种钢。

按质量等级分：普通钢、优质钢、高级优质钢和特级优质钢。

3.5.2　钢材的技术性质

3.5.2.1　钢材的力学性能

1. 钢材的拉伸

抗拉性能是建筑钢材最重要的技术性质，低碳钢受拉时的应力-应变如图3－8所示。从图中看出拉伸分为四个阶段：弹性阶段（$O\sim A$）、屈服阶段（$A\sim B$）、强化阶段（$B\sim C$）和颈缩阶段（$C\sim D$）。

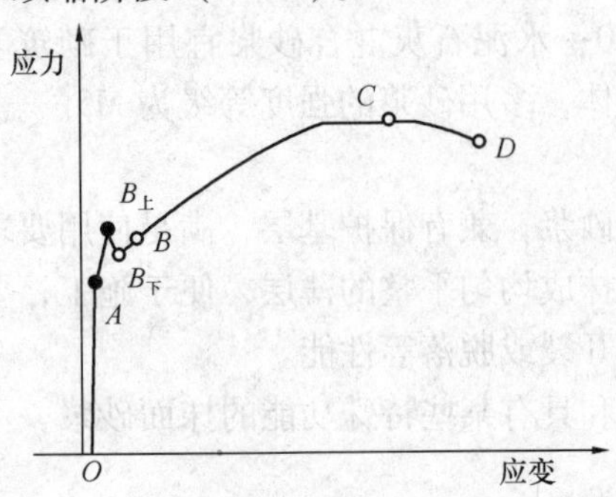

图3－8　钢材拉伸应力－应变示意图

$O\sim A$阶段，应力与应变为正比。在$A\sim B$阶段，应变增长的速度大于应力增长速度，不再成正比关系，开始产生塑性变形，图中$B_上$为屈服上限，$B_下$为称屈服下限，一般以$B_下$对应的应力称为屈服点(屈服强度)。在$B\sim C$阶段，试件在屈服阶段后，由于试件内部组织结构发生变化，其抵抗塑性变形的能力又重新提高，称为强化阶级，最高点C的应力为抗拉强度。在$C\sim D$阶段，当钢材强化达到最高点后，塑料性变形迅速增加，试件断面急剧缩小，薄弱处出现“颈缩现象”而断裂。

试件拉断后，标距长度增量与原标距长度的百分比，称为伸长率。伸长率越大，表明钢材的塑性越好。

2. 冲击韧性

冲击韧性是指钢材抵抗冲击荷载的能力。将钢材加工成带有V型缺口的试件，进行冲击试验，在冲击负荷作用下折断时所吸收的功W（J/cm^2）即为冲击韧性值a_k。一般a_k值越大，表示冲断钢材需消耗的能量越多，说明钢材的韧性越好。

3. 耐疲劳性

钢材在受交变荷载反复作用时，在应力低于屈服强度的情况突然破坏，称为疲劳破坏。钢材的疲劳破坏首先是在局部开始形成细小裂纹，随后由于微裂纹尖端的应力集中而使其逐渐扩大，直至突然发生瞬时疲劳断裂。一般钢材抗拉强度高，其疲劳极限也较高。

3.5.2.2　钢材的冷弯

冷弯性能是指钢材在常温下承受变形的能力，是钢材的重要工艺性能。冷弯性能是用直径为a的试件，采用规定的弯心直径d弯曲到规定的角度，检测弯曲处有无裂纹、断裂及起层等现象。若无，则为冷弯性能合格。冷弯性能和伸长率一样，是钢材在静荷载下的塑性性能，不仅能检验钢材承受规定的弯曲变形能力，还能反映出钢材内部组织是否均匀、内应力或杂质等。

3.5.3　冷加工及时效

冷加工是指在常温下对钢材进行的机械加工，如冷拉、冷拔或冷轧等。钢材经冷加工后，产生塑性变形，屈服强度明显提高，塑性、韧性和弹性模量明显减低。

时效处理：钢材经冷加工后，在常温下搁置15～20天或加热至100～200℃保持两小时左右，钢的屈服强度、抗拉强度及硬度都进一步提高，而塑性及韧性继续降低，这种现象称为时效。前者称为自然时效，后者称为人工时效。

钢材在冷加工及时效处理后，屈服强度进一步提高，但塑性及韧性也相应低。建筑工程上用的钢筋常利用冷加工后的时效来提高屈服强度，从而节约钢材。

3.5.4　钢的化学成分对钢材性能的影响

1. 碳（C）

碳是决定钢材性能最主要的元素。当 C < 0.8% 时，随着碳的增加，钢的抗拉强度及硬度相应增加而塑性及韧性则相应降低；当 C > 1% 时，随着碳的增加，除硬度继续增加外，强度、塑性、韧性都降低，钢材变脆、可焊性下降，冷脆性增加。

2. 硅（Si）

硅是炼钢时为脱氧而加入的。当 Si < 1% 时，能显著提高钢的强度，对塑性、韧性影响不明显；当 Si > 1% 时，钢的塑性及韧性明显降低，增加冷脆性，使可焊性变差。

3. 锰（Mn）

炼钢时加入锰能消除钢的热脆性，改善热加工性，可显著提高钢的强度和硬度，不影响塑性和韧性。

4. 磷（P）

磷是由原料中带入的有害元素，使钢的强度提高，但塑性及韧性显著降低，可焊性变差，特别在低温时，对塑性及韧性的影响愈大，从而显著加大钢材的冷脆性。

5. 硫（S）

硫是原料中带入的有害元素，降低钢材的各种机械性能。钢在热加工时，硫易引起钢材断裂，形成热脆现象。硫的存在还使钢的冲击韧性、疲劳强度、可焊性降低。

6. 氧（O）

氧是冶炼氧化过程中进入钢水经脱氧处理后残留下来的有害元素，氧能使钢材强度下降，热脆性增加，冷弯性能变差，并使钢的热加工性能和焊接性能降低。

7. 氮（N）

氮能使钢的强度提高，但塑性及韧性下降，使钢热加工、焊接性能和冷弯性能变差。

3.5.5　建筑用钢

3.5.5.1　碳素结构钢

碳素结构钢按屈服点的数值分为五个牌号，即 Q195、Q215、Q235、Q275；按硫、磷杂质含量的多少分为 A、B、C、D 四个质量等级；按脱氧程度不同分为特殊镇静钢（TZ）、镇静钢（Z）和沸腾钢（F）。

碳素结构钢的牌号由代表屈服点的字母、屈服点数值、质量等级符号、脱氧方法符号等四个部分组成。碳素结构钢随牌号增大，含碳量增加，其强度和硬度也会增大，但塑性和韧性降低。Q235 钢强度适中，又有良好的塑性和韧性，而且可焊性也好，是常用的牌号。

3.5.5.2　低合金高强度结构钢

低合金高强度结构钢是在普通碳素钢的基础上，添加少量的一种或几种合金元素而成。加入合金元素后，使其强度、耐腐蚀性、耐磨性、低温冲击韧性等性能得到显著提高和改善。低合金高强度结构钢按力学性能和化学成分分为 Q345、Q390、Q420、Q460、Q500、Q550、Q620、Q690 牌号；按硫、磷含量分为 A、B、C、D、E 五个质量等级。

低合金高强度结构钢具有轻质高强、耐腐蚀、耐低温性好、抗冲击性强、使用寿命长等良好的综合性能，具有良好的可焊性和冷加工性，易于轧制各种型钢（角钢、槽钢、工字钢）钢管、钢筋，广泛用于钢结构和钢筋混凝土结构中。

3.5.6 钢筋混凝土用钢材

混凝土虽具有较高的抗压强度，但抗拉强度较低；钢筋具有好的塑性，便于生产加工，并且与混凝土有良好的粘结性能。因此，钢筋作为混凝土的增强材料广泛用于混凝土工程。

3.5.6.1 热轧钢筋

热轧钢筋是经热轧成型并自然冷却而成的条型钢筋，按表面形状分为光圆钢筋和带肋钢筋；带肋钢筋分为月牙肋钢筋和等高肋钢筋，如图3-9所示。

图3-9 带肋钢筋外形图

热轧钢筋分为HPB235、HPB300、HRB335、HRBF335、HRB400、HRBF400、HRB500、HRBF500八个牌号，其中HPB代表热轧光圆钢筋（由碳素结构钢轧制），HRB代表热轧带肋钢筋（由低合金结构钢轧制），HRBF代表细晶粒热轧带肋钢筋，牌号中的数字表示热轧钢筋的屈服强度特征值。

光圆钢筋的强度低，塑性、韧性和焊接性好，便于冷加工，广泛用于普通钢筋混凝土结构中的受力及构造钢筋；HRB335、HRB400带肋钢筋的强度较高，塑性、韧性也较好，广泛用于大中型钢筋混凝土结构的受力钢筋；HRB500带肋钢筋强度高，但塑性与焊接性较差，适宜于作预应力钢筋。

3.5.6.2 钢筋混凝土用冷拉钢筋

1. 冷拔低碳钢丝

冷拔低碳钢丝是将直径为6~8mm的Q215或Q235的低碳圆盘条经冷拔而成。冷拔低碳钢丝经多次冷拔后，强度提高，但塑性、韧性变差，适用于作预应力筋、焊接网、焊接骨架、箍筋和构造钢筋。

2. 冷轧带肋钢筋

冷轧带肋钢筋是采用普通低碳钢或低合金结构钢热轧盘条为母材，经冷轧后在其表面冷轧成具有三面或二面月牙形横肋的钢筋，分为CRB550、CRB650、CRB800、CRB970、CRB1170五个牌号。冷轧带肋钢筋具有强度高、塑性好、与混凝土粘结牢固、节约钢材、降低成本等优点。

3.5.6.3 预应力混凝土用热处理钢筋

预应力混凝土用热处理钢筋是用热轧带肋钢筋经淬火和回火等调质热处理而成，具有强度高、锚固性好、施工简便等特点，主要用于预应力钢筋混凝土轨枕、预应力梁、板结构及吊车梁等。

3.5.6.4 预应力混凝土用钢丝及钢绞线

预应力高强度钢丝是用优质碳素结构钢盘条，经酸洗、冷拉或再经回火处理等工艺制成，分为消除应力光圆钢丝、消除应力刻痕钢丝、消除应力螺旋肋钢丝和冷拉钢丝四种。钢绞线是由数根直径为2.5~5.0nm的高强度钢丝，绞捻后经一定热处理清除内应力而制成。

预应力混凝土用钢丝和钢绞线具有强度高、柔性好、无接头等优点，适用于大跨度、大负荷的预应力钢筋混凝土结构。

3.5.7　钢结构用钢

3.5.7.1　热轧型钢

热轧型钢有角钢、工字钢、槽钢、H 型钢等，如图 3－10 所示。

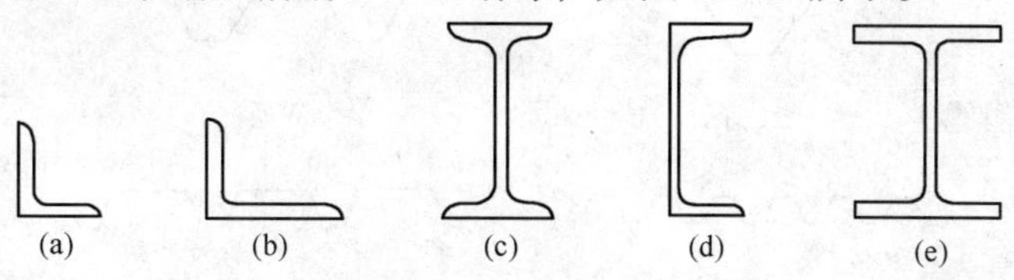

图 3－10　热轧型钢

(a) 等边角钢；(b) 不等边角钢；(c) 工字钢；(d) 槽钢；(e) H 型钢

1. 角钢

角钢由两个互相垂直的肢组成，分等边和不等边两种，代号为∟，等边角钢以边宽度和厚度表示，不等边角钢以两边宽度和厚度表示。

2. 工字钢

工字钢的截面为工字形，其规格以“腰高度×腿宽度×腰厚度”（mm）表示，也可用“腰高度”（cm）表示。同一腰高的工字钢，可以有不同的腿宽和腰厚。

3. 槽钢

槽钢的截面为凹槽形，其规格以“腰高度×腿宽度×腰厚度”（mm）表示，也可用“腰高度”（cm）表示。同一腰高的槽钢，可以有不同的腿宽和腰厚。

4. H 型钢

H 型钢的翼缘较宽而且等厚，由于截面形状合理，使钢材能更高地发挥效能，且其内、外表面平行，便于和其他构件连接，是一种经济断面钢材。分宽翼缘、窄翼缘和中翼缘 H 型钢三类。

3.5.7.2　冷弯型钢和压型钢板

1. 冷弯薄壁型钢

建筑中使用的冷弯型钢常用厚度为 1.5 ～ 5mm 的薄钢板或钢带经冷轧（弯）或模压而成，故也称冷弯薄壁型钢，如图 3－11 所示，其特点是壁薄，与面积相同的热轧型钢相比，是一种高效经济的材料，但同样壁薄，对锈蚀影响较为敏感。因此，冷弯薄壁型钢多用于跨度小、荷载轻的结构中。

2. 压型钢板

压型钢板是由厚度为 0.4 ～ 2mm 的钢板经冷轧（压）制而成的波纹状钢板（图

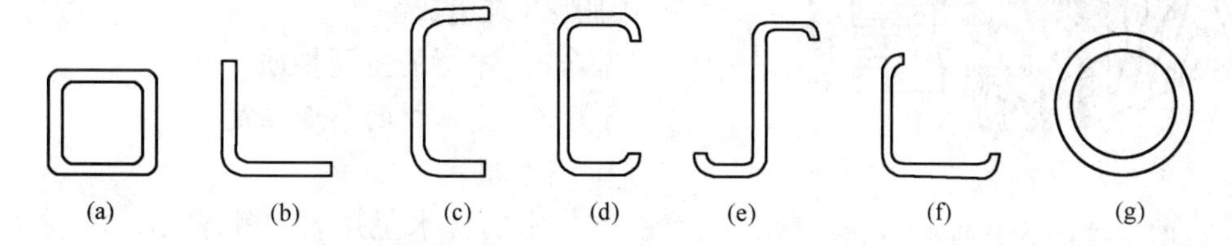

图 3－11　冷弯薄壁型钢

(a) 方钢管；(b) 等肢角钢；(c) 槽钢；(d) 卷边槽钢；
(e) 卷边 Z 型钢；(f) 卷边等肢角钢；(g) 焊接薄壁钢管

3－12)。钢板表面经涂漆、镀锌、涂有机层镀锌钢板（又称彩色压型钢板）以防止锈蚀，提高了材料的耐久性。

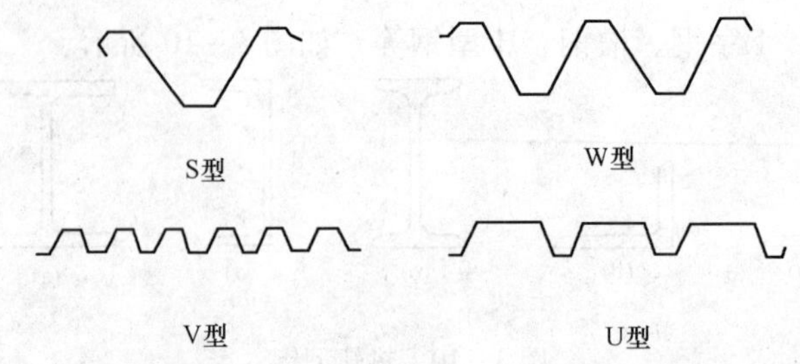

图3－12　压型钢板部分板型

压型钢板具有一定的抗弯能力，可作为屋面板、墙板及楼板；压型钢板与混凝土浇筑在一起，压型钢板既是楼板的拉筋，又替代了模板，是一种施工性好、经济性好的楼板形式。

3.6　木　　材

木材具有轻质高强、弹性韧性好、导热系数小、保温隔热好、装饰效果好、易加工、易腐朽和易燃等特点，在我国传统的建筑中作为主要材料。由于木材生长期长，资源短缺，目前木材主要作为装饰材料。

3.6.1　木材的分类

木材种类分多，按树叶的外观形状分为针叶树和阔叶树。

针叶树——叶细长呈针状，树干通直高大、纹理平顺、材质较软，易加工，用于承重结构，如松、杉、柏等。

阔叶树——树叶宽大，通直部分较短，材质较硬，加工难度大，强度高、胀缩变形较大，易翘曲开裂；加工后表面光滑、纹理美丽，主要用于装饰工程，如水曲柳、柞木等。

3.6.2　木材的构造

1. 宏观构造

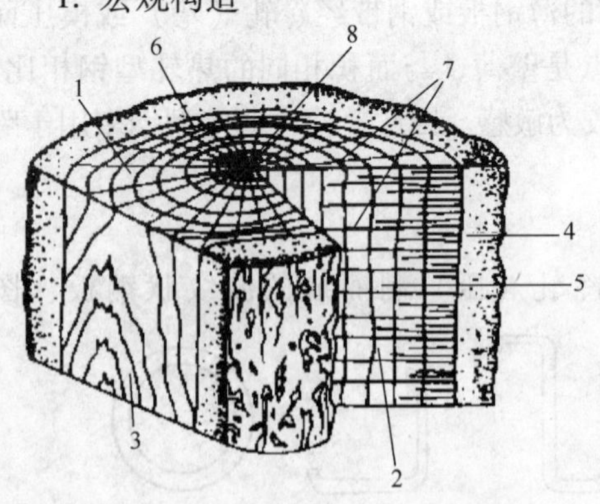

图3－13　木材的宏观构造

树干的三个切面

1—横切面；2—径切面；3—弦切面；4—树皮；5—木质部；6—年轮；7—髓线；8—髓心

肉眼或放大镜观察：木材是由树皮、髓心和木质部三部分组成，如图3－13所示。

2. 微观构造

在显微镜下观察：木材由大量管状细胞紧密结合而成，而细胞由细胞壁和细胞腔组成，细胞壁由细胞纤维组成。

3.6.3　木材的主要性质

3.6.3.1　木材的物理性质

1. 含水量

木材中的含水量用含水率表示，木材中所含的水分为自由水和吸附水。自由水存在于细胞腔和细胞间隙中，吸附水是存在于细胞壁中的水分。

2. 纤维饱和点

当木材的细胞壁吸水饱和，而自由水为零时的含水率称为纤维饱和点。当木材的含水率低于纤维饱和点时，含水率的变化对木材的物理和力学性能产生较大的影响 。

3. 平衡含水率

木材的含水率与周围空气相对湿度达到平衡时的含水率为平衡含水率。由于木材具有很强的吸湿性，故平衡含水率是随空气的湿度不同而变化的。

4. 湿胀干缩

木材的含水率在纤维饱和点以内进行干燥时，会产生干缩；反之，木材吸湿后，将发生膨胀。木材的含水率大于纤维饱和点时，木材干燥或潮湿，只是自由水在改变，体积不再膨胀。木材的湿胀干缩是各向异性，在顺纹方向干缩最小，弦向干缩最大。湿胀干缩变形的不均匀性，会导致翘曲和开裂。

3.6.3.2　木材的力学性质

由于木材生长的特点，其强度分顺纹和横纹之分。

1. 抗拉强度

顺纹抗拉强度最大，但由于受木材一些缺陷的影响，木材实际的顺纹抗拉能力反比顺纹抗压小；木材的横纹抗拉强度最小。

2. 抗压强度

木材顺纹抗压强度较高，仅次于木材的顺纹抗拉强度及抗弯强度，顺纹受压破坏是由于木材的细胞壁丧失稳定性，而不是木材纤维的断裂；横纹抗压强度远小于顺纹抗压强度。

3. 抗弯强度

木材受弯时，因木纤维本身和纤维间连接的断裂而破坏，抗弯强度为顺纹抗压强度的 1.5 ~2 倍。

4. 抗剪强度

木材的剪切分顺纹剪切、横纹剪切和横纹切断三种。横纹切断强度较高，顺纹抗剪强度最小。

木材的强度除由本身组织构造因素决定外，还与含水疵点及虫蛀等因素有关。木材含水率在纤维饱和点以下时，随着含水率的增加，木材的强度降低；反之，强度增加。当木材含水率大于纤维饱和点时，木材的强度不变。

3.6.4　木材的防腐和防火

3.6.4.1　木材的防腐

木材的腐朽是由真菌中的腐朽菌寄生引起的，腐朽菌在木材中生存与繁殖必须同时具备水分、空气与温度三个条件。当木材的含水率在 15% ~50%，温度在 25 ~30℃，又有足够的空气时，腐朽菌最适宜繁殖，木材最易腐朽。因此，木材防腐的基本原理是破坏腐朽菌生存与繁殖的条件或把木材变成有毒物质。

3.6.4.2　木材的防火

木材系易燃物质，要做好木构件的防火处理。

1. 表面涂敷法

木材防火处理的表面涂敷法是指在木材表面涂敷防火涂料，既能起到防火作用，又能产生一定的防腐与装饰效果。

2. 溶液浸注法

在木材干燥处理之后，用各种木材防火溶液对其作浸注处理。

3.6.5 木材制品

1. 木龙骨

按使用的部位可分为地面、墙面和顶棚木龙骨等。木龙骨具质轻、强度高，弹性和韧性好，木纹及色泽美丽，易于着色和油漆，热工性能好，容易加工，接合构造也较简单等优点。

2. 天然实木地板

是用优良的硬木材质，经干燥处理后，加工出的条状小木板。实木地板具有坚硬、耐磨、透气性好、热传导低、保温性好、隔声、吸音、有弹性、有光泽、纹理美、色泽柔和等特点。适用于高级楼宇、宾馆、别墅、会议室、展览厅及家庭卧室等处使用。

3. 胶合板

将原木采用机械旋、切加工成薄片，经裁切、施胶、加压（热压）、整形而成的人造板材。胶合板层数为奇字数，有三合板，五合板等，最多层数为15层。

4. 纤维板

以木材加工中的零料碎屑（树皮、刨花、树枝）或其他植物纤维（稻草、麦秆、玉米秆）为主要原料，经粉碎、水解、打浆、铺膜成型、热压、等温等湿处理而成；按纤维板的体积密度分为高密度纤维板、中密度纤维板和软质纤维板。

5. 刨花板

采用木材加工中的刨花、碎片及木屑为原料，使用专用机械切断粉碎呈细丝状纤维，经烘干、施加胶料、拌合铺膜、预压成型，再通过高温、高压压制而成的一种人造板材。具有质量轻、强度低、隔声、保温等特点，适用于地板、隔墙、墙裙等处装饰。

6. 细木工板

芯板用木板条拼接而成，两个表面为胶贴木质单板的实心板材，具有质硬、吸声、隔热等特点，适用于隔墙、墙裙基层与造型层及家具制作。

思考题

1. 材料的表观密度与堆积密度有什么区别？
2. 材料的密度、表观密度、孔隙率三者之间的关系？
3. 材料的吸水性、吸湿性、耐水性、抗渗性和抗冻性的含义是什么？各以什么指标表示？
4. 烧结普通砖的技术性质有哪些？
5. 砌块与空心砖、普通黏土砖相比，有什么优点？
6. 何谓气硬性胶凝材料和水硬性胶凝材料？如何区别？
7. 试述石灰的硬化原理，为什么说石灰上的凝结硬化十分缓慢？
8. 建筑石膏是如何生产的？其主要化学成分是什么？
9. 硬化后的水玻璃具有哪些性质？在工程中有何用途？
10. 硅酸盐水泥熟料有哪些主要的矿物组成？
11. 硅酸盐水泥的主要水化产物是什么？加入石膏的目的是什么？

12. 水泥有哪些技术性质？它们有何实用意义？

13. 为什么普通水泥早期强度较高，而矿渣水泥、火山灰水泥等早期强度低、水化热低，但后期强度增长较快，而耐腐蚀性较强？

14. 何谓集料级配？集料为什么要级配？

15. 新拌砂浆的和易性包括哪些含义？

16. 普通混凝土的组成材料有几种？

17. 什么是混凝土拌合物的和易性？影响和易性的因素有哪些？

18. 影响混凝土强度的因素有哪些？

19. 通过对钢材的拉伸试验可测定出钢材的哪几个阶段？试说明各指标的含义？

20. 什么是钢材的冷加工和时效？钢材经冷加工和时效后性能有何变化？冷加工和时效的目的是什么？

21. 钢筋混凝土用热轧钢筋有几个牌号？是如何表示的？

22. 木材含水率的变化对其性能有什么影响？

第4章　土木工程防灾、减灾与防护

4.1　土木工程中的灾害

在人类历史发展的过程中，伴随社会发展和繁衍的，不仅仅只有人类的文明和科学技术的进步，还有各种各样的灾难，天灾人祸为人类历史留下的是一页页触目惊心的篇章。在刚刚过去的一个世纪里，自然的或人为的灾害给全人类造成了不可估量的损失。纵观古今中外，人类文明的发展史同时也是一部人类不断与各种灾害抗争的伟大斗争史。

各种自然灾害古已有之，中国最早的地震灾害记载，发生在公元前2221年的山西省。灾害一直是人类过去、现在和未来所必然面对的最为严峻的挑战之一。联合国公布的20世纪全球十项最具危害性的灾难除战争外，分别是地震灾害、风灾、水灾、火灾、火山喷发、海洋灾难、生物灾难、地质灾难和交通灾难。

20世纪以来，随着现代工业的迅猛发展和社会物质财富的迅速积累，灾害对人类社会所造成的危害也越发严重。1920年中国宁夏海原发生里氏8.5级地震，震中烈度12度，地震引起大面积滑坡，造成23万人死亡；1976年中国河北唐山发生里氏7.8级地震，导致24万人遇难；2004年印度洋苏门答腊岛发生里氏9.3级地震，地震引发印度洋海啸高达10米，导致南亚印度尼西亚、斯里兰卡和东非索马里、坦桑尼亚等十多个国家29万人死亡；2010年，中国甘肃甘南舟曲发生特大泥石流灾害，因灾死亡1434人，舟曲县内三分之二区域被水淹没。2011年日本本州岛仙台港外海发生里氏9.0级地震，因灾死亡27475人，地震引发大规模海啸，造成福岛第一核电站发生核泄漏事故，放射性物质污染波及整个太平洋沿岸。

人类从科学技术层面正确认识这种种灾害的发生、发展，竭尽全力减小各种天灾人祸对全体人类社会、环境所造成的危害，也已成为国际社会的主旨。联合国将20世纪的最后10年，命名为国际减灾十年，并规定以后每年10月的第二周周三为国际减少自然灾害日，旨在唤起全世界各个阶层对自然灾害的关注。

世界上业已发生的各种自然灾害，很多都是与土木工程有关的，土木工程是地震、滑坡、台风等自然灾害的主要作用体。本节主要介绍土木工程灾害及防灾减灾方面的基础知识。

4.1.1　地震灾害

地震是一种自然现象，当地震发生时，地壳岩层中释放出巨大的能量，对人员和土木工程结构可以造成严重破坏。地震具有突发性和不可预测性，位居工程灾害之首。

1. 地震分类

按照成因划分，地震主要分为构造地震，火山地震，水库地震，陷落地震和人工地震等五类。

构造地震是发生频率最高的地震，世界上85%以上的地震以及所有造成重大灾害的地震都属于构造地震。构造地震的成因主要是由于地下岩层受地应力的作用，当所受的地应力大于地壳岩层的承载能力时，就会发生突然、快速的破裂或错动，而地壳岩层破裂或错动时会激发出一种向四周传播的地震波，当地震波传到地表时，就会引起地面的震动，对建筑物和人员带来巨大的灾害。

火山地震是由于火山爆发引起的地震；水库地震是由于水库蓄水、放水引起库区发生地震；陷落地震是由于过度开采矿产资源、抽取地下水导致地层陷落引起的地震；而人工地震是由于核爆炸、实验室模拟地震等人为活动引起的地震。

按照震源深度地震分为浅源地震，中源地震和深源地震（图4－1）。浅源地震的震源深度小于70km的地震，大多数破坏性地震是浅源地震；中源地震的震源深度为70～300km；深源地震的震源深度在300km以上的地震，到目前为止，世界上记录到的最深地震的震源深度为786km。

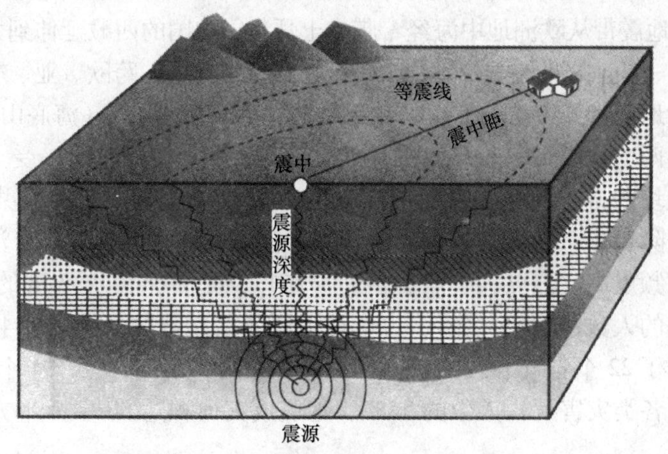

图4－1　地震构造示意

地震震级是地震大小的一种度量，根据地震释放能量的多少来划分，用“级”来表示。震级是通过地震仪器的记录计算出来的，地震越强，震级越大。震级相差一级，能量相差约30倍。地震按震级大小的分为弱震——震级小于3级的地震；有感地震——震级等于或大于3级、小于或等于4.5级的地震；中强震——震级大于4.5级，小于6级的地震；强震——震级等于或大于6级的地震。震级大于或等于8级的又称为巨大地震，3级以下的地震人无感觉，称为微震，5级以上的地震具有不同程度的破坏性，称为破坏性地震。

地震烈度简称烈度，即地震发生时，在波及范围内一定地点地面振动的激烈程度（或释为地震影响和破坏的程度）。

中国地震烈度划分为十二度：Ⅰ度；无感——仅仪器能记录到；Ⅱ度；微有感——个别敏感的人在完全静止中有感；Ⅲ度；少有感——室内少数人在静止中有感，悬挂物轻微摆动；Ⅳ度；多有感——室内大多数人，室外少数人有感，悬挂物摆动，不稳器皿作响；Ⅴ度；惊醒——室外大多数人有感，家畜不宁，门窗作响，墙壁表面出现裂纹；Ⅵ度；惊慌——人站立不稳，家畜外逃，器皿翻落，简陋棚舍损坏，陡坎滑坡；Ⅶ度；房屋损坏——房屋轻微损坏，牌坊、烟囱损坏，地表出现裂缝及喷沙冒水；Ⅷ度；建筑物破坏——房屋多有损坏，少数破坏路基塌方，地下管道破裂；Ⅸ度；建筑物普遍破坏——房屋大多数破坏，少数倾倒，牌坊、烟囱等崩塌，铁轨弯曲；Ⅹ度；建筑物普遍摧毁——房屋倾倒，道路毁坏，山石大量崩塌，水面大浪扑岸；Ⅺ度；毁灭——房屋大量倒塌，路基堤岸大段崩毁，地表产生很大变化；ⅩⅡ度；山川易景——一切建筑物普遍毁坏，地形剧烈变化，动植物遭毁灭。

根据全球构造板块学说，地壳被一些构造活动带分割为彼此相对运动的板块，板块当中有的块大，有的块小。大的板块有六个，它们是：太平洋板块、亚欧板块、非洲板块、美洲板块、印度洋板块和南极板块。全球大部分地震发生在大板块的边界上，一部分发生在板块内部的活动断裂上。

全球主要地震活动带有三个：环太平洋地震带、欧亚地震带和海岭地震带（图4-2）。

环太平洋地震带即太平洋的周边地区，包括南美洲的智利、秘鲁，北美洲的危地马拉、墨西哥、美国等国家的西海岸，阿留申群岛、千岛群岛、日本列岛、琉球群岛以及菲律宾、印度尼西亚和新西兰等国家和地区。这个地震带是地震活动最强烈的地带，全球约80%的地震都发生在这里；欧亚地震带从欧洲地中海经希腊、土耳其、中国的西藏延伸到太平洋及阿尔卑斯山，也称地中海——喜马拉雅地震带。这个带全长两万多公里，跨欧、亚、非三大洲，占全球地震的15%；海岭地震带分布在太平洋、大西洋、印度洋中的海岭（海底山脉）。

中国位于世界两大地震带——环太平洋地震带与欧亚地震带之间，受太平洋板块、印度板块和菲律宾海板块的挤压，地震断裂带十分发育。20世纪以来，中国共发生6级以上地震近800次，遍布除贵州、浙江两省和香港特别行政区以外所有的省、自治区、直辖市。

中国地震活动频度高、强度大、震源浅，分布广，是一个震灾严重的国家。1900年以来，中国死于地震的人数达55万之多，占全球地震死亡人数的53%；1949年以来，100多次破坏性地震袭击了22个省（自治区、直辖市），其中涉及东部地区14个省份，造成27万余人丧生，占全国各类灾害死亡人数的54%，地震成灾面积达30多万平方公里，房屋倒塌达700万间。

我国的地震活动主要分布在五个地区的23条地震带上，五个地区是：①台湾地区及其附近海域；②西南地区，主要是西藏、四川西部和云南中西部；③西北地区，主要在甘肃河西走廊、青海、宁夏、天山南北麓；④华北地区，主要在太行山两侧、汾渭河谷、阴山—燕山一带、山东中部和渤海湾；⑤东南沿海的广东、福建等地。

2. 典型地震灾害

我国地处欧亚地震带与环太平洋地震带之间，以占世界7%的国土承受了全球33%的大陆强震，我国平均每年发生30次5级以上地震，6次6级以上强震，1次7级以上大震，是

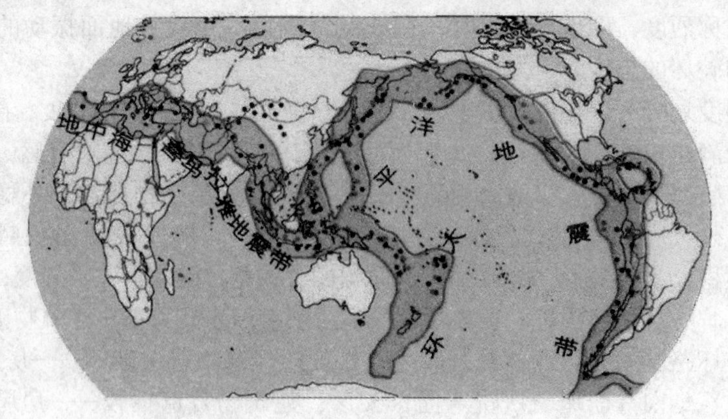

图4-2 世界地震带分布

世界上地震活动水平最高、地震灾害最重的国家。2010年以来，海地、琉球、智利、中国青海玉树、日本、土耳其先后发生7级以上地震，特别是2011年3月11日日本9.0级地震后，地震现象随之再次成为社会公众关注的焦点问题之一。2011年11月1日发生在四川青川、甘肃文县的5.4级地震，属于2008年汶川地震的远期强余震。

2005年10月08日当地时间8时50分，在巴基斯坦（北纬34.4°，东经73.6°）发生7.8级强烈地震，波及巴基斯坦、印度、阿富汗、印尼等国。地震给巴基斯坦造成重大的经济损失和人员伤亡，据巴基斯坦地震灾区最新统计数字显示，截止到2005年10月19日，已经有7.9万名巴基斯坦人被证实在地震中遇难，另有65038人受伤，330万人无家可归。灾区重建需要50亿美元，长达10年时间（图4－3）。

图4－3　巴基斯坦地震后救援人员正在进行搜救工作

2008年5月12日14时28分，中国四川省汶川县发生里氏8.0级、最大烈度为11度的强烈地震，这是新中国成立以来破坏性最强、涉及范围最广、救灾难度最大的一次地震。地震影响范围波及全国二十几个省市，遇难人数达到69170人，失踪17428人，受伤374159人；倒塌房屋、严重损毁不能再居住的房屋和损毁房屋涉及近450万户，1000余万人无家可归；重灾区面积达十万平方公里；地震造成直接经济损失8437.7亿元人民币（图4－4）。

3. 地震预报与抗震、减震

我国对地震灾害的重视始于1966年河北邢台地震。1976年河北唐山地震以后，我国加

(a)　(b)　(c)　(d)

图4－4　汶川地震典型震害

（a）框架结构节点破坏；（b）砖混结构窗间墙X裂缝；（c）桥梁结构整体垮塌；（d）山河改观形成堰塞湖

强了地震监测和预报，在全国建立了地震监测预报网。20 世纪 80 年代起，我国就相继建立了许多大型振动台实验室，不仅为我国结构抗震研究提供了实验手段，而且对一批典型结构和重要建筑进行了抗震实验，如上海东方明珠电视塔、上海世贸国际购物中心、上海环球国际金融中心等。

我国《抗震设计规范》（GB 50011—2010）明确要求按照二阶段三水准的设计方法进行建筑抗震设计，实现土木工程结构小震不坏，中震可修，大震不倒。在工程抗震方面，通过重新修订各地区的抗震设防烈度，明确提出抗震设防目标，提高了工程抗震设计和检验的标准。

近十年来结构振动控制的研究和应用成为工程抗震领域的热点。传统结构抗震设计方法是依靠增加结构自身强度、变形能力来抗震，而减震控制方法则是采用隔震、耗能、施加外力、调整结构动力特性等方法来消减结构地震反应，具有安全可靠、行之有效、经济节约和适用面广的优点，是土木工程防灾减灾积极有效的方法和技术。

隔震及耗能减震是目前土木工程中技术较成熟且应用较广的方法。结构隔震是通过某种隔离装置，将地震力与结构隔开，以达到减小结构振动的目的。隔震装置广泛应用于建筑物的基础和桥梁墩台处，形式丰富，如橡胶垫隔震、滚珠隔震、粉粒垫隔震、铅心隔震、钢隔震等。

图 4－5　北京通用国际中心

结构耗能减震是通过采用一定的耗能装置或附加子结构，吸收或消耗地震传递给主体结构的能量，从而减轻结构的振动。消能部件或附加子结构的设置，不改变主体承载结构体系，可同时减少结构的水平和竖向的地震作用，不受结构类型和高度的限制，在新建和建筑抗震加固中均可采用，所以运用较广。耗能减震体系适用于高层建筑、超高层建筑和高耸构筑物。耗能装置包括各种耗能支撑、耗能剪力墙、摩擦阻尼器、黏弹性阻尼器和黏滞阻尼器等。例如，北京通用国际中心（图 4－5）建筑全面采用钢结构，在首次采用国际领先的“防屈曲耗能”斜支撑技术，在地震来临时，斜支撑可以首先受力从而缓解地震力，尽可能地保护柱、梁等重要结构构件不受损坏。

地震除了对土木工程结构造成巨大破坏之外，对城市生命线工程系统（由供水、供电、煤气、通讯、交通、电力等基础设施组成的系统）也会造成直接破坏。该系统一旦失效会导致整个社会陷入瘫痪和恐慌，同时造成巨额经济损失。由于城市生命线工程系统遍布整个城市空间，组成系统的结构、设备和子系统在功能上又互相关联，所以系统中一个环节的地震破坏通过该系统可能会起到放大作用。

4. 地震次生灾害

地震的发生常伴生有火灾、海啸、泥石流、滑坡、环境污染、商业中断、信息丢失和社会功能瘫痪等次生灾害，地震海啸便是其中一种。

由海底激烈的地壳变化造成大片水域突然上升或者下降而引起的海洋巨浪，在涌向海湾内和海港时所形成的破坏性大浪称为海啸。

全球地震海啸的分布与地震带基本一致，破坏性较大的地震海啸周期为6至7年一次，其中约80%发生在环太平洋地震带上。除此而外，海底火山、火山岛等的爆发，海底塌陷、滑坡、地裂缝、海岸附近的山岸崩塌造成的砂土堕入海里以及核爆炸也能引起海啸。

海啸的传播速度随着海水深度的增加而增大，例如，海深4000米，海啸的位相速度可达200米/秒，周期约1000秒左右，海平面波速高达2.68米/秒。值得注意的是，海啸的传播速度尽管接近1000千米/小时，可是海平面上却几乎见不到骇人的海浪，这主要是因为地震引起的海啸，即使在震源附近，波峰充其量也仅为数米，而波长则可达数十或数百千米，海面倾斜不超过2米。可见，海啸不会对深海大洋造成灾害，海啸发生时，越在外海越安全，准备靠岸或者停靠在岸边的船只要及时向外海开就可以化险为夷（图4-6）。

当海啸逼近大陆架时，波高骤增，可形成高达20米以上的巨浪，这种巨浪具有无比巨大的能量和破坏力，可对沿海的人员和土木工程结构带来毁灭性灾害。海啸携带的海底沉积物、沉船碎片、树木等重物可冲入海岸线以内几百米的地方，登陆的速度可达160千米/小时。

图4-6　2004年印度尼西亚班达亚齐海啸前后对比

为减少海啸造成的灾害，1948年美国首先在夏威夷檀香山附近的地震观测台组建了地震海啸警报系统，只限于监测夏威夷群岛。1960年智利9.5级地震引发大规模海啸后，成立了环太平洋海啸警报系统。

4.1.2　地质灾害

地质灾害也称为不良地质现象，是指自然地质作用和人类活动造成的恶化地质环境，降低了环境质量，直接或间接危害人类安全，并给社会和经济建设造成损失的地质事件。根据2004年国务院颁发的《地质灾害防治条例》将地质灾害可划分为30多种类型。由降雨、融雪、地震等因素诱发的称为自然地质灾害，由工程开挖、堆载、爆破、弃土等引发的称为人为地质灾害。常见的地质灾害主要指危害人民生命和财产安全的崩塌、滑坡、泥石流、地面塌陷、地裂缝、地面沉降等六种与地质作用有关的灾害。

滑坡是指斜坡上的岩体由于某种原因在重力的作用下沿着一定的软弱面或软弱带整体向下滑动的现象；崩塌是指较陡的斜坡上的岩土体在重力的作用下突然脱离母体崩落、滚动、堆积在坡脚的地质现象；泥石流是山区特有的一种自然现象，是由于降水而形成的一种带大量泥沙、石块等固体物质条件的特殊洪流；地面塌陷是指地表岩、土体在自然或人为因素作用下向下陷落，并在地面形成塌陷坑的自然现象。

地质灾害按危害程度和规模大小分为特大型、大型、中型、小型四级：

特大型地质灾害险情：受灾害威胁，需搬迁转移人数在1000人以上或潜在可能造成的经济损失1亿元以上的地质灾害险情。特大型地质灾害灾情：因灾死亡30人以上或因灾造成直接经济损失1000万元以上的地质灾害灾情（图4－7）。

大型地质灾害险情：受灾害威胁，需搬迁转移人数在500人以上、1000人以下，或潜在经济损失5000万元以上、1亿元以下的地质灾害险情。大型地质灾害灾情：因灾死亡10人以上、30人以下，或因灾造成直接经济损失500万元以上、1000万元以下的地质灾害灾情。

中型地质灾害险情：受灾害威胁，需搬迁转移人数在100人以上、500人以下，或潜在经济损失500万元以上、5000万元以下的地质灾害险情。中型地质灾害灾情：因灾死亡3人以上、10人以下，或因灾造成直接经济损失100万元以上、500万元以下的地质灾害灾情。

小型地质灾害险情：受灾害威胁，需搬迁转移人数在100以下，或潜在经济损失500万元以下的地质灾害险情。小型地质灾害灾情：因灾死亡3人以下，或因灾造成直接经济损失100万元以下的地质灾害灾情。

地质灾害都是在一定的动力诱发（破坏）下发生的。诱发动力有的是天然的，有的是人为的。据此，地质灾害也可按动力成因分为自然地质灾害和人为地质灾害两大类。自然地质灾害发生的地点、规模和频度，受自然地质条件控制，不以人类历史的发展为转移；人为地质灾害受人类工程开发活动制约，常随社会经济发展而日益增多。

图4－7　2010年甘肃舟曲爆发泥石流灾害

诱发地质灾害的因素主要有采掘矿产资源不规范，预留矿柱少，造成采空坍塌，山体开裂，继而发生滑坡；修建公路、依山建房等建设中开挖边坡，形成人工高陡边坡，造成滑坡；山区水库与渠道渗漏，增加了浸润和软化作用导致滑坡或泥石流发生；采石放炮、堆填加载、乱砍滥伐，导致发生地质灾害。

4.1.3　风灾

常见的风灾有台风、龙卷风和暴风。台风为急速旋转的暖湿气团，直径在600～1000km不等。靠近台风中心的风速常超过180km/h，由中心到台风边缘风速逐渐减弱。

1. 台风

在台风发生的同时一般会引发风暴潮、巨浪、强暴雨、传播病虫害、扩散污染等次生灾害。在植被保护不好的坡地和山区，暴风雨又会造成滑坡和泥石流等地质灾害。台风—洪水—地质灾害一旦形成灾害链，对受灾区内的建筑和生命线工程系统会造成毁灭性破坏。

国际上统一的台风命名方法是由台风周边国家和地区共同事先制定的一个命名表，然后按顺序年复一年地循环重复使用。由于某些台风因造成巨大损害或者命名国提起更换等原因，有一些台风名被弃用。

2009年的8号台风“莫拉克”造成台、闽、浙、赣数省，损失重大，遇难人数600人以上，8000余人被困，造成台湾损失数百亿台币，大陆损失近百亿人民币，“莫拉克”被除名，替补名为“艾莎尼（Atsani）”；2009年的16号台风“凯萨娜”造成菲律宾、南海诸岛、越南共计402人死亡，造成农业和经济的重大损失，“凯萨娜”被除名，替补名为“蔷琵（Champi）”；2009年的17号超强台风“芭玛”造成菲律宾重大人员伤亡和财产损失，台湾降水量打破全年记录，给海南、广西壮族自治区等省（自治区）造成大范围洪涝灾害，经济损失惨重，死亡441人，“芭玛”被除名，替补名为“烟花（In－Fa）”；2010年的第11号超强台风“凡亚比”在中国东南部、台湾总共造成101人死亡，41人失踪，紧急转移安置12.9万人，直接经济损失51.5亿元人民币，“凡亚比”被除名，其替补名为“莱伊（rai）”。

2. 龙卷风

龙卷风是一股急速上升的旋转气流，呈漏斗状，移动速度通常超过300千米/小时。强大风力对海洋平台、码头、近海岸建筑、自然环境和工农业生产破坏非常巨大（图4－8、图4－9）。

美国被称为“龙卷风之乡”，每年都会有1000次以上的龙卷风，而且强度大，破坏力强，这主要是和美国的地理位置、气候条件以及大气环流特征有关。美国东临大西洋，西靠太平洋，南面还有墨西哥湾，大量的水汽从东、西、南面流向美国大陆。水汽多就容易导致雷雨云，当雷雨云积聚到一定强度后，龙卷风就应运而生了。

美国龙卷风最多的地区是中西部，其中一半都发生在春季，龙卷风高发期一般是每年的4至6月，从6月份开始，大量暖湿空气北移至堪萨斯州、内布拉斯加州和依阿华州，7月份移到加拿大，此后美国的龙卷风数量就大大减少，但仍会有龙卷风出现。

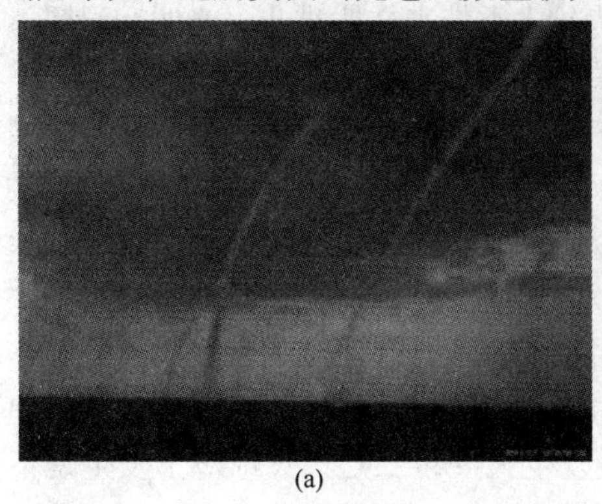
(a)

(b)

图4－8　龙卷风

（a）发生在渤海湾的龙吸水；（b）发生在巴西的火龙卷

为了减少台风、龙卷风的破坏，可加大监测力度、加强结构抗风能力和完善水利工程设施。目前卫星、雷达等先进监测设备的广泛使用提高了人类对台风、龙卷风的预报能力，使人们能够及时躲避风灾带来的可能伤害。对海洋平台、跨海大桥、码头等结构，在设计中台风及台风造成的风暴潮是必须重点考虑的工况。完善水利工程能够避免台风引发的次生灾害和衍生灾害，中断台风灾害链，对降低台风损失非常明显。

要将土木工程设计成能直接抵御台风和龙卷风是不可能的，但将房屋的屋面板、屋盖、幕墙等加以特殊锚固则是必要的，尤其对重要设施更应加强重点防范。科学家正在研究各种方法降低风速：如播撒碘化银以释放云中潜热，以降低气压使风速减小，又如通过“播云”法将水汽和能量从台风核心区抽走等。

(a)

(b)

图4-9　风灾导致建筑物破坏

4.1.4　火灾

火灾是指在时间和空间上失去控制的燃烧所造成的灾害。在各种灾害中，火灾是最经常、最普遍地威胁公众安全和社会发展的主要灾害之一。人类能够对火进行利用和控制，是文明进步的一个重要标志。所以说人类使用火的历史与同火灾作斗争的历史是相伴相生的，人们在用火的同时，不断总结火灾发生的规律，尽可能地减少火灾及其对人类造成的危害。

在人类发展的历史长河中，火，燃尽了茹毛饮血的历史；火，点燃了现代社会的辉煌。古代传说中将火定义为具备双重性格的“神”。火给人类带来文明进步、光明和温暖，有时它是人类的朋友，有时是人类的敌人，失去控制的火，就会给人类造成灾难。

对于火灾，在我国古代，人们就总结出“防为上，救次之，戒为下”的经验。随着社会的不断发展，在社会财富日益增多的同时，导致发生火灾的危险性也在增多，火灾的危害性也越来越大。据统计，我国20世纪70年代火灾年平均损失不到2.5亿元，80年代火灾年平均损失不到3.2亿元。进入90年代，特别是1993年以来，火灾造成的直接财产损失上升到年均十几亿元，年均死亡2000多人。实践证明，随着社会和经济的发展，消防工作的重要性就越来越突出。“预防火灾和减少火灾的危害”是对消防立法意义的总体概括，包括了两层含义：一是做好预防火灾的各项工作，防止发生火灾；二是火灾绝对不发生是不可能的，而一旦发生火灾，就应当及时、有效地进行扑救，减少火灾的危害。

1. 火灾基本概念

火灾是指在时间和物体上失去控制的燃烧造成的灾害。燃烧是可燃物与氧化剂发生的一种氧化放热反应，通常伴有光、烟或火焰。燃烧的三要素是可燃物、助燃物、温度。对于有焰燃烧一定存在自由基的链式反应这一要素。

灭火的主要措施就是：控制可燃物、减少氧气、降低温度，化学抑制（针对链式反应）。

2. 火灾分类

根据2008年11月4日发布的《火灾分类》（GB/T 4968—2008），火灾根据可燃物的类型和燃烧特性，分为A、B、C、D、E、F六类。

① A类火灾：指固体物质火灾。这种物质通常具有有机物质性质，一般在燃烧时能产生灼热的余烬。如木材、煤、棉、毛、麻、纸张等火灾。

② B类火灾：指液体或可熔化的固体物质火灾。如煤油、柴油、原油、甲醇、乙醇、沥青、石蜡等火灾。

③ C类火灾：指气体火灾。如煤气、天然气、甲烷、乙烷、丙烷、氢气等火灾。

④ D类火灾：指金属火灾。如钾、钠、镁、铝镁合金等火灾。

⑤ E类火灾：带电火灾。物体带电燃烧的火灾。

⑥ F类火灾：烹饪器具内的烹饪物（如动植物油脂）火灾。

根据2007年6月26日公安部《关于调整火灾等级标准的通知》，现行火灾等级标准由原来的特大火灾、重大火灾、一般火灾三个等级调整为特别重大火灾、重大火灾、较大火灾和一般火灾四个等级。

① 特别重大火灾，指造成30人以上死亡，或者100人以上重伤，或者1亿元以上直接财产损失的火灾。

② 重大火灾，指造成10人以上30人以下死亡，或者50人以上100人以下重伤，或者5000万元以上1亿元以下直接财产损失的火灾。

③ 较大火灾，指造成3人以上10人以下死亡，或者10人以上50人以下重伤，或者1000万元以上5000万元以下直接财产损失的火灾。

④ 一般火灾，指造成3人以下死亡，或者10人以下重伤，或者1000万元以下直接财产损失的火灾。

3. 典型火灾

2009年2月9日晚21时许，在建的央视新台址园区文化中心发生特大火灾事故，大火持续六小时，火灾由烟花引起。在救援过程中1名消防队员牺牲，6名消防队员和2名施工人员受伤。建筑物过火、过烟面积21333平方米，其中过火面积8490平方米，造成直接经济损失16383万元（图4－10）。

发生火灾的大楼是中央电视台新台址工程的重要组成部分——电视文化中心，高159

(a)

(b)

图4－10　2009年2月9日在建的CCTV文化中心发生特大火灾事故

（a）火灾现场；（b）过火后的文化中心副楼

米，被称为北配楼，邻近地标性建筑的央视新大楼。央视新台址工程位于北京市朝阳区中央商务区（CBD）核心地带，由荷兰大都会（OMA）建筑事务所设计，于2005年5月动工，2010年9月落成，整个工程预算达到50亿元人民币。

央视新址办违反烟花爆竹安全管理相关规定，未经有关部门许可，在施工工地内违法组织大型礼花焰火燃放活动，在安全距离明显不足的情况下，礼花弹爆炸后的高温星体落入文化中心主体建筑顶部擦窗机检修孔内，引燃检修通道内壁裸露的易燃材料引发火灾。

央视新址办违法组织燃放烟花爆竹，对文化中心幕墙工程中使用不合格保温板问题监督管理不力。中央电视台对央视新址办工作管理松弛；有关施工单位违规配合建设单位违法燃放烟花爆竹，在文化中心幕墙工程中使用大量不合格保温板；有关监理单位对违法燃放烟花爆竹和违规采购、使用不合格保温板问题监理不力；有关材料生产厂家违规生产、销售不合格保温板；有关单位非法销售、运输、储存和燃放烟花爆竹；相关监管部门贯彻落实国家安全生产等法律法规不到位，对非法销售、运输、储存和燃放烟花爆竹，以及文化中心幕墙工程中使用不合格保温板问题监管不力。

(a)

(b)

图4-11　2010年7月16日中石油大连新港厂区发生特大火灾事故

(a) 火灾现场；(b) 大连消防冒着随时发生大爆炸的危险进行扑救灭火

2010年7月16日18时10分，辽宁省大连市开发区新港镇输油管道发生爆炸引发火灾（图4-11）。事发时，新加坡太平洋石油公司所属30万t“宇宙宝石”油轮在向大连中石油国际储运有限公司原油罐区卸送最终属于中油燃料油股份有限公司的原油；中油燃料公司委托天津辉盛达石化技术有限公司负责加入原油脱硫剂作业，辉盛达公司安排上海祥诚商品检验技术服务有限公司大连分公司在国际储运公司原油罐区输油管道上进行现场作业。所添加的原油脱硫剂由辉盛达公司生产。

7月15日15时30分许，“宇宙宝石”油轮开始向国际储运公司原油罐区卸油，卸油作业在两条输油管道同时进行。当天20时许，祥诚公司和辉盛达公司作业人员开始通过原油罐区内一条输油管道（内径0.9米）上的排空阀，向输油管道中注入脱硫剂。

7月16日13时许，油轮暂停卸油作业，但注入脱硫剂的作业没有停止。18时许，在注入了88m^3脱硫剂后，现场作业人员加水对脱硫剂管路和泵进行冲洗。18时8分许，靠近脱硫剂注入部位的输油管道突然发生爆炸，引发火灾，造成部分输油管道、附近储罐阀门、输油泵房和电力系统损坏和大量原油泄漏。事故导致储罐阀门无法及时关闭，火灾不断扩大。原油顺地下管沟流淌，形成地面流淌火。事故造成103号罐和周边泵房及港区主要输油管道严重损坏，部分原油流入附近海域。

这起事故虽未造成人员伤亡，但大火持续燃烧15个小时，事故现场设备管道损毁严重，周边海域受到污染，社会影响重大，教训极为深刻。

4. 火灾扑救

火灾扑救的主要目的是控制火势蔓延，减小生命财产损失。

扑救A类火灾可选择水型灭火器、泡沫灭火器、磷酸铵盐干粉灭火器、卤代烷灭火器(图4－12)；扑救B类火灾可选择泡沫灭火器(化学泡沫灭火器只限于扑灭非极性溶剂)、干粉灭火器、卤代烷灭火器、二氧化碳灭火器；扑救C类火灾可选择干粉灭火器、卤代烷灭火器、二氧化碳灭火器等；扑救D类火灾可选择粉状石墨灭火器、专用干粉灭火器，也可用干砂或铸铁屑末代替；扑救带电火灾可选择干粉灭火器、卤代烷灭火器、二氧化碳灭火器等。带电火灾包括家用电器、电子元件、电气设备（计算机、复印机、打印机、传真机、发电机、电动机、变压器等）以及电线电缆等燃烧时仍带电的火灾，而顶挂、壁挂的日常照明灯具及起火后可自行切断电源的设备所发生的火灾则不应列入带电火灾范围；扑救F类火灾可选择干粉灭火器。

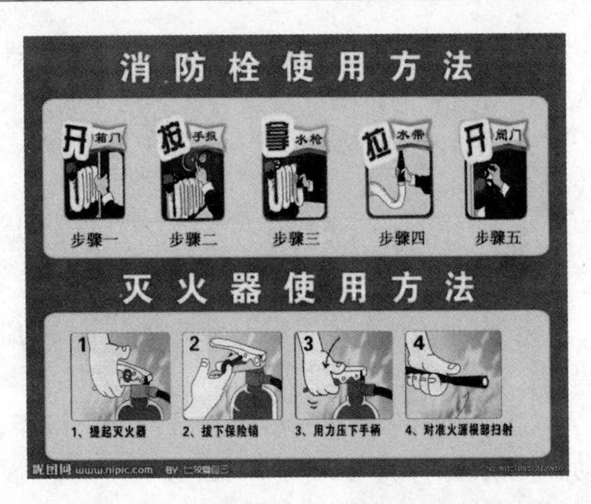

图4－12　消防栓和灭火器典型使用方法

火火器的种类很多，按其移动方式可分为：手提式和推车式；按驱动灭火剂的动力来源可分为：储气瓶式、储压式、化学反应式、按所充装的灭火剂则又可分为：泡沫、干粉、卤代烷、二氧化碳、酸碱、清水等（图4－13)。

泡沫灭火器适用于扑救一般B类火灾，如油制品、油脂等火灾，也可适用于A类火灾，但不能扑救B类火灾中的水溶性可燃、易燃液体的火灾，如醇、酯、醚、酮等物质火灾，也不能扑救带电设备及C类和D类火灾。

空气泡沫灭火器适用范围基本上与化学泡沫灭火器相同，但抗溶泡沫灭火器还能扑救水溶性易燃、可燃液体的火灾如醇、醚、酮等溶剂燃烧的初起火灾。

酸碱灭火器适用于扑救A类物质燃烧的初起火灾，如木、织物、纸张等燃烧的火灾。它不能用于扑救B类物质燃烧的火灾，也不能用于扑救C类可燃性气体或D类轻金属火灾，同时也不能用于带电物体火灾的扑救。

碳酸氢钠干粉灭火器适用于易燃、可燃液体、气体及带电设备的初起火灾；磷酸铵盐干粉灭火器除可用于上述几类火灾外，还可扑救固体类物质的初起火灾，但都不能扑救金属燃烧火灾。

图4－13　灭火器的种类

火源是火灾的发源地，也是引起燃烧和爆炸的直接原因。所以，防止火灾应控制好10种火源，具体是：

① 人们日常点燃的各种明火，就是最常见的一种火源，在使用时必须控制好。

② 企业和各行各业使用的电气设备，由于超负荷运行、短路、接触不良，以及自然界中的雷击、静电火花等，都能使可燃气体、可燃物质燃烧，在使用中必须做到安全和防护。

③ 靠近火炉或烟道的干柴、木材、木器，紧聚在高温蒸汽管道上的可燃粉尘、纤维；大功率灯泡旁的纸张、衣物等，烘烤时间过长，都会引起燃烧。

④ 在熬炼和烘烤过程中，由于温度掌握不好，或自动控制失灵，都会着火，甚至引起火灾。

⑤ 炒过的食物或其他物质，不经过散热就堆积起来，或装在袋子内，也会聚热起火，必须注意散热。

⑥ 企业的热处理工件，堆放在有油渍的地面上，或堆放在易燃品旁（如木材），易引起火灾，应堆放在安全地方。

⑦ 在既无明火又无热源的条件下，褐煤、湿稻草、麦草、棉花、油菜籽、豆饼和沾有动、植物油的棉纱、手套、衣服、木屑、金属屑、抛光尘以及擦拭过设备的油布等，堆积在一起时间过长，本身也会发热，在条件具备时，可能引起自燃，应勤加处理。

⑧ 不同性质的物质相遇，有时也会引起自燃。如油与氧气接触就会发生强烈化学作用，引起燃烧。

⑨ 摩擦与撞击。例如铁器与水泥地撞击，会引起火花，遇易燃物即可引起火灾。

⑩ 绝缘压缩、化学热反应，可引起升温，使可燃物被加至着火点。

4.1.5 工程事故灾害

工程事故灾害主要是指影响市政公用设施运营安全、建设工程施工安全、工程全生命周期质量安全等方面的灾害，工程事故灾害将对人民生命和财产安全构成十分显著的影响。

1. 影响市政公用设施运营

在燃气的生产、输送、使用过程中，由于燃气管道等燃气设施发生泄漏，引起中毒或爆炸，造成人员伤亡，或者导致经济损失，严重影响社会运行秩序的安全事故。在燃气的生产、加工、处理、输送过程中，由于供气气质指标严重超标造成人员伤亡，或者导致经济损失，严重影响社会运行秩序的安全事故。

在城市供水系统运行阶段，由各种因素引起的，造成人员伤亡，或者导致经济损失，严重影响社会运行秩序的安全事故。包括城市供水系统因各种原因造成的水质重大污染或严重不符合《城市饮用水卫生标准》等。

在城市排水和污水处理系统运行阶段，由各种因素引起的，造成人员伤亡，或者导致经济损失，严重影响社会运行秩序的安全事故。包括城市排水设施中沼气等易燃易爆和有毒有害气体爆炸或大规模扩散等。

城市生活垃圾因沼气引发爆炸、火灾，因暴雨等引起滑坡，或因突发流行、传染病疫情引起大规模污染，造成人员伤亡，或者导致经济损失，严重影响社会运行秩序的安全事故。

在城市公交客运活动中，由各种因素引起的，造成人员伤亡，或者导致经济损失，严重影响社会运行秩序的安全事故。包括交通安全、火灾等安全事故。

2. 影响建设工程施工安全

在房屋建筑（包括农房）新建、扩建、改建、拆除活动中，因施工组织设计、技术方案、防护或操作不符合强制性标准和有关规定，造成人员伤亡；或者深基础支护、土方开挖边坡失稳，致使周边建筑物、构筑物倒塌、毁坏、倾斜，隧道、桥梁塌陷，道路损坏，管线断裂，导致经济损失，严重影响社会秩序的安全事故。

3. 影响工程全生命周期质量安全

在建或已竣工房屋建筑（包括农房）、市政基础设施和地下空间工程，因工程勘察、设计、施工质量不符合工程建设标准，引起建筑物、构筑物坍塌、倾斜，造成人员伤亡，或者对周边工程造成严重威胁，导致经济损失，严重影响社会秩序的安全事故。

在房屋建筑使用阶段，由于所有权人、管理人、使用人对房屋建筑的非正常使用，或者对其损坏没有进行必要的修缮而造成人员伤亡，或者对周边工程造成严重威胁，导致经济损失，严重影响社会秩序的安全事故。包括：内外建筑设备安装和建设装饰装修施工破坏主体结构，任意加层、加装设备超过设计荷载，屋面积雪清理不及时，改变房屋使用用途等原因造成建筑物坍塌、损毁等，有关部门对已鉴定为危房仍在使用的房屋应加强监管。

在城市市政桥梁隧道运行阶段，由于自然力或人为破坏以及管理不善等造成桥梁隧道损毁、塌陷、坍塌而造成人员伤亡，或者导致经济损失，严重影响社会运行秩序的安全事故。包括：因撞击、运输车辆有害物质泄漏、爆炸、挖沙取土等造成城市市政桥梁隧道损毁、塌陷、坍塌等情况。

斜坡（包括高切坡）防护工程因工程勘察、设计、施工质量不符合工程建设标准，表面、支挡结构、排水系统的缺陷，汛期雨水较集中等因素引起滑塌而造成人员伤亡，或者导致经济损失，严重影响社会秩序的安全事故。

4. 典型工程事故灾害

① 2010 年 1 月 3 日 14：00，昆明机场高架桥东引桥在建桥体发生塌毁事故，事故导致 7 人死亡，26 人轻伤，8 人重伤（图 4－14）。

② 2010 年 1 月 12 日 12 时许，安徽省芜湖市华强文化科技产业园配送中心工地，在混凝土浇筑过程中发生脚手架坍塌事故，事故造成 8 人死亡，3 人受伤（图 4－15）。

图 4－14　昆明机场高架桥东引桥在建桥体发生塌毁事故

图 4－15　芜湖市华强文化科技产业园配送中心脚手架坍塌事故

③ 2010 年 1 月 12 日，贵州省黔南州福泉市的利森水泥厂工地上，搭设完毕的脚手架突然倒塌，造成 8 人死亡，2 人受伤（图 4－16）。

④ 2010 年 3 月 14 日 11：30，在建的贵阳国际会议展览中心工程 A2 展馆至 A3 展馆之间过街通道的模板支撑体系发生局部垮塌事故。经救援人员抢险，有 26 人被及时送往就近的金阳医院救治，其中 7 人死亡，1 人重伤（图 4－17）。

⑤ 2010 年 11 月 15 日 14 时，上海余姚路胶州路一栋高层公寓起火。公寓内住着不少退休教师，起火点位于 10～12 层之间，整栋楼都被大火包围着，楼内还有不少居民没有撤离。

图 4－16　贵州省黔南州福泉市利森水泥厂脚手架坍塌事故

图 4－17　贵阳国际会议展览中心模板支撑体系坍塌事故

截至 11 月 19 日 10 时 20 分，大火已导致 58 人遇难，另有 70 余人正在接受治疗。事故原因已初步查明，是由无证电焊工违章操作引起的，装修工程违法违规、层层多次分包，施工作业现场管理混乱，存在明显抢进度行为，事故现场违规使用大量尼龙网、聚氨酯泡沫等易燃材料，安监部门监管不力（图 4－18）。

图 4－18　上海余姚路胶州路高层公寓火灾事故

5. 突发安全灾害事故应急预案

为了及时、妥善地处置重大突发安全事故，建立“信息畅通、反应快捷、处置有方、责任明确”的重大突发安全事故应急机制，保障人民生命与财产安全，保障正常工作和生活秩序，应制定突发安全灾害事故应急预案。

应急预案编制依据主要有《中华人民共和国刑法》《中华人民共和国教育法》《中华人民共和国高等教育法》《中华人民共和国集会游行示威法》《中华人民共和国治安管理处罚法》《中华人民共和国安全生产法》《省教育厅教育系统突发公共事件应急预案》等法律法规。

应急预案适用于各级各类企事业单位应对重大突发安全事故和自然灾害事故，主要包括发生的火灾、建筑物倒塌、拥挤踩踏、饮食中毒等重大安全责任事故，重大交通事故，大型群体活动公共安全事故，造成重大影响和损失的供水、供电、供气等事故，重大环境污染和生态破坏事故，洪水、地质滑坡、地震以及地震诱发的种种次生灾害等自然灾害事故，以及影响安全稳定的其他突发灾难事故。

应急预案实施工作原则有：①以人为本原则。牢固树立“珍爱生命，安全第一，责任重于泰山”意识，把保障人民的生命和财产安全、最大限度地预防和减少安全事故灾难造成的人员伤亡作为首要任务。②属地为主原则。针对发生突发安全事故，以所在地党委、政府以及企事业单位领导、指挥、协助应急处置为主，有关信息及时报告当地政府、上级主管部门和相关部门。各级企事业单位的“一把手”是本单位安全工作“第一责任人”。③预防为主原则。坚持预防与应急处置相结合，立足于防范，常抓不懈，防患于未然。建立健全安全隐患定期或不定期排查、整改机制，力争早发现，早报告，早控制，早消除。④及时处置原则。突发安全事故后，事发单位立即启动应急工作预案，事故处理工作专班及时到岗，人员快速出动，及时控制局面，解决问题，以及时、快速减少危害的扩大，降低损失和解决问题的难度。⑤依法处置原则。坚持从保护人民生命和财产安全的角度出发，按照国家相关法律、行政法规和政策，综合运用政治、法律、经济、行政等手段和教育、协商、调解等方法处置突发安全事故。要严格区分和正确处理两类不同性质的矛盾，引导群众以理性合法的方式表达诉求，严格防止因突发安全事故使矛盾激化和事态进一步扩大。

根据企事业单位突发安全事故特点和实际情况，将事件按严重程序，从高到低分为Ⅰ级—Ⅳ级。①特别重大的事件（Ⅰ级）：单位所在区域内的人员和财产遭受特别重大损害，对本地区的工作、生活秩序产生特别重大影响的事故灾害。②重大事件（Ⅱ级）：单位所在区域的人员和财产遭受重大损害，对本地区工作、生活秩序产生重大影响的事故灾害。③较大事件（Ⅲ级）：对单位的人员和财产造成损害，对本地区工作、生活秩序产生较大影响的事故灾害。④一般事件（Ⅳ级）：对个体造成损害，对本地区工作、生活秩序产生一定影响的事故灾害。

4.2　工程结构检测、加固与防护

4.2.1　工程结构灾害检测与鉴定

设计、施工、材料、环境影响、使用不当及自然损耗等多方面的原因，使得结构安全性得不到保障，或其使用功能不能满足要求，这就需要对其进行诊断、鉴定、加固与修复处理。近年来，结构补强与加固越来越受到有关科研和工程技术人员的重视。补强与加固的目的就是提高结构及构件的强度、刚度、延性、稳定性和耐久性，满足安全要求，改善使用功能，延长结构寿命。

世界经济发达国家的基本建设大体上经历了三个阶段：大规模新建—新建与维修并重—维修改造为主。美国自 1970 年代开始，建筑业的新建就不景气，而维修改造业却越来越兴旺，1990 年代初期用于旧建筑物维修和加固上的投资已占建设总投资的 50%；英国 1978 年维修改造业投资是 1965 年的 3.8 倍，而 1990 年代占建设总投资的 70%；瑞典 1983 年建筑业总投资的 50% 是维修改造投资；德国维修改造投资更是达到了 80% 左右。

为了推动和适应建筑维修改造业的发展，“国际建筑研究和文献委员会”设立了“建筑物维修改造委员会”（“W70 委员会”），专门从事建筑物维修改造的研究、调查、信息交流和组织编制标准规范等工作。

世界各国及各方人士都对建筑物的寿命极为关注，因为人类离不开建筑。对于新建筑，业主关心的是在一定的期望寿命要求下它究竟能使用多少年，工程技术人员关心的是应该对设计的参数、材料性能的要求、施工工艺、使用中的维护提出什么样的要求才能使设计的建筑达到期望的寿命。对在用的旧建筑，业主更多的是关心其剩余寿命，即还能为业主服务多少年；工程技术人员则关心的是能拿出哪些证据证明建筑物的剩余寿命，或对在用有病害的建筑物需要做哪些诊断和加固修复工作，才能达到业主期望的剩余寿命。

建筑物的耐久性是指在一定的环境和使用条件下，随着时间的推移，建筑物抵抗病害及老化而保持基本设计功能的能力。

建筑物的设计使用年限是指在正常使用、维护条件下，建筑物不需作较大加固处理，就能保证结构安全和基本保持主要设计使用功能的年数，又称为设计耐用年限。设计基准期是在计算结构可靠度时考虑各项基本变量与时间关系时所取用的基准时间。我国《建筑结构可靠度设计统一标准》（GB 50068—2001）中给定的设计基准期为 50 年。使用寿命是指建筑物或其重要部分从投入使用到废弃不用或不宜再使用的时间。

建筑结构的耐久性是建筑结构可靠性在时间坐标上的度量。设计耐用年限规定与现有建筑科学水平、材料水平、施工水平、国家综合经济实力、业主的投资与回收、土地资源紧缺程度等都是相关的。各国对此都有明确规定，这些规定与我国略有出入。国际标准 CEB - FIP Model Code（1978）规定，一般钢筋混凝土建筑物设计使用年限为50 年，纪念性建筑物设计使用年限为 500 年。英国 BS5400 对钢筋混凝土桥梁的设计使用年限规定为 120 年。

建筑物设计使用年限与实际使用年限相差很大，调查结果表明，在严重腐蚀条件下的工业厂房，使用期限仅为 17 ~ 26 年，1985 年水电部调查了 32 座大型混凝土坝和 40 余座钢筋混凝土闸，其耐用年限估计只有 30 ~ 50 年。冶金、化工、有色冶金行业的厂房腐蚀十分严重，结构维持正常使用的年限普遍很短。据 2000 年全国公路普查，截止 2000 年底，我国公路危桥已有 9597 座，每年维修加固费需 38 亿元，而实际到位仅 8 亿元。

建筑物诊断鉴定是对已有建筑物的作用、结构抗力及相互关系进行调查、测定、检查、试验、分析、研究和判断、取得结论的全过程，又称为建筑物的可靠性鉴定。鉴定的目的在于使业主心中有数，管好、用好建筑物，延长建筑物的使用寿命。20 上世纪 80 年代以来，在结构耐久性、可靠性鉴定方面的研究有了较大发展，国家有关部委，包括建设部、冶金部等，将相应的一些课题列为重大科研课题，组织了专题攻关，取得了一系列成果。

工程结构诊治学的名称借用了医学名称。工程结构从规划设计施工，到正常使用，老化，直至拆除全寿命过程。可以比拟为人类的生老病死。工程结构诊治学的范围包括：工程结构病理学——结构病害原因，产生，发展及变化；工程结构诊断学——工程结构的检测鉴定和健康监测的理论与技术；工程结构治疗学——工程结构的加固改造的理论与技术。

建筑病害是建筑工程质量事故和质量缺陷的统称。由于建筑结构从设计、施工到使用要经历一个较长时期，而由于施工技术不完善、建筑所处环境和使用条件的变化以及其他一些人为或者非人为因素的影响，使得大部分建筑都存在或多或少的病害。有些病害较轻，对人们的生活没有产生明显的影响，因此没有引起人们太多的重视。而有些则比较严重，已经影响了人们生产和生活的正常进行，给居民造成了财产损失和精神负担，有时还可能对人身安全产生威胁，因而引起人们越来越多的关注。为了大家能够对常见的建筑病害有个大致的了解，本节将介绍当前建筑中普遍存在的病害，并且分析其原因。

建筑病害分类方法很多，例如按病害原因、发生时期、造成危害的等级，以及处理方法等进行分类。这里按病害性质进行分类，分为以下几种：损伤、裂缝、腐蚀、冻害、渗漏、老化、倒塌。

为评定建筑结构工程的质量或鉴定既有建筑结构的性能等所实施的检测工作，称为建筑结构检测（以下简称检测）。正如西医看病需要对病人进行化验、透视，中医看病需要“望闻问切”，对结构进行检测所得到的数据不但是评定新建钢结构工程质量等级的原始依据，也是鉴定已有钢结构性能指标的依据。我国《建筑结构检测技术标准》（GB/T 50344—2004）规定，建筑结构的检测可分为结构材料性能、连接、构件的尺寸与偏差、变形与损伤、构造、基础沉降以及涂装等项工作，必要时，可进行结构或构件性能的实荷检验或结构的动力测试。对某一具体结构的检测可根据实际情况确定工作内容和检测项目。

根据现场调查和检测结果，并考虑缺陷的影响，依据相应规范或标准的要求，对建筑结构的可靠性进行评估的工作，称为可靠性鉴定（以下简称鉴定）。建筑物在使用过程中，不仅需要经常性的管理与维护，而且随着时间的推移，还需要及时修缮，才能全面完成设计所赋予的功能。与此同时，还有为数不少的房屋建筑，或因设计、施工、使用不当，或因用途变更需要改造，或因使用环境发生变化，或因各类事故及灾害导致结构产生损伤，或需要延长结构使用寿命等，都需要对结构进行处理。要做好这些工作，就必须对建筑物在安全性、适用性和耐久性方面存在的问题有全面的了解，才能做出安全、合理、经济、可行的方案，而建筑物可靠性鉴定所提供的就是对这些问题的正确评价。

根据概率极限状态法，从承载能力极限状态和正常使用极限状态出发，可靠性鉴定包根据概率极限状态法，从承载能力极限状态和正常使用极限状态出发，可靠性鉴定包含安全性鉴定和正常使用性鉴定两个方面。根据房屋用途不同，鉴定可分为民用建筑可靠性鉴定和工业厂房可靠性房鉴定两类，对应的国家标准分别是《民用建筑可靠性鉴定标准》（GB 50292—1999）和《工业厂房可靠性鉴定标准》（GB 50144—2008），另外还有行业标准和地方标准，例如《既有建筑物结构检测与评定标准》（DG/TJ 08—804—2005）、《危险房屋鉴定标准》［JGJ 125—1999（2004 版）］、《火灾后混凝土构件评定标准》（DBJ 08—219—1996）等。

工程结构诊治学研究的意义重大，旧建筑物维修改造任务日趋增大，据有关部门统计，我国城镇旧建筑物的概况大约是：1950 年以前 4.2 亿 m^2，50 年代和 60 年代 11 亿 m^2，70 年代 15 亿 m^2，80 年代 22 亿 m^2。相当多的 60 年代以前的建筑无疑都已进入了病害期，70 ~80 年代的一些处于恶劣环境条件下的工业厂房也进入病害期。旧建筑的诊断、加固、修复任务是繁重的。但大多数的业主对此不够重视，带病服役的建筑比比皆是，其结果是加速了建筑物的劣化，缩短了其最终寿命，或者事故潜在因素不断积蓄，事故一旦爆发，则将造成严重损失。

许多有价值的古建筑、民风民俗特色建筑、有历史意义的建筑都需要诊断、补强加固处理。当今改革大潮汹涌澎湃、经济飞速发展，许多处于城市黄金地段的建筑物价值倍增，成为金融界、商界瞩目的对象，“置换”也就应运而生。1865 年在上海南京路外滩开业的汇丰银行大楼，1949 年后成为上海市政府办公大楼，九十年代重建外滩金融一条街，经过置换，汇丰银行又重新回到原大楼。置换前必须重新对大楼进行估价，也就是必须对大楼进行检测鉴定，必要时要作修复加固处理。

由于多方面的原因，新建工程结构的质量缺陷、事故难以避免，对新建房事故的处理也同样需要诊断和补强加固处理。有些建筑病害的根源往往是在设计和建造中就埋下了的。例如，当前建筑结构设计往往侧重于强度设计，耐久性设计考虑不足。在施工质量的检验方面，耐久性的检验也比较欠缺。这正需要将旧建筑物诊治方面资料反馈到设计和施工中，以便制定耐久设计和施工的要求。另外，从节约资源、能源、可持续发展方面考虑，更有必要加强对建筑物耐久性、可维修性、保障性方面的要求。

结构检测加固的主要目的是：①结构物超过设计使用基准期或改变使用条件，对结构的可靠性不确定，需进行检验和试验。②施工中发生质量事故或使用中遭受灾害时，对结构性能降低情况做出评估，为事故处理和加固提供依据。③采用新方法设计或采用新工艺新材料施工的重要工程竣工后的验证或可靠性评定。④为周期性维护而进行的检查、测试或试验等。

开展结构检测加固工作的意义在于：①设计、施工质量缺陷及安全隐患的消除；②大规模基建高潮后的维修；③耐久性问题及可持续发展的需要；④建筑物商品化以后使用功能变化的要求；⑤经济增长模式变化带来改建的需要。

进行结构检测加固的主要内容有：①结构安全性（危房及安全隐患）的鉴定；②结构安全事故的调查处理；③结构使用功能及正常维护性检查；④长久服役后结构继续使用的鉴定；⑤结构改变用途和改建前的鉴定。

检测内容按属性分三类：①几何特征：结构尺寸、保护层厚度、裂缝宽度等；②物理特性：材料强度、构件的承载力等；③化学特性：钢筋锈蚀情况、混凝土碳化等。

检测类别按方法不同分三类：①非破损检测法：回弹法、超声波法、综合法；②半破损检测法：取芯法、拉拔法；③破损检测法（荷载试验）：选取有代表性构件进行破坏性试验。

具体的检测内容及检测要求要根据检测的原则来确定：①“必须、够用”的原则：不能随意扩大或省略；②针对性原则：每个具体工程制定检测计划；③规范性原则：严格按规范执行（方法、设备、检测人员）；④科学性原则：采取科学手段，实事求是。

建筑结构的检测可分为建筑结构工程质量的检测和既有建筑结构性能的检测。当遇到下列情况之一时，应进行建筑结构工程质量的检测：①涉及结构安全的试块、试件以及有关材料检验数量不足；②对施工质量的抽样检测结果达不到设计要求；③对施工质量有怀疑或争议，需要通过检测进一步分析结构的可靠性；④发生工程事故，需要通过检测分析事故的原因及对结构可靠性的影响。

当遇到下列情况之一时，应对既有建筑结构现状缺陷和损伤、结构构件承载力、结构变形等涉及结构性能的项目进行检测：①建筑结构安全鉴定；②建筑结构抗震鉴定；③建筑大修前的可靠性鉴定；④建筑改变用途、改造、加层或扩建前的鉴定；⑤建筑结构达到设计使用年限要继续使用的鉴定；⑥受到灾害、环境侵蚀等影响建筑的鉴定；⑦对既有建筑结构的工程质量有怀疑或争议。

建筑结构的检测应为建筑结构工程质量的评定或建筑结构性能的鉴定提供真实、可靠、有效的检测数据和检测结论。建筑结构的检测应根据本标准的要求和建筑结构工程质量评定或既有建筑结构性能鉴定的需要合理确定检测项目和检测方案。对于重要和大型公共建筑宜进行结构动力测试和结构安全性监测。

建筑结构检测鉴定的基本程序如图4-19所示。

①现场调查（field investigation）

现场和有关资料的调查应包括：收集被检测建筑结构的设计图纸、设计变更、施工记录、施工验收和工程勘察等资料；调查被检测建筑结构现况缺陷、环境条件、使用期间的加固与维修情况、用途与荷载等变更情况；向有关人员进行调查；进一步明确委托方的检测目的和具体要求，并了解是否已进行过检测。

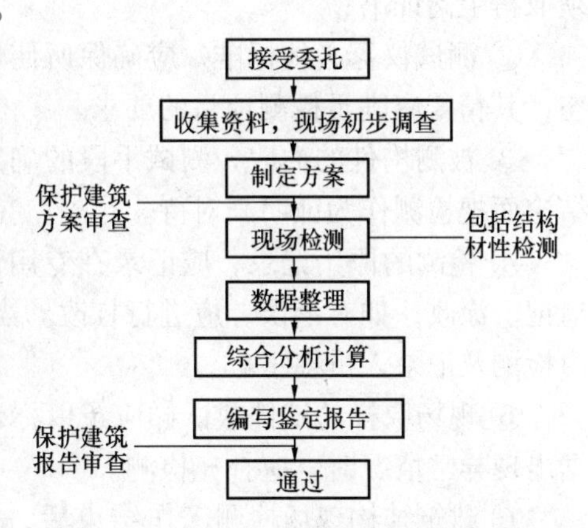

图4-19　建筑结构检测鉴定的基本程序

②编制检测方案（inspection scheme）

结构的种类很多，结构现状千差万别，必须在初步调查的基础上，针对每一个具体的工程制定检测计划和完备的检测方案，检测方案应征求委托方的意见，并应经过审定，其主要内容包括：概况，主要包括结构类型，建筑面积，总层数，设计、施工及监理单位，建造年代等；检测目的或委托一方的检测要求；检测依据，主要包括检测所依据的标准及有关的技术资料等；检测项目和选用的检测方法以及检测的数量；检测人员和仪器设备情况；检测工作进度计划；所需要的配合工作；检测中的安全措施和环保措施。

③现场检测（field inspection）

结构检测的内容很广，凡是影响结构可靠性的因素都可以成为检测的内容，从这个角度，检测内容根据其属性可以分为：几何量（如结构的几何尺寸、地基沉降、结构变形、混凝土保护层厚度、钢筋位置和数量、裂缝宽度等）、物理力学性能（如材料强度、地基的承载能力、桩的承载能力、预制板的承载能力、结构自振周期等）和化学性能（混凝土碳化、钢筋锈蚀等）。

④检测数据的整理与分析（interpretation and analysis of data）

在现场检测工作结束后，我们获得了人工记录或计算机采集的检测数据，这些数据是数据处理所需要的原始数据，但这些原始数据往往不能直接说明试验的结果或解答试验所提出的问题。将原始数据经过整理换算、统计分析及归纳演绎后，得到能反映结构性能的数据。

⑤检测报告（inspection report）

结构工程质量的检测报告应做出所检测项目是否符合设计文件要求或相应验收规范规定的评定。既有结构性能的检测报告应给出所检测项目的评定结论，并能为结构的鉴定提供可靠的依据。检测报告应结论准确、用词规范、文字简练，对于当事方容易混淆的术语和概念可书面予以解释。

检测报告主要包括以下内容：委托单位名称；建筑工程概况，包括工程名称、结构类型、规模、施工日期及现状等；设计单位、施工单位及监理单位名称；检测原因、检测目的，以往检测情况概述；检测项目、检测方法及依据的标准；抽样方案及数量；检测日期，报告完成日期；检测数据的汇总，检测结果、检测结论；主检、审核和批准人员的签名。

建筑结构的检测应为建筑结构工程质量的评定或建筑结构性能的鉴定提供真实、可靠、有效的检测数据和检测结论。为此，检测时应做到以下几点：

① 测试方法必须符合国家有关的规范标准要求，测试单位必须具备资质，测试人员必须取得上岗证书；

② 测试仪器必须标准，应确保所使用的仪器设备在检定或校准周期内，并处于正常状态，其精度应满足检测项目的要求。

③ 被测构件的抽取、测试手段的确定、测试数据的处理要有科学性，切忌头脑里先有结论而把检测作为证明来对待。

④ 检测的原始记录，应记录在专用记录纸上，数据准确，字迹清晰，信息完整，不得追记、涂改，如有笔误，应进行杠改。当采用自动记录时，应符合有关要求。原始记录必须由检测及记录人员签字。

⑤ 现场取样的试件或试样应予以标识并妥善保存。当发现检测数据数量不足或检测数据出现异常情况时，应补充检测。

⑥ 建筑结构现场检测工作结束后，应及时修补因检测造成的结构或构件局部的损伤。修补后的结构构件，应满足承载力的要求。检测数据计算分析，结构检测结果的评定，应符合《建筑结构检测技术标准》（GB/T 50344—2004）和相应标准的规定。

结构检测数量与检测对象的确定可以有两类，一类指定检测对象和范围，另一类是抽样的方法。对于建筑结构的检测两类情况都可能遇到。当指定检测对象和范围时，其检测结果不能反映其他构件的情况，因此检测结果的适用范围不能随意扩大。

对抽样方法，可根据检测项目的特点按下列原则抽样：①外部缺陷的检测，宜选用全数检测方案；②几何尺寸与尺寸偏差的检测，宜选用一次或二次计数抽样方案；③结构连接构造的检测，应选择对结构安全影响大的部位进行抽样；④构件结构性能的实荷检验，应选择同类构件中荷载效应相对较大和施工质量相对较差构件或受到灾害影响、环境侵蚀影响构件中有代表性的构件。⑤按检测批检测的项目，应进行随机抽样，检测批的最小样本容量不宜小于规范的限定值。建筑结构按检测批检测时抽样的最小样本容量，其目的是要保证抽样检测结果具有代表性。最小样本容量不是最佳的样本容量、实际检测时可根据具体情况和相应技术规程的规定确定样本容量，但样本容量不应少于规范的限定量。⑥当为下列情况时，检测对象可以是单个构件或部分构件，但检测结论不得扩大到未检测的构件或范围：委托方指定检测对象或范围或因环境侵蚀或火灾、爆炸、高温以及人为因素等造成部分构件损伤时。

4.2.2 工程结构改造、加固与防护

当结构的可靠性不满足要求时，对已有建筑结构进行加强，以提高其安全性（承载能力）、耐久性和满足使用要求的工作，称之为加固。加固工作分为加固设计、加固施工及验收三个阶段，对应的规范标准分别有《混凝土结构加固设计规范》（GB 50367—2006）、《建筑抗震加固技术规程》（JGJ 116—2009）、《既有建筑地基基础加固技术规范》（JGJ 123—2000）、《钢结构加固技术规范》（CECS77：96）、《碳纤维片材加固修复混凝土结构技术规程》（CECS 146：2003）、《建筑地基处理技术规范》（JGJ 79—2002）等。

因用途改变、或设备更新、或工艺流程变革、或生产规模扩大、或城市规划要求等原因，需要对已有建筑结构进行相应变化及处理，以适应新的使用功能或规划要求，称之为建筑物的改造。对旧建筑物改造，充分利用既有资源，减少新建筑对资源的耗用，保护人类生态环境，对可持续发展具有重要意义。

建筑物改造的形式很多，如加层改造、扩建改造、增荷改造、托梁换柱改造、纠偏改造、基础托换改造、整体平移改造、抗震改造、节能改造等。尽管改造和加固都是对已有建筑结构进行处理，但改造与加固有所区别，加固的原因是已有结构或构件的可靠性不满足要求，而改造的原因是使用功能发生变化，大多数改造需要结合加固处理，但有些改造可能不需要加固处理。

1. 结构加固工作程序

结构加固工作应按照图 4－20 的程序进行。

2. 结构加固的特点

结构加固设计和施工与新建工程不尽相同，加固工程主要有以下特点：①加固工程是针对已建的工程，受客观条件所约束，针对具体现存条件进行加固设计与施工；②加固工程往往在不停产或尽量少停产的条件下施工，要求施工速度快、工期短；③施工现场狭窄、拥挤，常受生产设备、管道和原有结构、构件的制约，大型施工机械难以发挥作用；④施工往往对原有的结构、构件有不良影响；⑤施工常分段、分期进行，还会因各种干扰而中断；⑥清理、拆除工作量往往较大，工程较繁琐复杂，并常常存在许多不安全因素；⑦设计包括原结构的验算和加固结构设计计算，要求考虑新、旧结构强度、刚度、使用寿命的均衡，以及新、旧结构的协调工作。

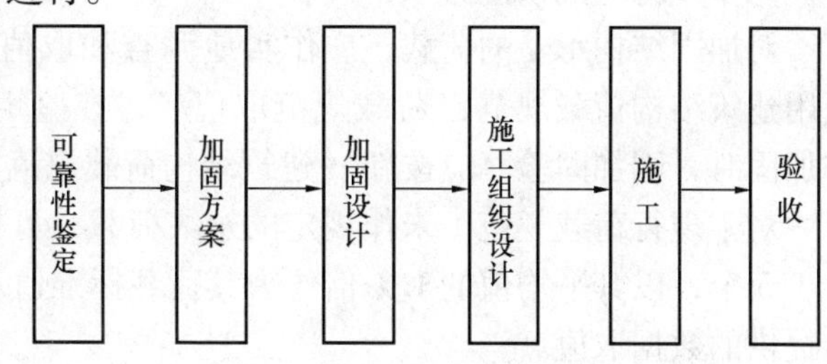

图 4－20　建筑结构加固工作程序

3. 结构加固基本原则

结构构件加固方法有多种且各不相同，但应遵守下述原则：

① 先鉴定后加固的原则。

根据可靠性鉴定的等级、存在的问题，对结构安全的要求及破坏后可能造成后果的严重程度，业主方应对委托加固方提出具体要求，加固方根据鉴定情况及业主委托加固范围、要求综合考虑提出加固方案，征得业主同意后再进行加固设计。

② 结构体系总体效应原则。

在制定加固方案时，除考虑可靠性鉴定结论和加固内容及项目外，还应考虑加固后建筑物的总体效应。例如，对房屋的某一层柱子或墙体的加固，有时会改变整个结构的动力特性，从而产生薄弱层，对抗震带来很不利的影响。因此，在制定加固方案时，应全面详细分析整个建筑结构的受力情况，不能采用“头痛医头，脚痛医脚”的办法。

③ 与抗震设防结合的原则。

我国是一个多地震的国家，6 度以上地震区几乎遍及全国各地。1976 年以前建造的建筑物，大多没有考虑抗震设防，1989 年以前的抗震规范也只规定了 7 度以上地震区的设防。为了使这些建筑物遇地震时具有相应的安全储备，在对它们做承载能力和耐久性加固、处理方案时，应按照现行的 2010 版抗震规范与抗震加固方案综合考虑。

④ 材料的选用和取值原则。

加固设计时，原结构的材料强度按如下规定取用：如原结构的材料种类和性能与原设计一致，按原设计（或规范）值取用；当原结构无材料强度资料时，应按实测材料强度等级根据现行规范取值。

加固材料的选用：加固材料应尽量选用轻质高强，且与原结构材料共同工作性能好的材料。加固用钢材一般选用新Ⅲ级高效钢筋；加固用水泥宜选取普通硅酸盐水泥，强度等级不应低于425；加固用混凝土，应比原结构的混凝土强度等级提高一级，加固混凝土中不应掺入粉煤灰、高炉矿渣等混合材料粘结材料及化学灌浆材料的粘结强度，应高于被粘结构混凝土的抗拉强度和抗剪强度。粘结材料及化学灌浆材料一般宜采用成品或半成品。当自行配制时，应进行试配，并检验其与被粘结材料间的粘结强度。

⑤ 荷载取值原则。

对加固结构承受的荷载，应作实地调查和取值。一般情况下，当原结构系按《工业与民用建筑结构荷载规范》荷载规范取值者，在鉴定阶段，对结构验算仍按原规范取值；当需加固时，则加固验算应按新《建筑结构荷载规范》规定取值。

对于现行荷载规范中未作规定的永久荷载，可根据情况进行抽样实测确定。抽样数不得少于5个，以其平均值的1.1倍作为其荷载标准值。工艺荷载和吊车荷载等，应根据使用单位提供的数据取值。

结构设计使用年限——设计规定的结构或结构构件在进行正常的维修而不需要进行大修的条件下即可满足预定功能使用的年限。

加固结构设计使用年限——加固结构在正常维护条件下能满足预定功能使用的年限。老龄建筑后续使用年限不可能太长，一般5~10年；一般工程20~30年；新建工程应满足原设计要求。

表4-1　加固结构耐久性年限估算

<table>
<tr><th colspan="2">加固方法及防腐措施</th><th>耐久性年限</th></tr>
<tr><td colspan="2">加大截面法，外包型钢法且有效防腐时，置换混凝土法，绕丝法外粉水泥砂浆时，体外预应力法有效防腐时，结构体系加固法，增设支点加固法等。</td><td>与普通结构相同</td></tr>
<tr><td rowspan="2">化学植筋</td><td>采用无机胶粘锚或“有机胶+锚栓”双重锚固时</td><td>与普通结构相同</td></tr>
<tr><td>有机胶锚固</td><td>30~40</td></tr>
<tr><td rowspan="2">粘贴纤维复合材料加固法，粘贴钢板加固法</td><td>采用无机胶粘贴或“有机胶+锚栓（或射钉）”双重保险时</td><td>40~50</td></tr>
<tr><td>有机胶粘贴时</td><td>10~30</td></tr>
</table>

⑥ 承载力验算原则。

进行承载力验算时，结构的计算简图应根据结构的实际受力状况和结构的实际尺寸确定。构件的截面面积应采用实际有效截面面积，即应考虑结构的损伤、缺陷、锈蚀等不利影响。验算时，应考虑结构在加固时的实际受力程度及加固部分的应力滞后特点，以及加固部分与原结构协同工作的程度。对加固部分的材料强度设计值进行适当的折减；还应考虑实际荷载偏心、结构变形、局部损伤、温度作用等造成的附加内力。当加固后使结构的质量增大时，尚应对相关结构及建筑物的基础进行验算。

4. 结构加固方法及其选择

① 结构加固方法的分类

按加固对象分为和直接加固法和间接加固法。

直接加固法（或被动加固法）又称构件加固法，是直接针对结构构件或节点承载力提高的加固，方法很多，主要的有增大截面法、置换混凝土法、外包型钢法、外粘钢板法、外粘纤维复合材料法、绕丝法及钢丝绳网片—聚合砂浆面层加固法等。

间接加固法（或主动加固法）是针对结构体系的和理性或完整性，用新增部分构件或设施来改变结构总体布局和传力途径，达到减小结构内力、增大结构刚度和延性的目的。方法很多，主要有新增剪力墙及侧向支撑法、增设阻尼器法、增设支点法、增设拉结连系法以及预应力加固法等。

按加固目的分为承载力加固、刚度加固、延性加固、整体性加固和耐久性加固。

② 加固方法选用的原则是：应根据当地条件进行多方案比较，按技术先进可靠、经济合理原则择优选用；体系加固与构件加固并存时，应优先考虑体系，其次才是构件；不同类型构件加固时，应优先考虑重要结构及关键构件；单一方法有效性较差时，应优先考虑综合法。

加大截面加固法（图4－21），即采取增大混凝土结构或构筑物的截面面积，以提高其承载力和满足正常使用的一种加固方法，可广泛用于混凝土结构的梁、板、柱等构件和一般构筑物的加固。

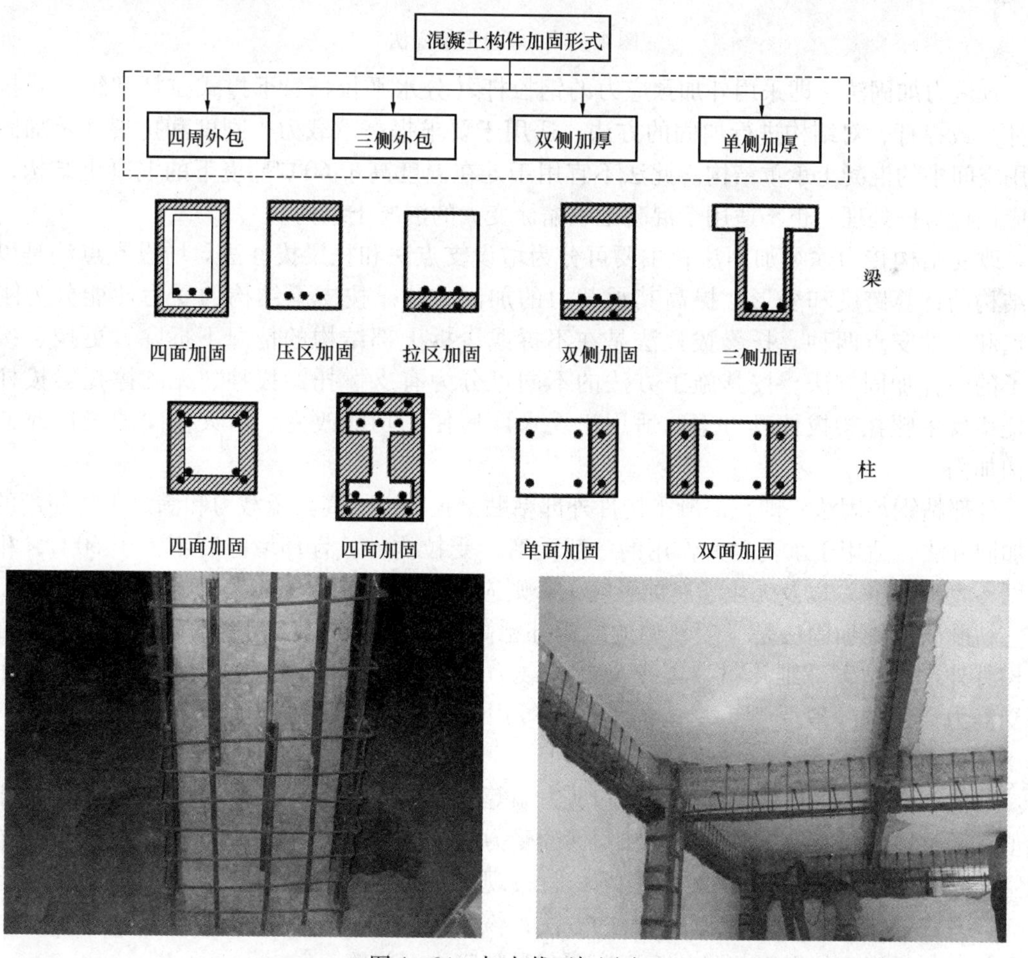

图4－21　加大截面加固法

外包钢加固法（图4－22），即在混凝土构件四周包以型钢的加固方法（分干式、湿式两种形式）适用于不允许增大混凝土截面尺寸而又需要大幅度地提高承载力的混凝土结构的加固。当采用化学灌浆外包钢加固时，型钢表面温度不应高于60℃；当环境具有腐蚀性介质时，应有可靠的防护措施。

图4－22　外包钢加固法

预应力加固法，即采用外加预应力的钢拉杆（分水平拉杆、下撑式拉杆和组合式拉杆三种）或撑杆，对结构进行加固的方法，适用于要求提高承载力、刚度和抗裂性及加固后占用空间小的混凝土承重结构。此法不宜用于处在温度高于60℃环境下的混凝土结构，否则应进行防护处理；也不适用于混凝土收缩徐变大的混凝土结构。

改变结构传力途径加固法，主要可分为增设支点法和托梁拔柱法。增设支点法是以减小结构的计算跨度和变形，提高其承载力的加固方法。按支承结构的受力性能分为刚性支点和弹性支点两种。托梁拔柱法是在不拆或少拆上部结构的情况下拆除、更换、接长柱子的一种加固方法。按其施工方法的不同可分为有支撑托梁拔柱、无支撑托梁拔柱及双托梁反牛腿托梁拔柱等方案，适用于要求厂房使用功能改变、增大空间的老厂改造的结构加固。

外部粘钢加固法，即在混凝土构件外部粘贴钢板，以提高其承载力和满足正常使用的一种加固方法，适用于承受静力作用的一般受弯、受拉构件；且环境温度不大于60℃，相对湿度不大于70%，以及无化学腐蚀影响，否则应采取防护措施。

粘贴碳纤维加固法是一项新型的应用外粘高性能复合材料加固结构的技术，即在混凝土构件外部粘贴碳纤维片材，以提高其承载力和满足正常使用的一种加固方法。适用于承受静力作用的一般受弯、受拉构件，也可用于柱的抗震加固；长期使用环境温度不应高于60℃。

其他加固方法，如增设支撑体系和剪力墙等，以增加结构的整体刚度，改变构件的刚度比值，调整原结构内力，改善结构和构件的受力状况，多用于增强单层厂房和多层框架结构的空间刚度，以提高其抗水平力的能力，可按现行有关规范的规定进行设计。

裂缝修补技术，即采用化学灌浆的方法，恢复结构整体性、耐久性、防水性和外观等，灌浆材料可采用环氧树脂、甲基丙烯酸酯和微膨胀水泥浆等。

图4-23 粘贴碳纤维加固法

思考题

1. 土木工程中的灾害有哪些主要类型?
2. 试述地震的类型、震级与烈度。如何进行地震灾害的预防?
3. 简述火灾的预防措施。
4. 地质灾害的种类有哪些?
5. 简要说明工程结构检测与鉴定的程序和常用的加固方法。

第 5 章　土木工程建设与管理

5.1　土木工程的建设程序

5.1.1　建设程序的基本内容

工程项目的建设过程经历若干阶段，这些阶段有严格的先后次序，不能颠倒，必须共同遵守，这个次序就是建设程序。建设程序反映了建设项目发展的内在规律和过程，几十年的基本建设正反两方面的经验和教训告诉我们，违反建设程序，工程就会出乱子，甚至会带来无法挽回的重大损失。

建设活动是在一定时间、一定地域和空间进行的，程序上一般可分为投资决策阶段、勘察设计阶段、建设准备阶段、项目施工阶段、竣工验收和交付使用阶段五个阶段。

1. 投资决策阶段

这个阶段包括项目建议书、可行性研究等内容。

1）项目建议书

项目建议书是建设单位向主管部门提出的要求建设某一项目的建议性文件，是对拟建项目的轮廓设想，是从拟建项目的必要性及大方面的可能性加以考虑的设想。

项目建议书经批准后，并不说明项目非上不可，只是表明项目可以进行详细的可行性研究工作，它不是项目的最终决策。为了进一步搞好项目的前期工作，从编制“八五”计划开始，在项目建议书前又增加了探讨项目阶段，凡是重要的大中型项目都要进行项目探讨，经探讨研究初步可行后，再按项目隶属关系编制项目建议书。

项目建议书的内容，视项目的不同情况而有繁有简。一般应包括以下几个方面：

（1）建设项目提出的必要性和依据；

（2）产品方案、拟建规模和建设地点的初步设想；

（3）资源情况、建设条件、协作关系等的初步分析；

（4）投资估算和资金筹措设想；

（5）经济效益和社会效益的估计。

项目建议书按要求编制完成后，按照建设总规模和限额的划分审批权限，报批项目建议书。

2）可行性研究

可行性研究是在项目建议书批准后着手进行的，是对项目在技术上是否可行和经济上是否合理进行科学的分析和论证。我国从 80 年代初将可行性研究正式纳入建设程序和前期工作计划，规定大中型项目、利用外资项目、引进技术和设备进口项目都要进行可行性研究。其他项目有条件的也要进行可行性研究。通过对建设项目在技术和经济上的合理性进行全面分析论证和多种方案比较，提出评价意见，写出可行性报告。凡是可行性研究未通过的项目，不得进行下一步工作。

各类建设项目可行性的内容不尽相同，一般工业建设项目的可行性研究应包括以下几个方面的内容：

（1）项目提出的背景、项目概况、问题与建议等；

（2）产出品与投入品的市场预测（容量、价格、竞争力和市场风险等）；

（3）资源条件评价（资源开发项目才包含此项，内容有资源可利用量、品质、赋存条件）；

（4）建设规模、产品方案的技术经济评价；

（5）建厂条件和厂址方案；

（6）技术方案、设备方案和工程方案；

（7）主要原材料、燃料供应；

（8）总图布置、场内外运输与公用辅助工程；

（9）能源和资源节约措施；

（10）环境影响评价

（11）劳动安全卫生与消防；

（12）组织机构与人力资源配置；

（13）建设工期和项目实施进度；

（14）投资估算及融资方案；

（15）经济评价（财务评价和国民经济评价）；

（16）社会评价和风险分析等。

可以看出，建设项目可行性研究的主要有三个方面内容。首先是市场研究，主要任务是解决项目的“必要性”问题；第二是技术研究，主要解决项目在技术上“可行性”问题；第三是效益研究，主要解决经济上的“合理性”问题。市场研究、技术研究和效益研究是构成项目可行性研究的三大支柱。

3）可行性研究报告的审批

编制可行性研究报告是在项目可行性的研究分析基础上，选择经济效益最好的方案进行编制，它是确定建设项目、编制设计文件的重要依据。原基本建设程序中可行性研究报告是对外资项目而言，内资项目则称为设计任务书。由于两者的内容和作用基本相同，为了进一步规范基本建设程序，国家计委计投资（1991）1969号文件颁发了统一规范为可行性研究报告的通知，取消了设计任务书的名称。

（1）可行性研究报告的编制程序。建设单位根据国家经济发展的长远规划、经济建设的方针任务和技术经济政策，结合资源情况、建设布局等条件，在广泛调查研究、收集资料、踏勘建设地点、初步分析投资效果的基础上，提出需要进行可行性研究的项目建议书和初步可行性研究报告。当项目建议书经国家发展与改革部门、贷款部门审定批准后，该项目即可立项。建设单位就可以委托有资格的工程咨询单位（或设计单位）进行可行性研究。《可行性研究报告》必须真实准确，深度要规范化和标准化。被委托的研究单位对报告质量负责。可行性研究报告经批准后，不得随意修改和变更。经过批准的可行性研究报告是初步设计的依据。

（2）可行性研究报告的审批。根据《国务院关于投资体制改革的决定》（2004），政府对于建设项目的管理分为审批、核准和备案三种方式。

a. 对于政府直接投资或资本金注入方式的，继续审批项目建议书、可行性研究报告。采用投资补助、转贷或贷款贴息方式的，不再审批项目建议书和可行性研究报告，只审批资金申请报告，即只对核准或备案后的资金申请报告是否给予资金支持进行批复，不再对是否允许项目建设提出意见。

b. 对于不使用政府性资金投资的建设项目，区别不同情况实行核准制和备案制。其中，政府对重大项目和限制类项目从维护社会公共利益角度进行核准，其他项目无论规模大小均该为备案制。《政府核准的投资项目目录》对于实行核准制的范围进行了明确界定。

c. 对于外商投资项目和境外投资项目，除中央管理企业限额以下投资项目实行备案管理以外，其他均需政府核准。

2. 勘察设计阶段

工程勘察范围包括工程项目岩土工程、水文地质勘察和工程测量等。通常所说的设计勘察工作是在严格遵守技术标准、法规的基础上，对工程地质条件做出及时、准确的评价，为设计，乃至施工提供可供遵循的依据，最终成果是地质勘察报告。

设计文件是指工程图纸及说明书，它一般由建设单位通过招标或直接委托设计单位编制。编制设计文件时，应根据批准的可行性研究报告，将建设项目的要求逐步具体化为可用于指导工程施工的图纸及其说明书。对一般不太复杂的中小型项目采用两阶段设计，即扩大初步设计（或方案设计）和施工图设计；对重要的、复杂的、大型的项目，经主管部门指定，可采用三阶段设计，即初步设计（或方案设计）、技术设计（或初步设计）和施工图设计。

初步设计是对批准的可行性研究报告所提出的内容进行概略的设计，做出初步规定（大型、复杂的项目，还需要绘制建筑透视图或制作建筑模型）。技术设计是在初步设计的基础上，进一步确定建筑、结构、设备、防火、抗震等的技术要求，工业项目需要解决工艺流程、设备选型及数量确定等重大技术问题。施工图设计是在前一阶段的基础上进一步形象化、具体化、明确化，完成建筑、结构、水、电、气、工业管道等全部施工图纸以及设计说明书、结构计算书和施工图预算等，工艺方面，要具体确定各种设备的规格及非标准设备的制造加工图。设计阶段有自身的质量、进度、成本目标，还有建设项目的投资目标。

根据建设部2000年颁布《建筑工程施工图设计文件审查暂行办法》的规定，建设单位应当将施工图报送建设行政主管部门，由建设行政主管部门委托有关审查机构，进行结构安全和强制性标准、规范执行情况等内容的审查。施工图一经审查批准，不得擅自进行修改，如遇特殊情况需要进行涉及审查主要内容的修改时，必须重新报原审批部门，由原审批部门委托审查机构审查后再批准实施。

3. 建设准备阶段

建设项目在实施前须做好各项准备工作，其主要内容是：征地拆迁和三通一平；设备、材料订货；准备必要的施工图纸；委托监理及造价咨询单位；组织施工招投标，择优选定施工单位；办理开工报建手续等。建设单位的准备工作，往往贯穿项目建设多个阶段甚至建设全过程，往往不作为一个建设阶段看待。

4. 施工阶段

项目施工阶段是根据设计图纸，进行建筑安装施工。建筑施工是基本建设程序中的一个重要环节。要做到计划、设计、施工三个环节互相衔接，投资、工程内容、施工图纸、设备材料、施工力量五个方面的落实，以保证建设计划的全面完成。

施工前要明确工程质量、工期、成本、安全、环保等目标，认真做好图纸会审工作，编制施工组织设计和施工预算，进行资源计划。施工中要严格按照施工图施工，如需要变动应取得设计单位同意，要坚持合理的施工程序和顺序，要严格执行施工验收规范，按照质量检验评定标准进行工程质量验收，确保工程质量。对质量不合格的工程要及时采取措施处理，不留隐患。不合格的工程不得交工。施工单位必须按合同规定的内容全面完成施工任务。

5. 竣工验收及交付使用阶段

按批准的设计文件和合同规定的内容建成的工程项目，其中生产性项目经负荷试运转和试生产合格，并能够生产合格产品的，非生产性项目符合设计要求，能够正常使用的，都要及时组织竣工验收，办理移交手续，交付使用。

建设单位在收到施工单位的工程验收报告后，负责组织施工、设计、监理等单位进行工程竣工验收。建设工程竣工验收应当具备下列条件：

1）完成建设工程设计和合同约定的各项内容；

2）有完整的技术档案和施工管理资料；

3）有工程使用的主要建筑材料、建筑构配件和设备的进场试验报告；

4）有勘察、设计、施工、监理等单位分别签署的质量合格文件；

5）有施工单位签署的工程保修书。

5.1.2 建设法规

1. 建设法规的作用

建设法规是指国家权力机关或其授权的行政机关制定的，旨在调整国家、企事业单位、社会团体、公民之间在建设活动中或建设行政管理活动中发生的各种社会关系的法律、法规的总称。建设法规即规范建设工程的法律规范，它是调整建筑工程、交通工程等建设活动中发生的建设管理及建设协作关系的法律规范的总称。

这些构成建设工程的法律法规规范着工程建设的不同领域，从横向上涵盖了建设工程项目的全过程管理，纵向上包含了项目管理的主要内容，既是项目管理人员、技术人员进行工程建设所要遵守的准则，也是项目管理人员、技术人员维护自身合法权益，获得最大经济效益和社会效益的有力武器。

任何法律都以一定的社会关系为其调整对象。工程建设法规的调整对象即工程建设关系，也就是发生在工程建设活动中的各种社会关系。它主要体现在建设工程行政管理关系、建设工程平等主体的协作关系两个方面。

建设工程行政管理关系是指建设工程的计划、组织、调控、监督等关系，具体指规范工程项目建设程序、建设工程投资、建设工程招投标、建设工程质量监督、建筑市场、建设工程监理、建设工程合同管理等。此外，国家还要通过财政、金融、审计、会计、统计、物价、税收等手段监督、管理、规范建设工程活动。

建设工程平等主体的协作关系主要体现在建设工程合同的签订与履行中，如勘察设计单位与建设单位的勘察设计合同关系，建筑业企业与建设单位的工程施工合同关系，以及建设单位、勘察设计单位、建筑安装单位、工程咨询单位、材料设备供应单位在建设活动中相互间的协作关系。

建设活动应当确保建设工程质量与安全，这是建设法规的基本原则。建设工程质量与安全是整个建设活动的核心，是关系到人民生命、财产安全的重大问题。建设工程质量是指国家规定和合同约定的对建设工程适用、安全、经济、美观等一系列指标的要求。建设活动确保建设工程质量就是确保建设工程符合有关安全、经济、美观等各项指标的要求。建设工程的安全是指建设工程对人身的安全和财产的安全。总之，建设活动应当符合国家工程建设强制性标准；从事建设活动应当遵守法律法规，不得损害社会公共利益和他人的合法权益；遵循市场经济规律原则。

2. 工程建设法律关系

工程建设法律关系的构成要素是指工程建设法律关系不可缺少的组成部分。任何法律关系，都是由法律关系主体、法律关系客体和法律关系内容三个要素构成的，缺少其中任何一个要素就不能构成法律关系。由于三要素的内涵不同，所以组成不同的法律关系，诸如民事法律关系、行政法律关系、建设技术法规等。

1）工程建设法律关系主体

工程建设法律关系主体是指参加工程建设活动，受工程建设法律规范调整，在法律上享有权利、承担义务的人。

（1）国家机关

国家权力机关是指全国人民代表大会及其常委会和地方人民代表大会及其常委会。国家权力机关参加工程建设法律关系的职能是审查国家建设计划和国家预决算，制定和颁布工程建设法律，监督检查各项工程建设法律的执行。

行政机关是依照国家宪法和法律设立的依法行使国家行政职权、组织管理国家行政事务机关。它包括国务院及其所属各部委、地方各级人民政府及其职能部门。

（2）社会组织

① 建设单位。建设单位是指进行工程建设的企业和事业单位。由于建设项目的多样性，作为建设单位的社会组织也是种类繁多。有工业企业、农牧企业、商业企业、交通企业、国家机关等。建设单位作为建设活动的权力主体，是从设计任务书批准开始的。任何一个社会组织，当它的建设项目尚未被正式审批（核准、备案）之前，它是不能以权利主体的资格参加工程建设活动的。当建设项目编有独立的总体设计并单独列入建设计划，获得国家批准时，这个社会组织方能成为建设单位，以已经取得的法人资格及自己的名义对外进行经济活动和法律行为。建设单位作为工程建设的需要方，是建设投资的支配者，也是工程建设的组织者和监督者。

② 勘察设计单位。勘察设计单位是指从事工程勘察设计工作的各类设计院所（公司）等。我国有勘察设计合一的机构，也有分立的勘察和设计机构。根据 2001 年 7 月 25 日建设部令第 93 号发布的《建设工程勘察设计企业资质管理规定》，国家对工程勘察、设计企业的资质等级及业务范围规定如下：

工程勘察企业。工程勘察企业资质分类：工程勘察综合资质、工程勘察专业资质、工程勘察劳务资质。

工程设计企业。工程设计企业资质分类：工程设计综合资质、工程设计行业资质、工程设计专项资质。

③ 建筑业企业。建筑业企业，是指从事建筑工程、交通工程、水利工程、电力工程等的新建、扩建、改建活动的企业。关于建筑业企业的资质，根据建设部令第 87 号，建筑业企业资质分为施工总承包、专业承包和劳务分包三大系列：总承包序列企业资质是特级、一、二、三共四个等级，分为 12 个资质类别；专业承包序列企业资质设二至三个等级，60

个资质类别；劳务分包序列企业资质设一至两个等级，13 个资质类别。

④ 工程监理公司。工程监理公司是指依法登记注册取得工程监理资质，承接工程监理任务，为项目法人提供高层次项目管理咨询服务的经济组织。

⑤ 材料、设备生产厂商。包括建筑材料、构配件、工程用品与设备的生产厂家和供应商。他们为项目提供生产要素，其交易过程、产品质量、价格、服务体系，直接关系到项目投资、质量和进度目标。

（3）公民

公民个人在建设活动中也可以成为建设法律关系的主体，如建筑企业工作人员同企业签订劳动合同时，即成为建设法律关系主体。

2）工程建设法律关系客体

工程建设法律关系客体是指工程建设法律关系主体享有的权利和承担的义务所共同指向的对象。在通常情况下，工程建设主体都是为了某一客体，彼此才设立一定的权力、义务，从而产生工程建设法律关系，这里的权力、义务所指向的对象，便是工程建设法律关系的客体。工程建设法律关系的客体分为四类：

（1）表现为财的客体。财一般指资金及各种有价证券。在工程建设法律关系中表现为财的客体主要是建设资金，如基本建设贷款合同的标的，即一定数量的货币。

（2）表现为物的客体。在工程建设法律关系中表现为物的客体主要是指建筑材料，如钢材、木材、水泥等及其构成的建筑物，还有建筑机械设备等。

（3）表现为行为的客体。在工程建设法律关系中，行为多表现为完成一定的工作，如勘察设计、施工安装、检查验收等活动，如工程承包合同的标的即按其完成一定质量要求的施工行为。

（4）表现为非物质财富的客体。在工程建设法律关系中，如设计单位提供的具有创造性的设计图纸，该设计单位依法可以享有专用权，使用单位未经允许不能无偿使用。

3）工程建设法律关系的内容

工程建设法律关系的内容即工程建设权力和工程建设义务。工程建设法律关系的内容是工程建设主体的具体要求，决定着工程建设法律关系的性质，它是联结主体的纽带。

（1）工程建设权力。工程建设权力是指工程法律关系主体在法定范围内，根据国家建设管理要求和自己业务活动需要有权进行各种工程建设活动。权利主体可要求其他主体做出一定的行为和抑制一定的行为，以实现自己的工程建设权力，因其他主体的行为而使工程建设不能实现时，有权要求国家机关加以保护并予以制裁。

（2）工程建设义务。工程建设义务是指工程建设法律关系主体必须按法律规定或约定应负的责任。工程建设义务和工程建设权力是相互对应的，相应主体应自觉履行建设义务，义务主体如果不履行或不适当履行，就要受到制裁。

3. 工程建设法律关系的产生、变更和消灭

工程建设法律关系的产生是指工程建设法律关系主体之间形成了一定的权利和义务关系。如某建设单位与施工单位签订了建筑工程承包合同，主体双方就产生了相应的权利和义务，此时受工程建设法律规范调整的工程建设法律关系即告产生。工程建设法律关系的变更是指工程建设法律关系的要素发生变化。工程建设法律关系的消灭是指工程建设法律关系主体之间的权利义务不复存在，彼此丧失了约束力。

工程建设法律关系只有在一定的情况下才能产生，而这种法律关系的变更和消灭也是由一定的情况决定的。这种引起工程建设法律关系产生、变更和消灭的情况（包括事件、行为）通常称之为法律事实。不是任何事实都可成为工程建设法律事实，只有当工程建设法规把某种客观情况同一定的法律后果联系起来时，这种事实才被认为是工程建设法律事实，成为产生工程建设法律关系的原因，从而和法律后果形成因果关系。

4. 建设法规的内容

建设法规的内容涉及各类建设部门，如城建规划、市政公用、村镇建设、房地产、工商及交通建设、水利建设以及相关的土地资源、矿产资源、环境保护等。建设领域从业人员的基本职业道德要求其执业中自觉遵守有关的法律法规。

（1）建设行政法规

建设行政法规是指国家制定或认可，体现人民意志，由国家强制力保证实施的并由国家建设管理机构从宏观上、全局上管理建筑业的法律法规。它在建设法律法规中居主要地位。如《中华人民共和国建筑法》及国务院为贯彻该法颁布的《建设工程质量管理条例》《建设工程安全生产管理条例》《建设工程环境管理条例》。再如《中华人民共和国城市规划法》及工程设计、税收等方面的法律法规。

（2）建设民事法律

建设民事法律是指国家制定或认可的，体现人民意志的，由国家强制力保证其实施的调整平等主体的公民之间、法人之间、公民与法人之间的建设关系的行为准则。如《中华人民共和国合同法》《中华人民共和国公司法》等。

（3）建设技术法规

建设技术法规是指国家制定或认可的，由国家强制力保证其实施的工程建设规划、勘察设计、施工、检测、验收、咨询服务等技术规程、规范、标准、定额等规范性文件。如设计规范、施工质量验收规范、定额等。

5.2 工程结构设计

“设计”是为了满足人们对某些事物的功能要求。土木工程的基本功能应具有两个方面：一是提供良好的人类生活和生产服务以满足人们使用要求、审美要求；二是承受和抵御工程服役过程中可能出现的各种环境作用（包括结构所承受的各种作用）。

5.2.1 结构的基本功能

1. 设计的基本理念

人类社会的发展，派生出对一个一个的工程项目需求，比如城市化进程，要求建设大量的工厂、住宅、道路、垃圾与污水处理厂等。假设有一条河流穿越某市，现在要解决两岸人们的交通问题。可以设想采用渡轮，也可以设想架设桥梁，还可以设想开凿河底隧道来解决这个问题。哪种方案比较好呢？显然，涉及对方方面面问题的考虑，取决于城市文化、居民生活习惯、过河方式实现的代价等。

即使你选择了造桥的方式来解决问题，接下来又会遇到桥的位置选择，这与该市的道路网络情况有关。还有造什么样的桥，是混凝土桥还是钢桥，是拱桥还是悬索桥等一系列问题。当式样确定以后，又要对桥梁的结构进行分析演算，要考虑什么样的材料、采用多少材料才能满足桥的功能和外观要求，进而为桥梁建设者绘制桥梁施工图等技术文件，最终使得建成的桥梁满足当初人们的需要。所有这些都是在设计上需要考虑的问题。

一般来讲，一项好的设计应该包含如下内容：首先要能够完全地、安全地满足客户的使用要求；其次要在经济上合理，建设投资或包含建成使用期维护保养的全寿命周期成本比较低；有条件的话，要注重符合审美要求。

“设计”需要在以上问题中寻求平衡点，实际上，设计就是一项以满足顾客各种不同要求为目的而不断优化的过程，它要求集成上述所有内容到最终工程产品上，使得产品最有效、最经济、最美观。

综上所述，从设计要求看，工程建设可以简单总结为：问题提出、项目调查、初步设计、规划批准、详细设计、施工图绘制、工程建造等几个步骤。一个好的土木工程设计师不仅仅是会进行结构计算，同时要具备全局性、创造性的精神和意识。

2. 结构的基本功能

（1）结构设计的基本理论

一幢建筑物或构筑物能建造起来，必须进行设计与结构计算。设计与结构计算的目的一般有两个：一个是满足使用要求，另一个是经济成本控制。其中满足使用要求又可分为两个方面考虑，首先要保证建筑物或构筑物在施工过程中和建成以后安全可靠，结构构件不会破坏，整个结构不会倒塌，其次要满足使用者提出的适用性要求，如建筑物的梁变形太大，虽然其没有破坏但其粉刷层会破坏，站在下面的人将会感觉很不安全，不敢停留，这就不能满足人的适用性要求，再比如厂房里的吊车梁，如果变形太大，吊车将会卡轨，无法使用，这是不能满足机械的适用性要求。所谓经济问题，即是如何用最经济的方法实现上述的安全可靠性和适用性，将建筑物的建造费用降至最低。结构的安全可靠性、使用期间的适用性和经济性是对立统一的，也是我们结构设计所研究和考虑的主要问题。

结构的安全可靠性，指建筑结构达到极限状态的概率是足够小的，或者说结构的安全保证率是足够大的。其中的极限状态，指整个建筑或结构的一部分超过某一特定状态就不能满足设计规定的某一功能要求，此特定状态称为该功能的极限状态。极限状态可分为两类，一类是承载能力极限状态，另一类是正常使用极限状态。承载能力极限状态是结构或构件达到了最大的承载能力（或极限强度）时的极限状态，如混凝土柱被压坏，梁发生断裂等，正常使用极限状态是结构或构件达到了不能正常使用的极限状态，如梁发生了过大的变形，或裂缝太大，或在不允许出现裂缝的构筑物中如水池中产生裂缝等。

我国目前的有关规范对结构设计制订了明确规定，即建筑结构必须满足下列各项功能要求：

①能承受在正常施工和正常使用时可能出现的各种作用；

②在正常使用时具有良好的工作性能；

③在正常维护下具有足够的耐久性能；

④在偶然事件发生时及发生后，仍能保持必需的整体稳定性。

（2）结构的基本功能

结构必须能够承受和抵御服役期间的各种作用，在规定的时间（设计使用年限），在规定的条件下（正常设计、施工、使用、维修）必须保证完成预定的功能。综上所述，这些功能包括：

① 安全性。在正常施工和正常使用时，能承受可能出现的各种作用。并且在设计规定的偶然事件（如地震、爆炸）发生时及发生后，仍能保持必需的整体稳定性所谓整体稳定性，系指在偶然事件发生时及发生后，建筑结构仅产生局部的损坏而不致发生连续倒塌。

② 适用性。在正常使用时具有良好的工作性能。如不产生影响使用的过大的变形或振幅，不发生足以让使用者产生不安的过宽的裂缝。

③ 耐久性。在正常维护下具有足够的耐久性能。结构在正常维护条件应能在规定的设计使用年限满足安全、实用性的要求。

上述对结构安全性、适用性、耐久性的要求总称为结构的可靠性。结构可靠性的概率度量称为结构的可靠度。也就是说，可靠度是指在规定的时间内和规定的条件下，结构完成预定功能的概率。结构的设计并不是要结构100%安全，那是不经济的，而是保证结构的失效概率达到人们心理可接受的程度。

我国现行规范采用了半概率的极限状态设计方法，即在同时考虑极限状态的发生概率和工程经验的基础上，对荷载取值、构件强度以安全因数加以保证。如《建筑结构荷载规范》中的荷载值是指结构在正常使用条件下，或在一定使用期间可能出现的最大荷载，但偶然情况下，结构可能受到的荷载要超出这个最大荷载，于是规范采用“荷载安全因数”，将设计荷载增大。规范中构件的强度值是按97.73%保证率规定的，但在正常情况下，由于施工误差、材料不均匀性等方面因素的影响，所以需考虑“构件强度安全因数”。按结构的重要性，还需考虑“附加安全因数”。

5.2.2 工程结构的设计方法

1. 荷载、应力、应变和弹性

土木工程设计具体的目标是使结构有足够的可靠度，满足安全性和耐久性等要求，也就是要求结构服役期内在各方面的作用（包括外界和自身的因素）下产生的效应能够满足上述要求。一般把外部作用力称为荷载（结构自重也属一种荷载）；把荷载作用下结构产生的内部的力、变形状态称为作用效应，用内力、位移、应力、应变等来表示；为了研究各种效应之间的关系，如应力与应变的关系，又引入了弹性和塑性等概念。

1）荷载

能使工程结构产生效应（结构或构件的内力、应力、位移、应变和裂缝等）的各种原因的总称，称为结构上的荷载。荷载在结构上产生的内力（弯矩、扭矩、剪力、压力和拉力等）和变形称为荷载效应。

结构上的荷载粗略的可分为两类：直接荷载和间接荷载。直接荷载是直接以力的形式作用于结构，如自重、行人或车辆的重量、风压力、土压力、水压力等。间接荷载不是直接以力的某种集合形式出现，而是引起结构的振动、约束变形或外加变形（裂缝），但是也能使结构产生内力或变形等效应，如温度、材料的收缩和膨胀、地基不均匀沉降、地震作用等。

荷载的分类一般有：

（1）按随时间的变异分类

永久荷载：在设计基准期内作用值不随时间变化，或其变化与平均值相比可以略去不计的荷载。如结构自重、土压力、水位不变的压力等。

可变荷载：在设计基准期内作用值随时间变化，或其变化与平均值相比不可略去不计的荷载。如结构施工中的人员和物件的重力、车辆重力、设备重力、风荷载、雪荷载、冰荷载、水位变化的水压力、温度变化等。

偶然荷载：在设计基准期内不一定出现，而一旦出现其量值很大且持续时间很短的荷载。如地震、爆炸、撞击、台风、火灾等。

（2）按随空间位置的变异分类

固定荷载：在结构空间位置上具有固定的分布，但其量值可能具有随机性的荷载。如结构的自重、固定的设备等。

自由荷载：在结构空间位置上的一定范围内可以任意分布，出现的位置及量值可能具有随机性的荷载。如房屋楼面上的人群和家具荷载、厂房中的吊车荷载、桥梁上的车辆荷载等。自由荷载在空间上可以任意分布，设计时必须考虑它在结构上引起的最不利效应的分布位置和大小。

（3）按结构的反应特点分类

静态荷载：对结构或结构构件不产生动力效应，或其产生的动力效应与静态效应相比可以略去不计的荷载。如结构自重、雪荷载、土压力、建筑的楼面活荷载等。

动态荷载：对结构或结构构件产生不可略去的动力效应的荷载。如地震荷载、风荷载、大型设备的振动、爆炸和冲击荷载等。结构在动态荷载下的分析，一般按结构动力学方法进行分析。对有些动态荷载，可转换成等效静态荷载，然后按照静力学方法进行结构分析。

2）应力、应变和弹性

（1）内力与应力

考虑一根受拉的绳索，拉力作用于绳索两端，如图 5－1（a）所示。当两端拉力相等时，绳索处于平衡状态。绳索是由各纤维组成，我们假设绳索横断面上的纤维是均匀分布，则作用在纤维单位面积上的内力如图 5－1（b）所示。

$$p \cdot A = P$$

式中，p 是单位面积上的内力，A 是绳索的断面积，P 是总拉力。一般地讲，作用于单位面积上的内力强度称之为应力，这里，$p = P/A$，可以称为应力。应力的单位是：N/mm^2，即 MPa。

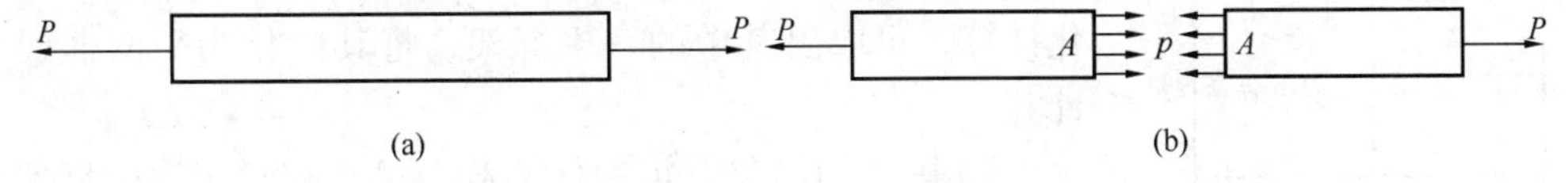

图 5－1　应力的概念

（2）应变

取一橡胶棒，被拉伸时，橡胶棒将会伸长。对于土木工程的大部分材料和工作状况，这样的伸长是非常微小的，不得不采用仪器才能测得。对于这样的伸长，参见图 5－2，有如下定义：$\varepsilon = \dfrac{\Delta L}{L}$

式中，ε 即是应变。它是单位长度的伸长量。

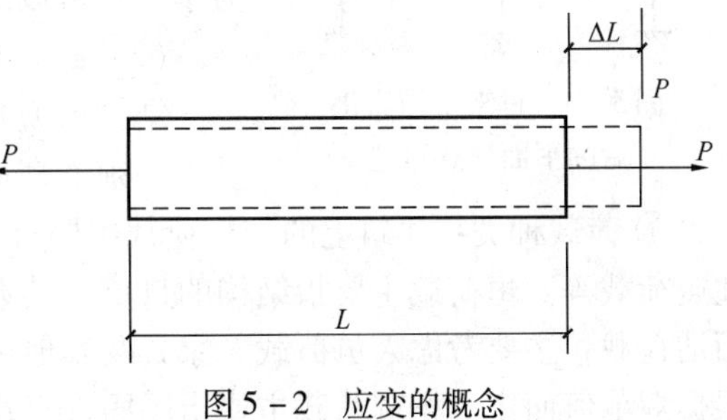

图 5－2　应变的概念

（3）弹性的概念

当有力作用某物体时，物体有变形。当

这个力移去后，物体又恢复原来的形状。物体所具有的这种特性，称之为弹性。大部分工程材料都具有一定的弹性。

反映物体这种线弹性性质的数学关系式叫胡克定律。一个截面积为 A，长度为 L 的弹性绳索，当承受一拉力 P 时，其有 ΔL 的伸长，则有：

$$\Delta L = \frac{PL}{AE}$$

式中，E 是材料常数，称之为弹性模量。

（4）极限应力和工作应力

考虑一根钢杆受拉力 P 作用，当拉力逐渐增大时，杆在应力为 f_u 时失效。这个应力一般称为极限应力。理论上，杆件可以在低于这个极限应力的状态下进行工作。当然结构的尺寸会对这个应力发生影响。

实践中，材料的内部可能不是完全均匀的，因此我们考虑的应力不能真正达到这个极限应力。因此，引入一个安全因子将这个应力打个折扣，这个安全因子可能达到 2 或 3 的大小，这个安全因子称为安全因数：

安全因数 = 材料的失效应力/设计采用的应力值

式中，材料的失效应力即为极限应力，设计采用的应力值即为工作应力。

2. 结构设计的方法

建筑工程的结构设计步骤一般可分为建筑结构模型的建立、结构荷载的计算、构件内力计算和构件选择、施工图纸绘制四个阶段。

（1）结构模型的建立

对建筑工程进行结构设计前，必须先清楚需合理选用的结构类型。结构类型如本章前几节所述，可依据建筑的要求选用。

以下以框架结构为例，讲解框架结构的模型建立过程。

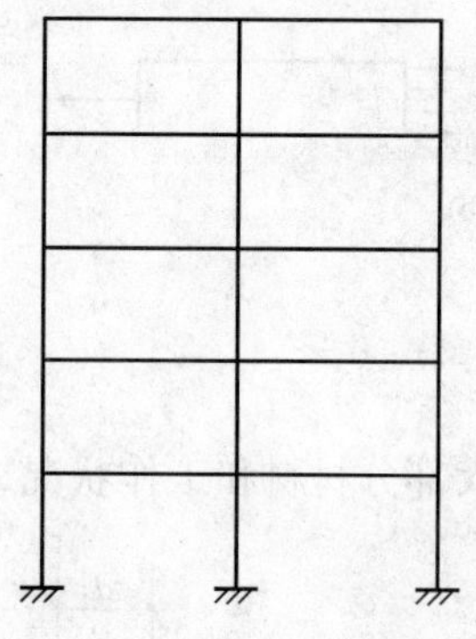

图 5-3　框架结构简化后的平面计算模型

① 整体结构的简化：框架结构虽然是空间结构，但为简化计算，可取出其中的一榀框架，将其简化为平面框架进行计算。

② 构件的简化：梁和柱的截面尺寸相对于整个框架来说较小，因此可以将其简化为杆件，梁和柱的连接节点可简化为刚性连接。

经过如上简化后，看似复杂的框架结构建筑即成为结构力学完全可以对其进行受力计算分析的简单模型（图 5-3）。

（2）结构荷载计算

结构模型建立完成后，即可计算该模型上的受力。计算受力必须清楚该结构所受的荷载的种类和传力路径。

① 荷载种类：建筑上的结构荷载主要有恒荷载、活荷载、积灰荷载、雪荷载、风荷载、地震荷载等。恒荷载主要指结构的自重，其大小不随时间变化。活荷载包括楼面活荷载、屋面活荷载，主要考虑人员荷载、家具及其他可移动物品的荷载，其大小一般视建筑物用途，根据规范值而定。积灰荷载主要指屋面常年积灰重量，其大小亦根据建筑用途查规范定出。

雪荷载和风荷载依据当地所属地区依据规范的雪荷载和风荷载的地区分布图而定。地震荷载依据当地所属的抗震等级而定。

② 传力路径：在框架结构中，荷载是由板传递给次梁，再由次梁传递给主梁，由主梁传递给柱，柱将荷载传递给基础，基础再传递给下面的地基。

③ 荷载计算：根据规范和结构的布置，计算出各种荷载，并将其换算为作用于平面框架上的线荷载，将荷载作用于框架的计算模型上（图 5－4）。

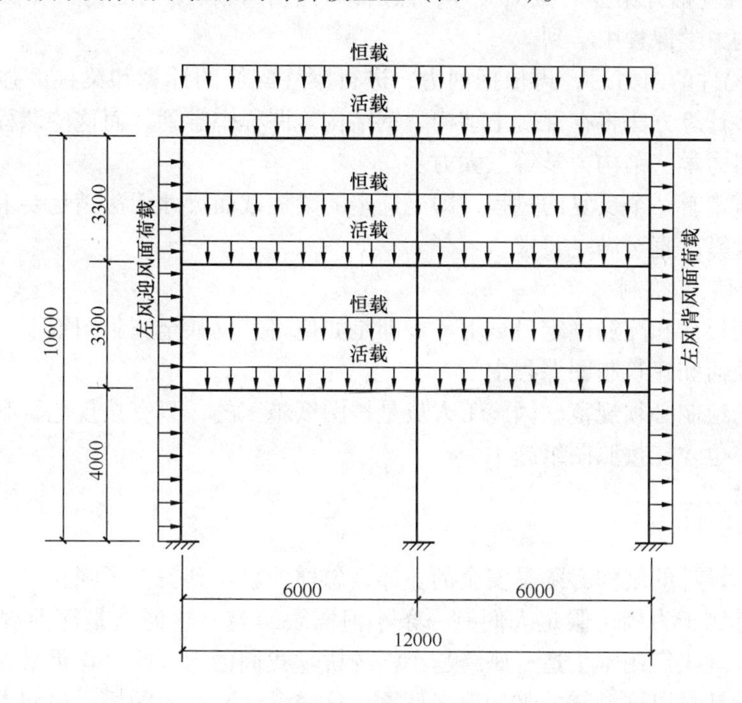

图 5－4　计算模型上的荷载

例：以某框架结构为例，其荷载计算数据如下：

a. 恒载：$g = 2.4\mathrm{kN/m^2} \times 6\mathrm{m} \times 1.2 = 17.28\mathrm{kN/m}$

其中，$2.4\mathrm{kN/m^2}$ 为每平方米的标准恒载，6m 为柱距，1.2 为恒载分项系数。

以下荷载计算过程中所用的数据意义均与此类同。

b. 活载：$q = 2.0\mathrm{kN/m^2} \times 6\mathrm{m} \times 1.4 = 16.8\mathrm{kN/m}$

其中，1.4 为活载分项系数。

c. 风载：

左风作用下的荷载：

$$q_{左迎风面} = 0.55\mathrm{kN/m^2} \times 0.8 \times 6\mathrm{m} \times 1.4 = 3.70\mathrm{kN/m}$$

$$q_{左背风面} = 0.55\mathrm{kN/m^2} \times 0.5 \times 6\mathrm{m} \times 1.4 = 2.31\mathrm{kN/m}$$

右风作用下的荷载：

$$Q_{右迎风面} = -0.55\mathrm{kN/m^2} \times 0.8 \times 6\mathrm{m} \times 1.4 = -3.70\mathrm{kN/m}$$

$$Q_{右背风面} = -0.55\text{kN/m}^2 \times 0.5 \times 6\text{m} \times 1.4 = -2.31\text{kN/m}$$

其中，0.55kN/m^2 为基本风压，0.8 和 0.5 是风载的体型因数。注意在进行结构计算时，左风和右风只能同时考虑一种作用，因其不可能同时作用。

(3) 构件内力计算和构件选择

绘制出计算模型和其所受力后，即可针对该模型进行内力计算。

① 先依据经验估计梁柱的截面尺寸，然后即可进行该模型的受力计算。模型受力的计算方法将在结构力学课程中学到。

② 计算出构件的内力后，再依据内力，进行梁柱配筋的计算和梁柱的强度、稳定、变形的计算，这些计算方法将在混凝土结构、钢结构等课程中学到，而这些课程的理论基础是理论力学、材料力学、结构力学等三大力学。

这个阶段时常有一个反复的过程，即当选定的梁柱截面尺寸无法满足要求时，需重新选择截面，重新计算，直至满足要求。

(4) 施工图纸的绘制

构件的截面尺寸和配筋确定后，下一步即是如何将其反映至施工图纸上。如何绘制施工图纸将在画法几何和建筑制图课程中学习。

施工图纸的绘制必须规范，因施工人员是按图纸施工的，只有按规范绘制的图纸，施工人员才能识别，也才能按照图纸施工。

3. 极限状态设计

1) 结构安全

毫无疑问，设计的结构必须是安全的。那么怎样才算达到安全了呢?

以一个简单例子为例，假定人们有一条小河需要跨越。这河水是深而湍急，人一旦跌入，生命攸关。现决定用木头造一座跨越小河的桥。我们已知人的平均重量和木头的平均强度。如果桥的设计是以这已知的平均值来计算，这样设计和造成的桥，请问人们敢从桥上跨越吗？回答肯定是不敢。因为以平均值来设计计算，则有一半人的重量会大于平均值，且有一半木材的强度低于平均值。第一个跨越桥的人则有 25% 的可能性遭遇桥的断裂。可见桥必须设计得比目前的要强才能保证是安全的。如果考虑到桥的绝对安全性，则桥可以设计得非常坚固，当然问题是将会用较多的木材来完成这样的设计。从另一个角度讲这是不经济的，以至于使得无法获得建设资金的批准。因此桥的木材尺寸必须设计得合适，既能保证当人过桥时是安全的，同时又是经济的。

商业组织往往追求利益最大化。如果为了省钱来节省造桥的材料，可能会引起所造的桥是不安全的。因此，安全和经济是一对矛盾。在工程设计中，如何在设计中寻得最佳平衡点，即：既能满足安全性要求，又是最经济的，这就是设计者始终寻求解决的问题。也正是对这平衡点的追求，不断地促进了设计方法的改进与发展。

2) 极限状态设计方法

我国工程结构设计经历了容许应力法、破损阶段法、极限状态设计法和概率极限状态设计法四个阶段。

容许应力法是建立在弹性理论基础上的设计方法。在使用荷载作用下，它规定了结构构件在使用阶段截面上的最大应力不超过材料的容许应力。这种方法不考虑材料的非线性性能，忽视了结构实际承载能力与按弹性方法设计计算结果的差异，对荷载和材料容许应力的取值也都是凭经验确定，缺乏科学依据。

破损阶段法则以结构或构件破坏时的受力情况为依据，考虑了材料的塑性性能，在表达式中引入安全因数，使得构件有了总安全度的概念。与容许应力法相比，有了进步。但是缺点是安全因数凭经验确定，且只考虑了承载能力的问题，没有考虑构件在正常使用时的变形和裂缝问题。

极限状态设计法则明确地将结构的极限状态分成承载力极限状态和正常使用极限状态。前者要求结构可能的最小承载力不小于可能的最大外荷载所产生的截面内力。后者则是对构件的变形和裂缝的形成或开裂程度的限制。在安全度上则是有单一安全因数或多因数形式，考虑了荷载的变异、材料性能的变异和工作条件的不同。

以上三种设计方法存在的共同问题是没有把影响结构可靠性的各种参数视为随机变量，而是看成定值，在确定各因数取值时，也不是用概率的方法，而是用经验或半经验、半统计的方法，因此都是属于定值设计法。

概率极限状态设计法则是以概率理论为基础，视荷载效应和影响结构抗力的主要因数为随机变量，根据统计分析确定可靠概率来度量结构可靠度的结构设计方法。这种设计方法的特点是有明确的、用概率尺度表达的结构可靠度的定义，通过预先规定的可靠度指标，使得结构各构件之间，以及不同材料组成的结构之间有较为一致的可靠度水准。因此，这种方法在理论上可以直接按目标可靠度指标进行结构设计，但考虑到计算上的繁琐和设计应用上的习惯，目前我国采用的是“分项系数表达的以概率理论为基础的极限状态设计方法”。简言之，概率极限状态设计法用可靠度指标来度量结构可靠度，用分项系数的设计表达式进行设计，其中各分项系数的取值是根据目标可靠指标及基本变量的统计参数用概率方法确定的。

3）结构施工图的绘制

施工图是全部设计工作的最后成果，是施工的主要依据，是设计意图的最准确、最完整的体现，是保证工程质量的重要环节。绘制施工图是做好技术工作所必须掌握的基本技能之一。绘制结构施工图应遵守一般的制图规定和要求，并应注意以下事项。

（1）图纸应按以下内容和顺序编号：结构设计说明，基础平面图、剖面图，楼盖平面图，屋盖平面图，柱、梁、屋架等构件详图，楼梯平面、剖面图。

（2）结构设计说明，除设计依据、一般是说明图纸难以表达的内容，如材料质量要求、施工注意事项和主要质量标准。对局部问题的说明，可分别放在有关图纸的边角处。

（3）楼盖和屋盖结构平面图应分层绘制，必须准确标注柱、梁、楼梯和纵横轴线的位置关系以及各种板的规格、数量和布置方法，同时应表示出墙厚及圈梁的位置和构造做法。构件代号根据“国标”规定应以构件名称的汉语拼音的第一个大写字母作为标志。如选用标准构件，其构件代号与标准图一致，并标明标准图集的编号和页码。平面图应准确标明构件关系及轴线或柱网尺寸、孔洞及埋件的位置及尺寸。一般比例取1∶100。

（4）基础平面图，内容和要求基本同楼盖平面图，尚应绘制基础剖面大样并注明基底标高，钢筋混凝土基础应画出模板配筋图。比例一般取 1∶100。

（5）构件施工详图。柱、梁、板等应分类集中绘制，对各构件应把钢筋规格、形状、位置、数量表示清楚，钢筋编号不能重复，用料的规格应用文字说明，对标高尺寸应逐个构件标明，对预制构件应标明数量、所选用标准图集的编号。复杂外形的构件应绘出模板图，并标注预埋件、预留洞等。大样图可索引标准图集。比例一般取1/10～1/20。

（6）绘图的依据是计算结果和构造规定。同时，应充分发挥设计者的创造性，力求简明清楚，图纸数量少。但不能与计算结果和构造规定相抵触。

4. 结构的失效型式

结构失效是指结构变得不能满足原先设想的需要。设计的主要目标是避免结构失效。结构失效一般有如下几个方面：

1）功能失效：结构不能满足其功能需要。这里，结构的组成材料等均能满足要求，结构也已经建造完工了，但是无法实现原来设计时的需要。例如设计并架设一座桥梁，结果桥下的净空太低，使得有相当一部分船只无法从桥下通过，这就是一种功能失效的例子。这类失效是任何设计中应该首先考虑的问题。

2）服务失效：结构能够承担的服务行为不能满足原来的要求。例如一座门架上的梁，由于挠度太大，使得其开启关闭不灵。另一个例子是结构发生了较大的振动，使得无法满足原定设备安装的需要。大部分这类失效是由于结构缺乏必要的刚度所引起的。

3）几何组成失效：这类失效往往是结构发生了分离，无法形成结构的整体。例如一个小孩搭积木，要搭一个塔，结果搭到一定高度，结构变得不稳定了，从而坍塌。失效的原因不是材料无法抗力的原因。在大型结构中，这类失效的可能性已为广大土木工程师所警惕，在设计中往往会采取各种措施避免发生结构的分离而造成结构坍塌。

4）传递失效：这类失效的发生往往是结构周围和底下的基础发生了问题，导致结构发生倾斜等，此类失效一般开始是不出现的，它必须经过时间的迁移而逐渐显露。虎丘塔（号称中国比萨斜塔）就是这类失效的经典例子。塔本身并没有发生失效，但是塔的基础的一侧发生了问题，结果导致塔发生了很大的倾斜。在实际工程中，这类失效时常会发生。

5）稳定失效：结构的这类失效是由于结构发生了变形而屈曲。简单例子是一个细长直杆，竖着在其顶部加上一个向下的轴力，结果杆件发生了弯曲变形，失去原来保持直杆的稳定性而失效。这类问题是杆件承受的是压力状态，一般要考虑的问题有：细长柱的设计，薄梁的压缩区，钢结构在其压缩区的法兰部分等。

6）材料过应力失效：这类失效是材料承受的应力超过其能够承受的极限应力的缘故，通常讲就是过载了。这是结构的强度问题。

5. 结构设计中的整体设计

一个好的建筑物是建筑师和结构工程师创造性合作的产物，建筑师着眼于构思一个总体的空间形式，以保证活动功能和感受需求协调一致，但方案的实现就要靠结构工程师。因此要求建筑师和结构工程师必须从全局观点将形式与功能统一，一起讨论总体设计、分体系统和结构构件设计。如著名的巴黎埃菲尔铁塔（图5-5），其造型优美，结构合理，建筑与结构的和谐、完美结合一直为世人称颂。从力学方面分析，铁塔可看成嵌固在地基上的悬臂梁，对于高耸的铁塔来说，风荷载是主要荷载，由于铁塔的总体外形与风荷载引起的弯矩图十分相似，充分利用了塔身自身的强度和刚度，受力十分合理；塔身底部的大拱轻易地跨越一个大跨度，车流、人流在塔下畅通无阻。埃菲尔铁塔可谓建筑和结构的完美统一。

图 5－5　埃菲尔铁塔

5.2.3　建筑设计

1．建筑物的组成及施工图的分类

建筑物（简称“建筑”）是用来供人们从事工作、居住生活和活动的房屋和场所，主要是指房屋。随着社会的发展以及人们生活水平的提高，人们将对建筑的物质需求、精神需求与工程技术结合起来，推动了建筑业的发展。

一个建筑工程项目，从设想建设到最终建成，都要经过“设计”和“施工”两个阶段。“设计”就是将一幢房屋的内外形状和大小，以及各部分的结构、构造、装修、设备等内容，按照“国标”的规定，用正投影方法，详细准确地表达出来，此图形称为建筑工程图。“施工”则是根据工程图纸，在现场组织房屋建造的过程。

1）建筑的分类

建筑是多种多样的，可以按以下几个方面进行不同的分类。

（1）根据建筑的使用性质分类

（2）根据建筑物的规模和数量分类

（3）根据建筑结构的材料分类

（4）根据承重结构类型分类

（5）根据建筑物的层数分类

（6）根据建筑物的耐久年限分类

2）建筑的组成

以民用建筑为例，建筑一般有基础、墙体、柱、梁、楼地面、楼梯、门窗、屋盖等主要构件组成，如图5－6所示。

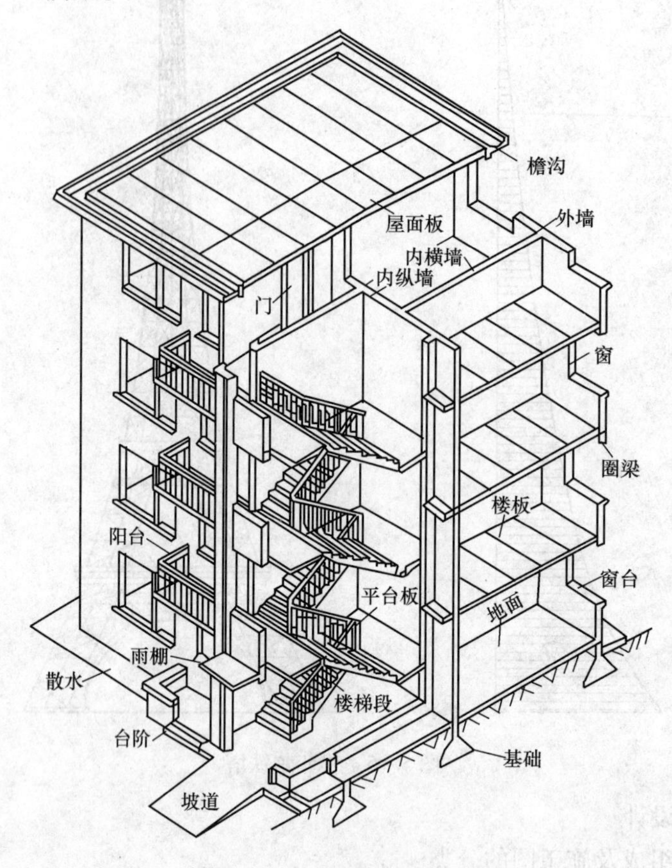

图5－6　建筑的组成

3）施工图的分类

在建筑施工中，经常需要各工种的相互配合，建筑的施工图也可按不同的专业分建筑施工图、结构施工图、设备施工图（水、暖）、电气施工图等，一般简称为建施、结施、水施、暖施、电施等。

① 图纸目录：图纸目录单独或者和设计总说明一起，作为一套工程图纸的首页。

② 设计总说明：是施工图前的具体文字说明，包括建筑设计总说明、建筑节能设计总说明、结构设计总说明等。例如：施工图的设计依据、建筑项目的设计规模和建筑面积、项目的相对标高和总图绝对标高的对应关系，门窗表以及施工图中不便注写的用料、做法及使用要求等内容。

③ 建筑施工图：用来表示建筑物的总体布置、整体外形、内部划分、空间分割、构造做法、内外装饰以及有关的施工要求，是建筑工程图中最基本的图样。

④ 结构施工图：结构施工图是按照结构设计要求绘制的，用来表示建筑物承重结构的布置、形状、大小、材料、类型及构造做法等情况。结构施工图是开挖基槽、支模板、绑钢筋、设置预埋件、浇捣混凝土及编制预算与施工组织设计的依据。

⑤ 设备施工图：一座建筑除建筑、结构两大部分外，还有给排水、采暖等设备。设备

施工图是表明给排水、采暖各专业管道与设备的布置和走向、构件做法和设备安装要求等情况的图样，是设备施工的重要依据。

⑥ 电气施工图：电气施工图分为强电和弱电两部分。强电路主要为照明和家用电器供电，需要绘制在建筑平面图上。弱电路包括消防报警系统、电话、电视、互联网及楼宇对讲系统等。

2. 工程设计的程序

大型工业项目的设计可分为三个阶段进行，即初步设计阶段、技术设计阶段和施工图设计阶段。对一般的工程，可按初步设计和施工图设计两阶段进行。

大型民用项目的设计可分为三个阶段进行，即方案设计阶段、初步设计阶段和施工图设计阶段。对一般的工程，可按方案设计和施工图设计两阶段进行。

对存在总体部署问题的项目，还应在设计前进行总体规划设计或总体设计。

就一单项工程而言，一般经历以下过程的设计步骤。

第一，建筑专业提出较成熟的初步建筑设计方案；

第二，结构专业根据建筑方案进行结构选型和结构布置，并确定有关结构尺寸，对建筑方案提出必要的修正；

第三，建筑专业根据修改后的建筑方案进行建筑施工图设计；

第四，结构专业根据修改后的建筑方案和结构方案进行荷载计算、内力分析、截面设计和构造设计，并绘制结构施工图。

（1）初步设计阶段

主要是提供建设项目可行性分析，确定基本规模、重要工艺和设备及工程项目的方案设计，以及核定概算总投资等原则问题。进行可行性研究，首先要进行调查工作，包括环境状况，水、电、交通状况，地形、地质、气象情况，材料供应及施工条件等。对土建专业来说，需完成下列文件：总平面图，建筑平面、立面、剖面图；结构体系说明，应有结构形式、结构体系、施工方案、结构平面布置及缝的划分等内容；设备系统说明；工程概算。

（2）技术设计阶段

在初步设计文件批准的基础上解决工艺技术标准、主要设备类型、主要工程项目的建筑结构形式和控制尺寸以及单项工程预算等主要技术问题。对技术关键问题应做出处理，各专业应协调解决存在的矛盾。

（3）施工图设计阶段

在技术设计文件批准的基础上，提出满足建筑工程施工要求的全部图纸和文字资料，其施工图预算应满足决算要求。

施工图交付，并不意味着设计已经完成。在施工过程中，根据情况变化，还需不断修改设计；建筑物交付使用后，经过最关键的实践检验后，做出工程总结，设计工作才算最后完成。

3. 建筑设计

1）建筑设计的原则和依据

建筑设计必须遵守由国务院有关部委颁发的建筑设计规范、规程和通则，以确保设计的建筑安全、经济地使用。

（1）建筑设计原则

建筑设计要根据建筑的使用性质和所处环境，在遵循建筑标准的前提下，创造出功能合理、安全舒适、能满足人们精神和物质需要的建筑空间。同时，还要考虑结构施工、材料、设施、造价等多种因素。一般情况下，设计者进行建筑设计的原则如下所述。

① 把握总体：建筑设计要有全局观念，注重整体协调。

② 细部推敲：在具体设计时，详细调查、收集信息资料，掌握必要的数据。

③ 局部与整体要协调：建筑的局部空间需要与建筑整体的性质、风格、标准相协调统一。

④ 建筑内外要协调：室内外环境是相互依存、相互影响的。设计需保证内外风格、标准协调一致。

⑤ 创意新颖：构思是设计的灵魂，要有足够的信息量和思考时间来保证在设计前期逐步形成一个新颖独特的构思。

⑥ 标准化和多样化相结合，共性与个性相结合。在满足当前需要的前提下，适当考虑未来提高、改造的可能。

⑦ 节约建筑能耗，建筑环境要综合考虑防火、抗震、防空、防洪等安全措施。

⑧ 严格遵守规划部门制定的建设规划及实施条例。遵守国家建筑设计的有关规范。

（2）建筑设计依据

在建筑设计中，主要有以下述几方面作为设计依据。

① 建筑的构成要素：建筑的要素包括建筑功能、建筑的物质技术条件和建筑形象。

② 建设条件：建设条件是指区域环境和周围环境条件，包括周围的道路交通条件、附近的建筑、公园、广场等建筑情况以及公共服务（商业、文教、金融等）设施和基础（桥涵、排水、供电、供暖、电信等）设施情况，以及文物古迹情况。

③ 城市规划设计条件：城市规划设计条件是当地规划管理部门根据城市规划编定的，是在进行建筑设计时必须清楚的。例如：用地界限、道路红线、建筑高度、容积率等。

④ 气候条件：掌握气象条件的依据是统计资料。包括建筑物所在地区的温度、湿度、日照、雨雪、风向、风速和云雾等内容。在设计前应收集当地的气象资料，作为设计依据。例如：炎热地区的建筑物应考虑隔热、通风、遮阳等问题。降雨量大小决定着屋面形式和构造等。

⑤ 地形、地质条件：掌握地形条件的依据是地形图。

⑥ 人体尺度：建筑是供人使用的，因此它的空间尺度必须满足人体活动的要求。

⑦ 家具设备：家具和设备是人们工作、生活中的必需品。因此在进行建筑平面和空间设计时，既要考虑到家具、设备的尺寸，还要考虑到人们在使用家具和设备时在其周围必要的活动空间，因此家具、设备尺寸和使用它们的必要空间也是确定建筑空间的重要依据。

2）建筑设计的内容和过程

（1）建筑设计的内容

建筑设计是建筑工程为人们创造工作、生活环境和空间的首要步骤，是工程项目中非常关键的环节。在建筑设计这个环节中，通过设计者巧妙、完整的构思，最终绘制成能表达建筑物立体形象的建筑图纸。

设计者在建筑施工前要进行建筑设计，按照国家规范、地方法规、政府审批文件及建设单位计划书中的有关设计任务进行构想，将建筑施工过程和建筑使用过程中可能出现的问题全面考虑，并且设计好解决问题的方案，再通过图纸表达出来。

建筑图的绘制通常采用两种方法：手工绘制和计算机绘制。

（2）方案设计阶段

方案设计是建筑设计的第一阶段，它的任务是提出设计方案（图5－7、图5－8）。在方案设计之前需要做大量的准备工作，具体内容包括：

① 接受委托任务书并熟悉任务书内容；

② 搜集、分析研究资料和数据；

③ 深入实地的调查研究。

（3）初步设计阶段

图5－7　建筑效果图

初步设计是对方案设计的进一步细化。初步设计阶段的主要任务是进一步研究、论证设计方案在技术和经济上的合理性、科学性以及可实施性，然后提出概算书，并在各专业提供资料和要求的情况下，研究、协调编制新建工程的各专业图纸和说明，为施工图设计阶段做准备。

图5－8　设计方案

初步设计图要反映房屋功能组合、房屋内外概貌和设计意图，具体的图纸和文件有以下几种。

① 设计总说明；

② 建筑总平面图；

③ 各层平面图、剖面图及建筑物的主要立面图；

④ 工程概算书。

（4）施工图设计阶段

施工图设计是建筑设计的最后阶段，也是将设计者构思变成蓝图的重要阶段。施工图设计阶段是在初步设计的基础上完成施工图设计，然后提交施工单位进行施工。

施工图设计是为满足工程施工各项具体要求，解决施工中的技术措施、尺寸、用料及其做法，提供一切准确可靠的施工依据。施工图设计的图样（简称施工图）必须详细完整、前后统一、尺寸齐全、正确无误，符合国家建筑制图标准。

施工图设计阶段的具体图纸和文件主要有以下几种。

① 建筑总平面图：深化初步设计内容，确定场地竖向标高、标注道路排水方向及坡度、道路及绿化布置。

② 建筑物各层平面图、剖面图、立面图：除表达初步设计或技术设计内容以外，还应详细标出门窗洞口、墙段尺寸及必要的细部尺寸、详图索引等。常用比例尺为1∶50、1∶100、1∶200等。

④ 建筑构造详图：应详细表示各部分构件关系、材料尺寸及做法、必要的文字说明。根据不同节点的表达需要，比例可选用1∶20、1∶10、1∶5、1∶2、1∶1等。

5.3 土木工程施工

土木工程施工是生产建筑产品的活动，建筑产品包括各种建筑物和构筑物。施工与其他工业生产相比，具有独特的技术经济特点。

施工是一个复杂的过程，按工艺顺序施工、按设计图纸施工、按规范要求施工对保证施工质量是至关重要的。土木工程施工一般可分为施工技术、施工组织、施工管理几大部分。施工技术是以各工种工程（土方工程、地基处理、桩基础工程、混凝土结构工程、结构安装工程、装饰工程等）施工的技术为研究对象，以施工方案为核心，结合具体施工对象的特点，选择最合理的施工方法，采用最有效的施工技术措施。

施工组织是以科学编制一个工程的施工组织设计为研究对象，编制出指导施工的施工组织设计，合理地使用人财物、空间和时间，着眼于各工种工程施工中主导工序的安排，使之有组织、有秩序地施工。

概括起来，施工的研究对象就是研究最有效地建造各类土木工程的理论、方法和有关的施工规律，以科学的施工组织设计为先导，以先进的和可靠的施工技术为后盾，保证工程项目高质量地、安全地和经济地完成。

5.3.1 土木工程施工技术

土木工程施工与土木工程材料、工程力学、工程测量、混凝土结构以及钢结构等课程均有密切的关系，在学完这些课程的基础上才能学习土木工程施工课程。土木工程施工又是一门实践性较强的课程，有些内容直接来自工程施工的经验总结。因此，对国内外最新动态，对相关的教学实践环节，应予以足够的重视。

施工标准、规范、规程是我国土木工程界常用的标准表达形式，它以科学、技术和实践经验的综合成果为基础，经有关方面协商一致，由有关机构批准、颁发，作为我国土木工程施工必须共同遵守的准则和依据。它分为国家、行业（部）、地方和企业四级。施工工艺标准、质量验收规范中，对施工工艺要求、施工技术要点、施工准备工作内容、施工质量控制要求以及验收方法等均作了具体、明确、原则性的规定。因此，凡新建、改建、扩建等工程，施工和竣工验收时，均应遵守相应的施工及验收规范。

规程（条例等）一般比规范涉及面范围窄一些，内容规定更为具体，一般为行业标准，由各部委或重要的科学研究单位编制，呈报标准的管理单位批准或备案后发布试行。它主要是为了及时推广一些新结构、新材料、新工艺而制订的标准。规程试行一段时间后，在条件成熟时也可升级为国家规范。规程的内容不能与规范抵触，如有不同，应以规范为准。随着设计与施工水平的提高，规范和规程每隔一定时间就要修订。

工法是以工程为对象，以工艺为核心，运用系统工程的原理，把先进技术与科学管理结合起来，经过工程实践形式的综合配套技术的应用方法。它应具有新颖、适用和保证工程质量，提高施工效率，降低工程成本等特点。工法的内容一般包括工法特点、适用范围、施工程序、操作要求、机具设备、质量标准、劳动组织及安全、技术经济指标及应用实例等。

1. 基础工程施工

基础工程主要包括土石方工程和各类工程下部结构的分部工程。土石方工程简称为土方工程，主要包括土（或石）的挖掘、填筑和运输等施工过程以及排水、降水和土壁支撑等准备和辅助过程。常见的土方工程还有场地平整、基坑（槽）及管沟开挖、地坪填土、路基填筑、隧道开凿及基坑回填等。

土方工程施工的特点是：面广量大，劳动繁重，大多为露天作业，施工条件复杂，施工易受地区气候条件、工程地质和水文地质条件影响。在组织施工时，应根据工程自身条件，制定合理的施工方案，尽可能采用机械化施工。

一般土木工程中的建筑物、道路等多采用天然浅基础，它造价低，施工简便。如果天然浅土层软弱，可采用置换、重锤夯击或强夯、深层搅拌、堆载预压、挤密桩、化学加固等方法进行人工加固，形成人工地基浅基础。对于高大建筑物、烟囱、水塔、桥墩等上部荷载很大的情况，无法采用浅基础时，则要经过技术经济比较后采用深基础。

深基础是指桩基础、墩基础、深井基础、沉箱基础和地下连续墙等，深基础不但可选用深部较好的土层来承受上部荷载，还可利用深基础侧壁的摩阻力来共同承受上部荷载，因此其承载力高、变形小、稳定性好。但其施工技术复杂、造价高、工期长。

1）坑槽土方施工

基础坑槽的土方开挖，要确定的方案是：①土方边坡和工作面尺寸；②土壁支护设施；③排水和降水方法；④土方开挖、回填与密实方法。

（1）土方边坡与土壁支撑

坑槽土方施工中，挖成上口大、下口小、留出一定的坡度，靠土的自稳保证土壁稳定的措施称放坡，如图5－9所示。

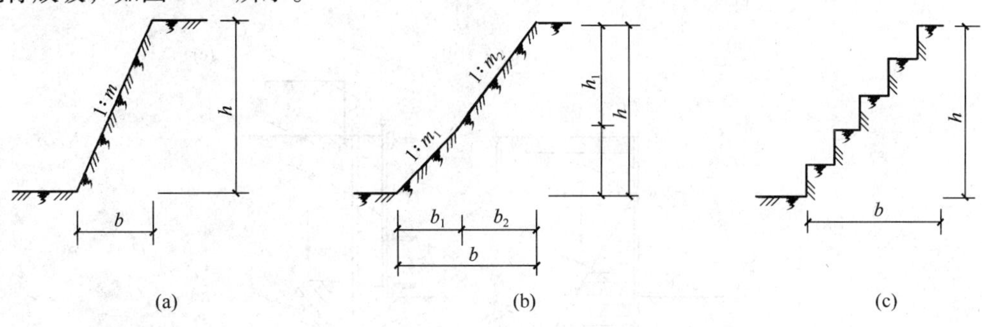

图5－9　土方边坡坡度

（a）直线型；（b）折线型；（c）阶梯型

基坑（槽）放坡开挖往往比较经济，但在场地狭小地段施工不允许放坡或放坡增加土方量致费用增加很大时，一般可采用支撑护坡，常用的坑槽土壁支撑形成如图5－10所示。

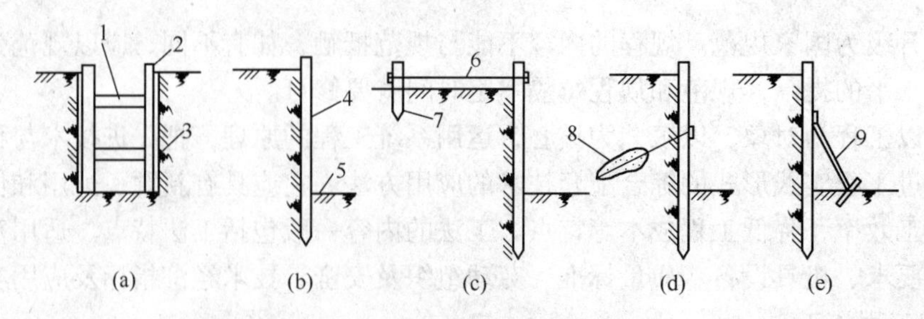

图 5－10　基槽支撑形式

（a）衬板式；（b）悬臂式；（c）拉锚式；（d）锚杆式；（e）斜撑式

1—横撑；2—立柱；3—基坑；4—垂直挡土板；5—基坑底；6—拉杆；7—锚桩；8—土层锚杆；9—斜撑

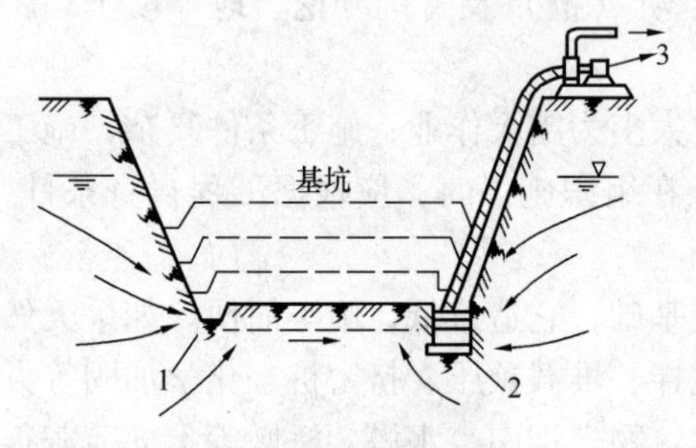

图 5－11　明沟排水法

1—排水沟；2—集水井；3—水泵

（2）基坑排水与降水

在地下水位以下开挖基坑（槽）时，要排除地下水和基坑中的积水，保证挖方在较干状况下进行。一般工程的基础施工中，多采用明沟集水井抽水、井点降水或二者相结合的办法排除地下水。图 5－11 为明沟排水法。

当开挖深度大、地下水位较高而土质为细砂或粉砂时，如果采用集水井法降水开挖，当挖至地下水位以下时，坑底下面的土会形成流动状态，随地下水涌入基坑而发生流砂现象。井点降水是在基坑开挖之前，先在基坑范围内或周边埋设一定数量的井点管，挖方前和挖方过程中利用抽水设备，通过井点管抽出地下水，使地下水位

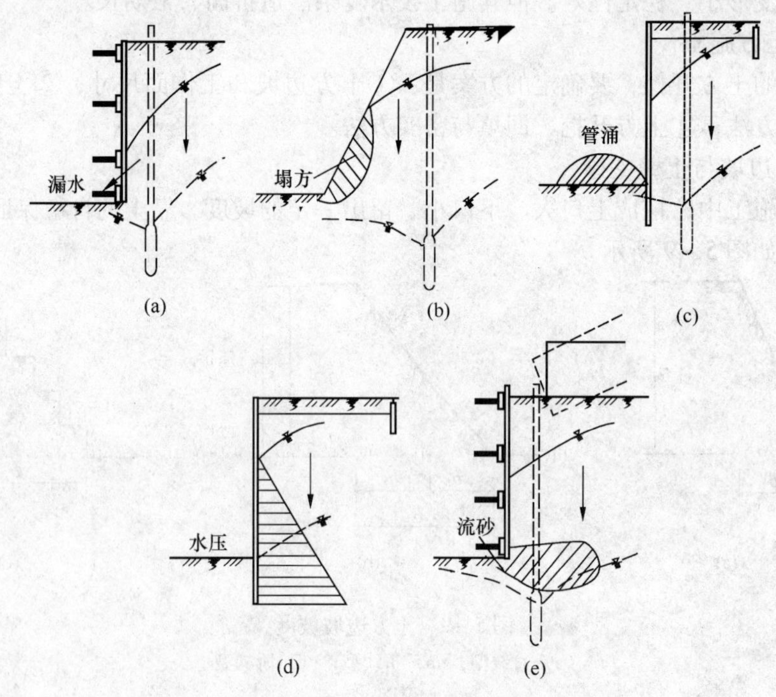

图 5－12　井点降水的作用

（a）防止涌水；（b）使边坡稳定；（c）防止土的上冒；（d）减少横向荷载；（e）防止流砂

降至坑底以下，避免产生坑内涌水、塌方和坑底隆起现象发生，保证土方开挖正常进行（图5－12）。

（3）土方机械

土方工程除特殊情况为人工开挖土方外，一般采用机械开挖土方。

土方施工的常用机械有推土机、铲运机、挖掘机、压路机、打夯机等。铲运机是一种能综合完成全部土方施工工序（挖土、装土、运土、卸土和平土）的机械。

挖掘机利用土斗直接挖土，因此也称为单斗挖土机。常用的有正铲、反铲、抓铲、拉铲，如图5－13所示。坑槽开挖通常选择正铲或反铲挖掘机挖土，自卸汽车运土。

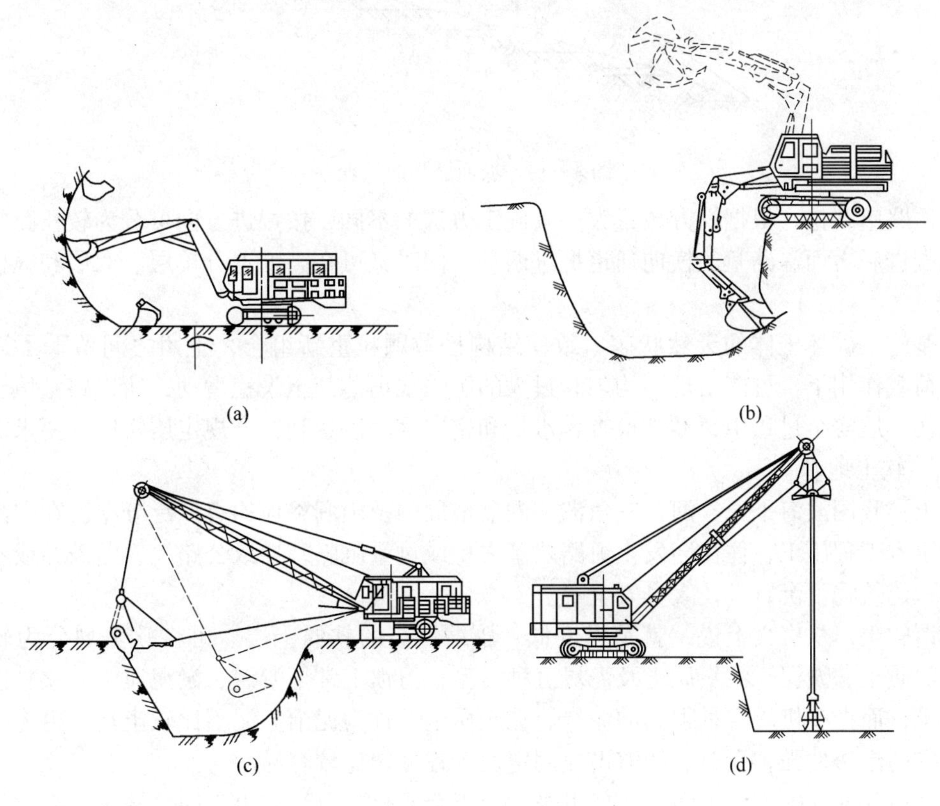

图5－13　挖掘机

（a）正铲；（b）反铲；（c）拉铲；（d）抓铲

正铲挖掘机适用于开挖停机面以上的土方。反铲主要用于开挖停机面以下的土方。拉铲适用于开挖较大基坑（槽）、大坝和沟渠，可挖取水下泥土，也可用于填筑路堤等。抓铲适用于开挖较松软土、淤泥，对施工面狭窄而深的基坑、深槽、沉井采用抓铲可取得理想效果。

2）路基工程与软土地基施工

（1）路基工程

路基是公路与铁路工程的基础，路基按挖填方式不同分为路堤、路堑和填挖结合三种类型。路堤是指全部用岩土填筑而成的路基，路堑是指全部在原地面开挖而成的路基，当需一侧开挖而另一侧填筑时，为填挖结合路基。路基施工可采用机械化施工法和爆破施工法，前者适用于一般土方工程，后者是石质路基开挖的基本方法。

填方路段应将路基范围内的树根全部挖除并填平夯实坑穴。当经过洼地、池塘时，应根据积水和淤泥层等具体情况采取排疏、清淤、抛石或渗灰等措施，经碾压密实后再填筑路堤。地面横坡陡于1∶5时，为使基底土稳定，应将坡面挖成不小于1m的台阶，台阶向内倾斜坡度为2%～4%，如图5－14所示。

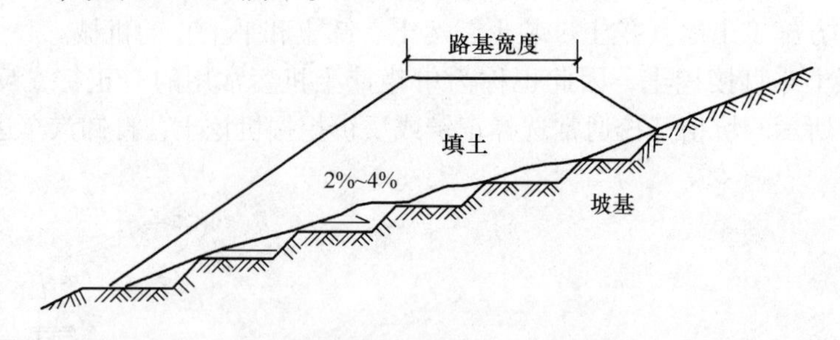

图5－14　坡面路基的处理

土质路堑开挖，根据挖方数量大小及施工方法的不同，按掘进方向可分为较长路堑的纵向全宽掘进和短而深路堑的横向通道掘进两种，同时又可在高度上分单层、双层和纵横混合掘进等。

路基施工破坏土体的天然状态，致使结构松散颗粒重新组合，土团之间留下了许多孔隙，在荷载作用下，可能出现不均匀和过大的沉陷或坍落甚至失稳滑动，所以路基填土必须进行压实。压实全过程中，经常检查含水量和密实度，以达到符合规定压实度的要求。

（2）软土地基

软土在我国滨海平原，河口三角洲，湖盆地周围及山涧谷地均有广泛分布。在软土地基上进行土木工程施工，往往会发生道路路基失稳或过量沉陷，导致公路、铁路破坏或不能正常使用，建筑物下沉，危及人身安全等。

所谓软土，从广义上说，就是强度低、压缩性高的软弱土层。可将软土划分为软黏性土、淤泥质土、淤泥、泥炭质土及泥炭五种类型。习惯上常把淤泥、淤泥质土、软黏性土总称为软土，而把有机质含量很高的泥炭、泥炭质土总称为泥沼。泥沼比软土具有更大的压缩性，但它的渗透性强，受荷后能够迅速固定，工程处理比较容易。

软土地基加固的方法很多，比如可采用土工合成材料自治。土工网、格栅、织物等土工合成材料具有加紧、防护、过滤、排水、隔离等功能，利用土工合成材料的抗剪强度好，改善施工机械的作业条件，均匀支承路堤荷载，减少地基的沉降和侧向位移，提高地基承载力。常用方法还有垫层与浅层处治、碾压与夯实、挤密、化学加固、抛石挤淤、反压护道、塑料排水板等方法。

3）石方爆破

在山区或某些丘陵地区进行土木工程施工，常遇挖凿岩石。爆破是石方工程施工中最常采用的办法。此外，施工现场树根等障碍物的清除，冻土的开挖和改建工程中拆毁旧的结构或构筑物、基坑支护结构中的钢筋混凝土支撑拆除等也用爆破。爆破是利用炸药爆破时产生的大量的热和极高的压力破坏岩石或其他物体。由于施工费用低及爆破技术的发展，爆破作业在土木工程中的应用越来越广。

当埋设在地下的药包爆炸后，地面就会出现一个爆破坑，一部分炸碎了的介质被抛至坑外，一部分仍坠落在坑内，形成爆破漏斗（图 5 - 15）。所以可称爆破漏斗的实际体积与爆破漏斗理论体积的百分数为抛掷率。

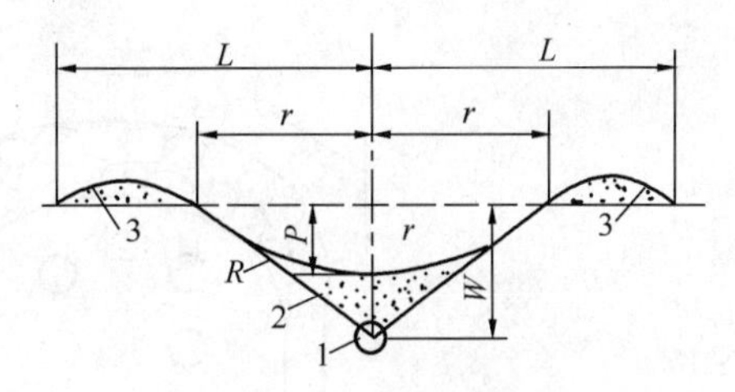

图 5 - 15　爆破漏斗

1—药包；2—飞渣回落充填体；3—坑外堆积体

4）深基础施工

深基础工程是由地面向下开挖的一个地下空间（图 5 - 16），基坑周围一般为垂直的挡土结构。基坑开挖是基础和地下工程施工中一个古老的传统课题，同时又是一个综合性的岩土工程难题，既涉及土力学中典型强度与稳定问题，又包含了变形问题，同时还涉及土与支护结构的共同作用，甚至排降水问题。对这些问题的认识及对策的研究，进入 20 世纪 90 年代后已逐步完善，下面我们来了解几种深基础工程的施工形式。

（1）桩基础

桩基础（图 5 - 17）是一种常用的深基础形成，它由桩和桩顶的承台组成。按桩的施工方法不同，桩分为预制桩和灌注桩两类。预制板是在工厂或施工现场制成的各种材料和形式的桩（如木桩、钢筋混凝土方桩、预应力钢筋混凝土管桩、钢管或型钢的钢桩等），而后用沉桩设备将桩打入、压入、旋入或振入（有时还兼用高压水冲）土中。灌注桩是在施工现场的桩位上用机械或人工成孔，然后在孔内安装钢筋笼子并灌注混凝土而成。

图 5 - 16　深基坑施工

图 5 - 17　桩基础施工

桥梁、港口、码头、水闸、大坝电站及其他水域构筑物或建筑物，常把钻孔桩作为水域地基加固和基础的结构形式之一。与陆地施工相比较，水域钻孔桩施工地基地质条件比较复杂，水面作业自然条件恶劣，施工具有明显季节要求。在重要的航运水道上施工必须兼顾航运和施工两者安全，所以施工难度大，技术要求高。水域施工必须准备施工场地，用以安装钻孔机械、混凝土灌注设备以及其他设备。这是水域钻孔桩施工的最重要一环，也是水域施工的关键技术和主要难点之一。

水域施工场地，依据其建造方法的不同分为两种类型：一类是围堰筑岛法修筑的水域岛、半岛或长堤，统称为围堰筑岛施工场地（图 5 - 18）；另一类是用船或支架拼装建造的水域施工平台，统称为水域工作平台（图 5 - 19）。

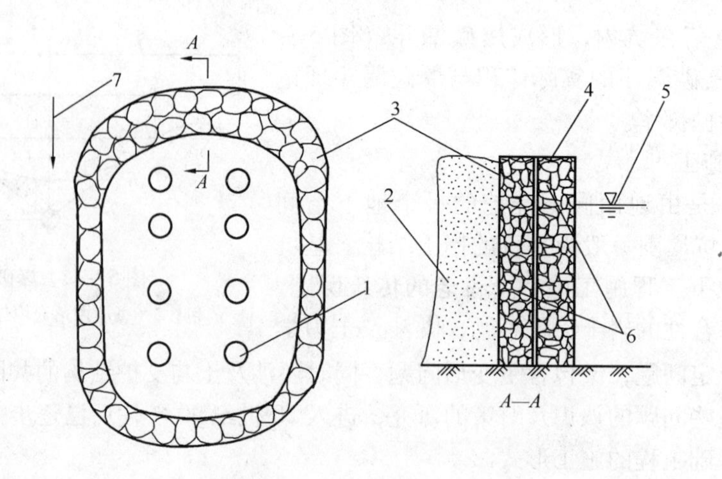

图 5-18　竹笼围堰筑岛示意图

1—桩孔；2—填心砂土；3—竹笼及其围堰；4—石块；
5—常水位；6—铁丝拉索；7—水流方向

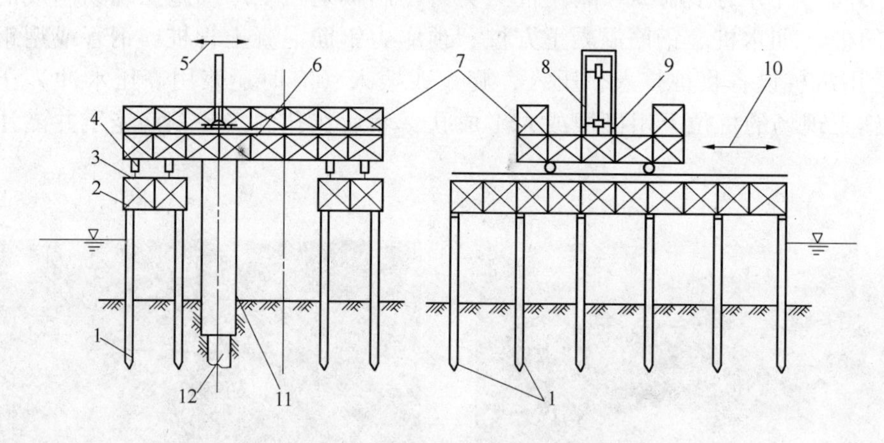

图 5-19　支架式活动工作平台示意图

1—支架桩；2—固定工作平台；3—活动平台轨道；4—平台滚轮；5—钻机移动方向；6—钻机轨道；
7—活动工作平台；8—钻机；9—钻机滚轮；10—活动工作平台移动方向；11—护筒；12—桩孔

（2）墩基础

墩基础是在人工或机械成孔的大直径（断面）孔中浇筑混凝土或钢筋混凝土而成（图 5-20）。直径在 1 ~5m 之间，多为一柱一墩。墩身直径大，有很大的强度和刚度，多穿过深厚的软土层直接支承在岩石或密实土层上。

人工开挖为防止塌方造成事故，需制作护圈，每开挖一段则浇筑一段护圈，护圈多为钢筋混凝土现浇，否则对每一墩身则需事先进行施工围护，然而才能开挖。人工开挖还需要注意通风、照明和排水。

（3）沉井基础

沉井是由刃脚、井筒、内隔墙等组成的呈圆形或矩形的筒状钢筋混凝土结构，多用于重型设备基础、桥墩、水泵站、取水结构、超高层建筑物基础等。

沉井施工时，先在地面上铺设砂垫层，设置枕木，制作钢板或角钢刃脚后浇筑第一节深井，待其达到一定重量和强度后，抽去枕木，在井筒内边挖土（或水力吸泥）使其下沉，然后加高深井，分段浇筑，多次下沉，下沉到设计标高后，用混凝土封底，浇筑钢筋混凝土底板则构成深井结构，亦可在井筒内填筑素混凝土或砂砾石。

刃脚在井筒最下端，形如刀刃，在沉井下沉时起切入土中的作用。井筒是沉井的外壁，在下沉过程中起挡土作用，同时还需有足够的重量克服筒壁与土之间的摩阻力和刃脚底部的土阻力，使沉井能在自重作用下逐步下沉。在施工沉井时要注意均衡挖土，平稳下沉，如有偏斜则及时纠偏（图5－21）。

图5－20　墩基础施工

（4）地下连续墙

地下连续墙可以用作深基坑的支护结构，亦可既作为深基坑的支护又用作建筑物的地下室外墙（更为经济）。

地下连续墙的施工过程，是利用专用的挖槽机械在泥浆护壁下开挖一定长度（一个单元槽段），挖至设计深度并清除沉渣后，插入接头管，再将在地面上的钢筋笼用起重机吊入充满泥浆的沟槽内，最后用导管浇筑混凝土，待混凝土初凝后拔出接头管，一个单元槽段即施工完毕（图5－22）。如此逐段施工，即形成地下连续的钢筋混凝土墙。

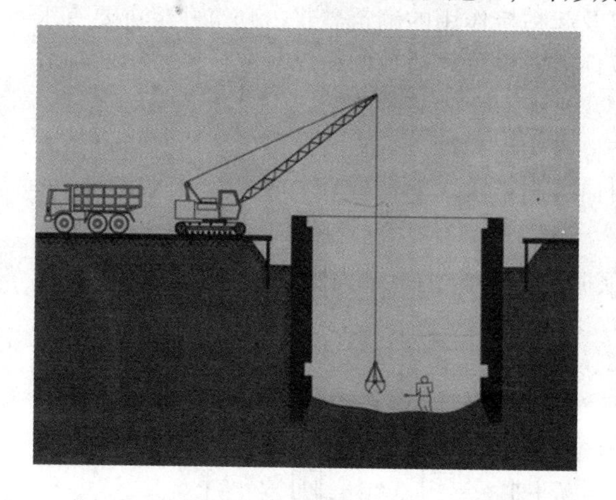

图5－21　沉井施工

图5－22　地下连续墙施工

2. 结构工程施工

结构工程主要包括砌筑工程、钢筋混凝土工程、预应力混凝土工程、装配式结构安装工程等。

砌筑工程是采用普通黏土砖、石块或各种砌块进行组砌施工。砌筑工程是一个综合的施工过程，它包括砂浆制备、材料运输、脚手架搭设和墙柱砌筑等。

砖石建筑在我国有悠久的历史，目前在土木工程中仍占有一定的比重。这种结构虽然取材方便，施工简单、成本低廉，但它的施工仍以手工操作为主，劳动强度大、生产率低，而且烧制黏土砖会损毁农田，因此采用新型墙体材料，改善砌体施工工艺是砌筑工程改革的重点。

钢筋混凝土是土木工程结构中被广泛采用并占主导地位的一种复合材料，它以性能优异、材料易得、施工方便、经久耐用而显示其巨大生命力。

钢筋混凝土工程分为装配式钢筋混凝土工程和现浇钢筋混凝土工程。装配式钢筋混凝土工程的施工工艺是先在构件预制厂或施工现场预先制作好结构构件，然后在施工现场将其安装到设计位置。现浇钢筋混凝土工程则是在结构物的设计位置现场制作结构构件的一种施工方法，由钢筋的加工与安装、模板的加工与组装、混凝土的制备与浇捣三个分项工程组成。

预应力混凝土结构改善了受拉区混凝土的受力性能，比普通钢筋混凝土结构的截面小、刚度大、抗裂性和耐久性好，在土木工程领域中得到广泛应用。近年来，随着高强度钢材及高强度等级混凝土的出现，促进了预应力混凝土结构的发展，也进一步推动了预应力混凝土施工工艺的成熟和完善。预应力混凝土施工主要包括先张法、后张法、无粘结预应力施工工艺等。

将结构设计成许多单独的构件分别在施工现场或工厂预制成型，然后在现场用起重机械将各种预制构件吊起并安装到设计位置上去的全部施工过程，称为结构安装工程。用这种施工方式完成的结构，叫做装配式结构。结构安装工程包括起重机械的选择，混凝土结构安装，钢结构安装、特殊结构安装等。

1）砌筑工程施工

（1）砌筑材料与砌筑脚手架

砌筑工程所用材料主要是砖、石或砌块以及起粘接作用的砌筑砂浆。砌筑砂浆主要有水泥砂浆和混合砂浆。为了节约水泥和改善砂浆性能，也可用适量的粉煤灰取代砂浆中的部分水泥和石灰膏，而制成粉煤灰水泥砂浆和粉煤灰水泥混合砂浆。

砌筑用脚手架是砌筑过程中，供工人进行操作和材料堆放的临时性设施。按其搭设位置分为外脚手架和里脚手架两大类；按其所用材质分为木脚手架、竹脚手架与金属脚手架。图 5－23 是外脚手架常用的四种基本形式。

图 5－24 为移动式里脚手架，用于室内顶棚装修等施工。室内脚手架通常做成工具式的，以适应装拆频繁的要求。

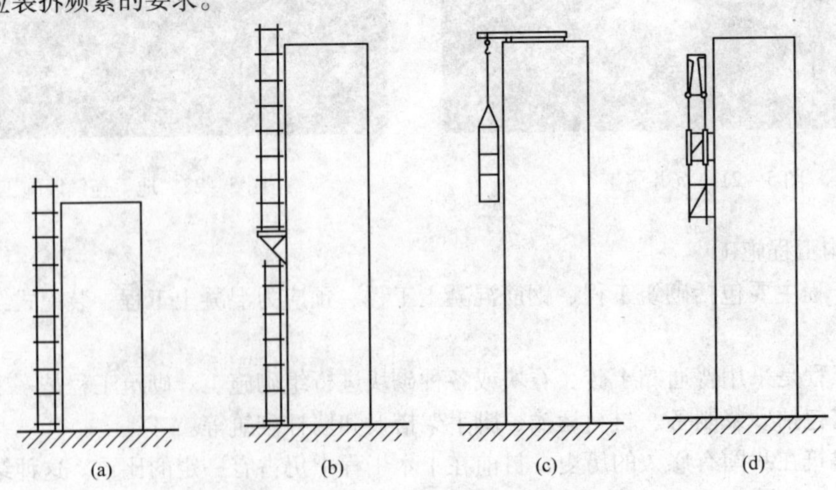

图 5－23　外脚手架的四种基本方式

（a）落地式；（b）；悬挑式（c）吊挂式；（d）附着升降式

（2）材料运输与砌体施工

砌筑工程中不仅要运输大量的砖（或砌块）、砂浆，而且还要运输模板、架管和各种预制构件。不仅有垂直运输，而且还有地面和楼面的水平运输。其中垂直运输是影响砌筑工程施工速度的重要因素。

常用的垂直运输设备有龙门架（图5－25）、井架（图5－26）及塔式起重机。

图5－24　移动式里脚手架

图5－25　龙门架

汽车起重机（图5－27）生产效率高，操作方便，在可能条件下也可选用。

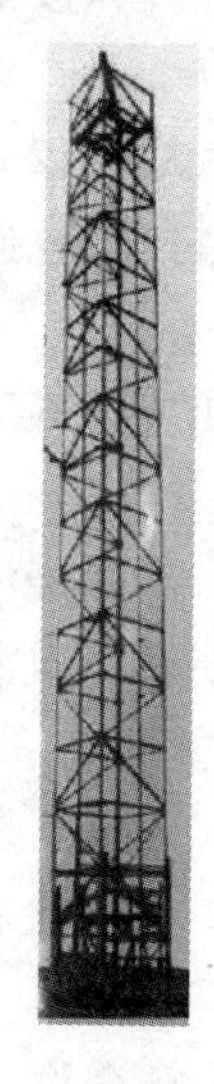

图5－26　井架

图5－27　全液压式汽车吊

砌体施工的基本要求是：横平竖直、砂浆饱满、灰缝均匀、上下交错、内外搭砌、接槎牢固。

砌筑操作前应对道路、机具、安全设施和防护用品进行全面检查，符合要求后方可施工。

2）钢筋混凝土工程施工

钢筋混凝土工程的一般施工程序如图5－28所示。

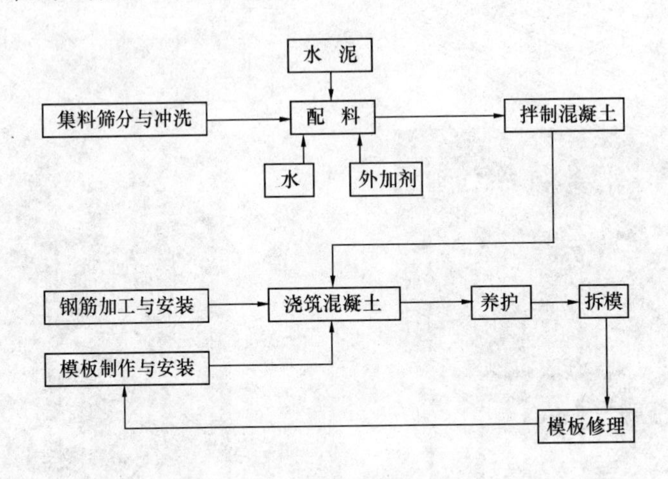

图5－28 钢筋混凝土施工程序

（1）钢筋工程

在钢筋混凝土结构中钢筋起着关键性的作用。由于在混凝土浇筑后，其质量难以检查，因此钢筋工程属于隐蔽工程，需要在施工过程中进行严格的质量控制，并建立起必要的检查和验收制度。

① 钢筋检验。钢筋出厂时应有出厂质量证明书和检验报告，每捆（盘）钢筋均应有标牌，现场堆放钢筋应分批验收，分别堆放。对钢筋的验收包括外观检查和按批次取样进行机械性能检验，合格后方可使用。

② 钢筋连接。直条钢筋的长度，通常只有9～12m。如构件长度大于12m时、多高层建筑分层施工墙柱时，一般都要连接钢筋。钢筋连接的方法有三种：搭接绑扎连接、焊接连接及机械连接。

此外，钢筋工程还有钢筋的配料、调直、除锈、剪切下料和弯曲成型等工作。

（2）模板工程

在结构工程施工中，刚从搅拌机中拌合出的混凝土呈流动状态，需要浇注在与构件形状尺寸相同的模型内凝结硬化，才能形成所需要的结构构件。模板是使新浇筑混凝土成型并养护，使之达到一定强度以承受自重和施工荷载的临时性结构，并能拆除的模具，以板材为主。

钢筋混凝土结构的模板系统由两部分组成，其一是形成混凝土构件形状和设计尺寸的模板；其二是保证模版形状尺寸及空间位置的支撑系统。

① 模板材料的种类。模板工程所用材料的种类很多，木、钢、复合材、塑料、铝，甚至混凝土本身都可作为模板工程材料。

木模板最早被人们用作模板工程材料。木模板的主要优点是制作拼装随意，尤其适用于浇筑外形复杂、数量不多的混凝土结构或构件。此外，因木材导热系数低，混凝土冬季施工时，木模板有一定的保温养护作用。

组合钢模板是施工企业拥有量较大的一种钢模板。组合钢模板由平面模板、阳角模板、阴角模板、连接角模板等（图 5－29）组成。

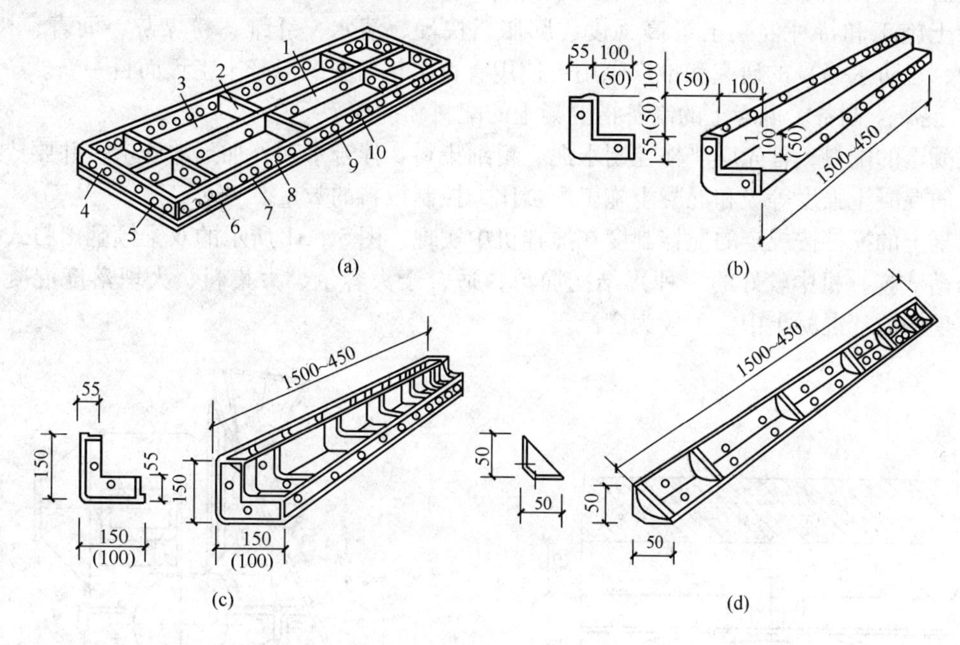

图 5－29　定型组合钢模板

（a）平模板；（b）阳角模板；（c）阴角模板；（d）连接角模板

1—中纵肋；2—中横肋；3—面板；4—横肋；5—插销孔；6—纵肋；

7—凸棱；8—凸鼓；9—U 形卡孔；10—钉子孔

胶合板模板有木胶合板和竹胶合板两种。胶合板可以在一定范围内弯曲，因此还可以做成不同弧度的曲面模板。我国竹材资源丰富，且竹材的各项强度指标均优于木材。因此，在我国木材资源短缺的情况下，以竹材为原料制作混凝土模板，具有承载力大、胀缩率及吸水率低的特点，竹胶板是具有发展前途的一种新型模板。

此外，还有塑料模壳板、玻璃钢模壳板、预制混凝土薄板模板（永久性模板）、压型钢板模板、装饰衬模等。

② 模板的支撑系统。模板的垂直支撑主要有散拼装的钢管支架、可独立使用并带有高度可调装置的钢支柱及门型架等。模板的水平支撑主要有钢管、平面可调桁架梁和曲面可变桁架梁。

可调钢支柱在建筑、隧道、涵洞、桥梁及煤矿坑道等工程上都可使用，具有能自由调节高度、承载能力稳定可靠、重复多次使用以及质量轻、便于操作等优点。特别是近些年在建筑工程中广泛使用的早拆模板体系，可调钢支柱是其主要部件之一。早拆模板体系能实现模板早拆，其基本原理实际上就是楼板混凝土达到设计强度的 50% 时，即可提早拆除楼板模板与托梁，但支柱仍然保留，继续支撑楼板混凝土，使楼板混凝土处于短跨度（支柱间距 <2m）受力状态，待楼板混凝土强度增长到足以承担自重和施工荷载时，再拆除支柱（图 5－30）。

(3) 混凝土工程施工

混凝土工程包括制备、运输、浇筑、养护等施工过程，各施工过程相互联系、相互影响，任一过程施工不当都会影响混凝土工程的最终质量。

当前，在特殊条件下（寒冷、炎热、真空、水下、海洋、腐蚀、耐油、耐火及喷射等）的混凝土施工和特种混凝土（高强度、膨胀、快硬、清水、纤维、粉煤灰、沥青、树脂、聚合物、自防水等）的研究和推广应用，使用有百余年历史的混凝土工程面目一新。

① 混凝土制备。混凝土的制备指混凝土的配料和搅拌。

混凝土的配料，首先应严格控制水泥、粗细集料、拌合水和外加剂的质量，并要按照设计规定的混凝土强度等级和混凝土施工配合比，控制投料的数量。

混凝土的搅拌按规定的搅拌制度在搅拌机中实现。图 5－31 所示的双锥倾翻出料式搅拌机（自落式搅拌机中较好的一种）结构简单，适合于大容量、大集料、大坍落度混凝土搅拌，在现场搅拌混凝土中使用较为广泛。

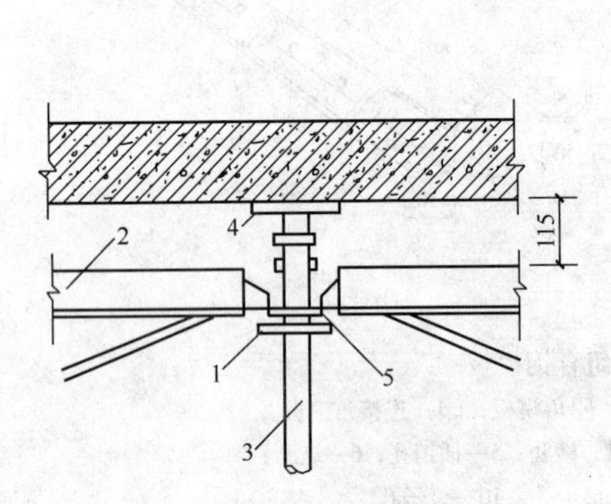

图 5－30　早拆模板示意图

1—梁托；2—托梁与模板块；
3—支柱；4—顶托板；5—升降头

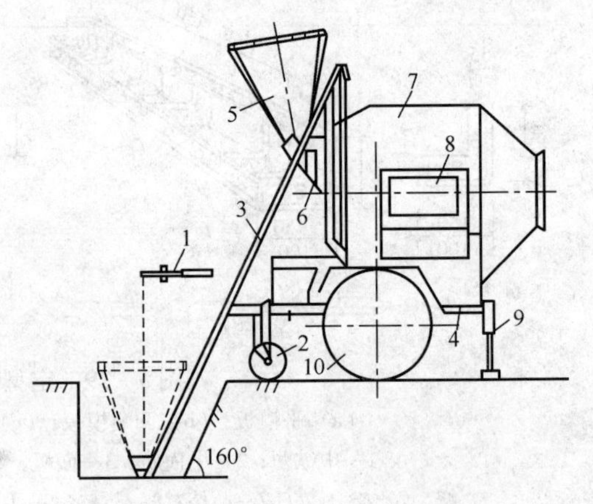

图 5－31　双锥反转出料式搅拌机

1—牵引架；2—前支轮；3—上料架；4—底盘；
5—料斗；6—中间料斗；7—锥形搅拌筒；8—电器箱；9—支腿；10—行走轮

目前推广使用的商品混凝土是工厂化生产的混凝土制备模式。混凝土的制备在施工现场通过搅拌机和小型搅拌站实现了机械化；在工厂，大型搅拌站已实现了皮带上料、电子计量。

② 混凝土运输。混凝土自搅拌机中卸出后，应及时送到浇筑地点，混凝土运输分水平运输和垂直运输两种情况。常用水平运输机具主要有搅拌运输车、自卸汽车、机动翻斗车、皮带运输机、双轮手推车。常用垂直运输机具有塔式起重机、井架运输机、泵。

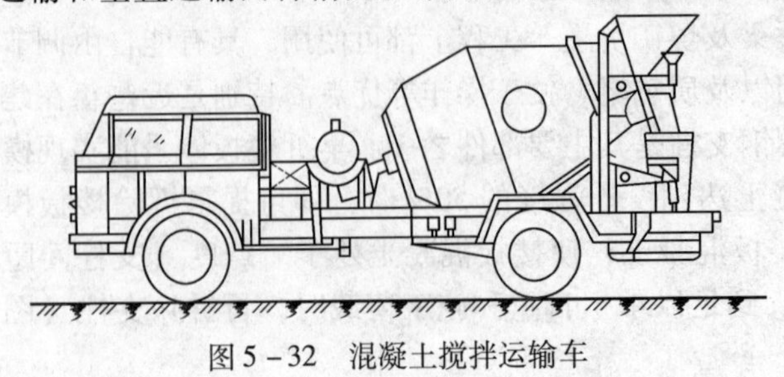
图 5－32　混凝土搅拌运输车

混凝土搅拌运输车（图 5－32）兼输送和搅拌混凝土的双重功能，可以根据运输距离、混凝土的质量要求等不同情况，采用不同的工作方式。混凝土搅拌输送车到达现场后，搅拌筒反转即可卸出拌合物。

使用混凝土泵（图5-33、图5-34）输送混凝土，是将混凝土在泵体的压力下，通过管路输送到浇注地点，一次完成地面水平运输、垂直运输及结构物作业面水平运输。混凝土泵具有可连续浇筑、加快施工进度、缩短施工周期、保证工程质量，适合狭窄施工场所施工，有较高的技术经济效果等优点，故在建筑、桥梁、水塔、烟囱、隧道和各种大型混凝土结构的施工中应用较广。

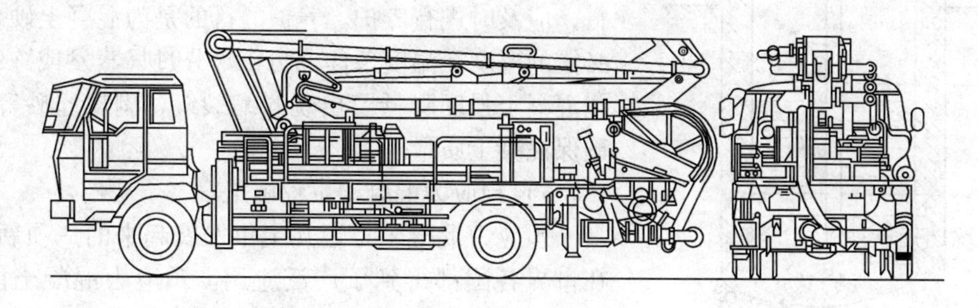

图5-33　混凝土汽式泵

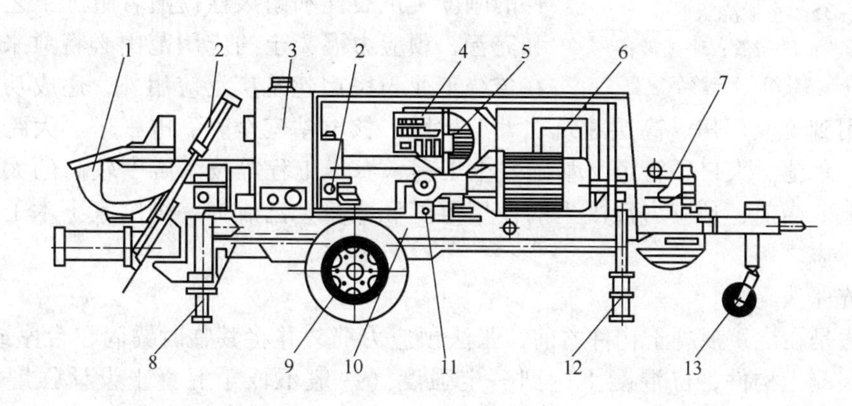

图5-34　混凝土拖式泵

1—料斗；2—集流阀组；3—油箱；4—操作盘；5—冷却器；6—电器柜；7—水泵；8—后支腿；9—车桥；10—车架；11—排出量手轮；12—前支腿；13—导向轮

③ 混凝土浇筑。混凝土浇筑包括浇灌和振捣两个过程。保证浇灌混凝土的匀质性和振捣的密实性是确保工程质量的关键。混凝土浇筑应分层进行以使混凝土能够振捣密实。在下层混凝土凝结之前，上层混凝土应浇注振捣完毕。

在水下浇注和硬化的混凝土，叫做水下浇筑混凝土，简称水下混凝土。水下混凝土的应用范围很广，如沉井封底、钻孔灌注桩浇注、地下连续墙浇注、水中浇注基础结构以及桥墩、水工和海工结构的施工等（图5-35）。

在现浇钢筋混凝土结构施工中常常遇到大体积混凝土，如大型设备基础、大型桥梁墩台、水电站大坝等，大体积混凝土浇筑的整体性要求高，不允许留设施工缝。因此在施工中应当采取措施保证混凝土浇筑工作能连续进行。

混凝土入模后，呈松散状态，其中含有占混凝土体积5%~20%的空洞和气泡。只有通过很好的振捣，才能使混凝土充满模板的各个边角，并把混凝土内部的气泡和部分游离水排挤出来，使混凝土密实，确保强度符合设计要求。借助混凝土的触变性（受到振动其流动

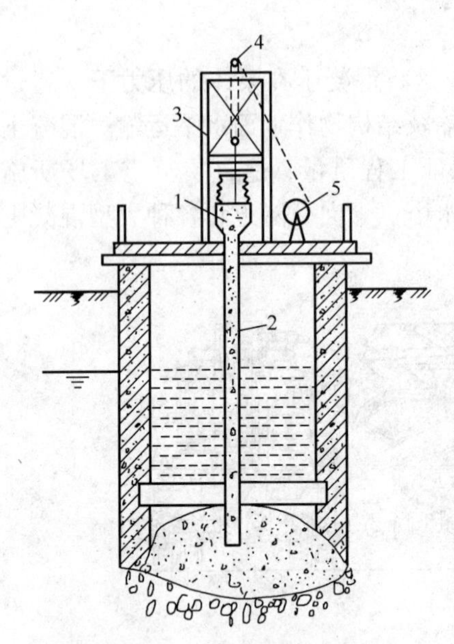

图5－35　水下浇筑混凝土
1—漏斗；2—导管；3—支架；
4—滑轮组；5—绞车

性显著增加，停止振动而黏聚性很快得到恢复），可用振动器来密实混凝土。混凝土的振动器按其工作方式可分为：内部振动器（也称插入式振动器）、表面振动器（也称平板式振动器）、外部振动器（也称附着式振动器）和振动台四种。

混凝土浇筑成型后，为保证水泥水化作用能正常进行，应及时进行养护。养护的目的是为混凝土硬化创造必需的湿度、温度条件，防止水分过早蒸发或冻结，防止混凝土强度降低及出现收缩裂缝、剥皮起砂等现象，确保混凝土质量。

3）预应力混凝土工程施工

预应力混凝土是近几十年发展起来的一项新技术，在世界各国都得到了广泛应用。预应力混凝土能充分发挥钢筋和混凝土各自的性能，能提高钢筋混凝土构件的刚度、抗裂性和耐久性。随着施工工艺不断发展和完善，预应力混凝土的应用范围必将愈来愈广。除在传统工业与民用建筑广泛应用外，还成功地把预应力技术运用到工业厂房、高层建筑、大型桥墩、核电站安全壳、电视塔、大跨度薄壳结构、筒仓、水池、大口径管道、基础岩土工程、海洋工程等技术难度较高的大型整体或特种结构上。当前，预应力混凝土的使用范围和数量，已成为一个国家土木工程技术水平的重要标志之一。

（1）先张法施工

先张法是在浇筑混凝土构件之前，张法预应力筋，并将其临时锚固在台座或钢模上，然后浇筑混凝土构件，待混凝土达到一定强度（一般不低于混凝土设计强度标准值的75%），并使预应力筋与混凝土间有足够粘结力时，放松预应力，预应力筋弹性回缩，借助于混凝土与预应力筋的粘结，对混凝土产生预压应力。图5－36为预应力先张法构件生产的示意图。

先张法多用于预制构件厂生产定型的中小型构件。

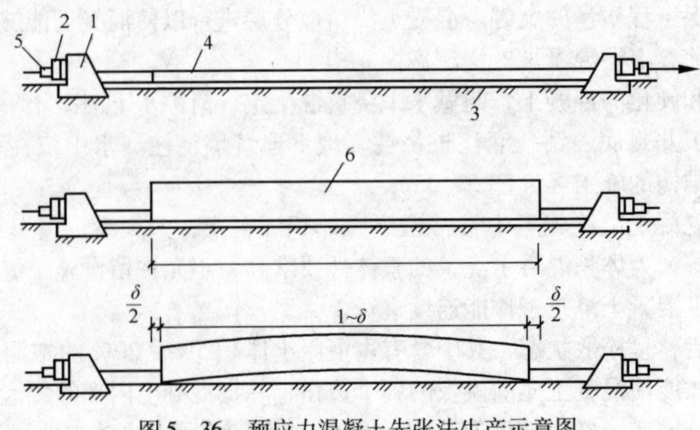

图5－36　预应力混凝土先张法生产示意图

（2）后张法施工

构件或块体制作时，在放置预应力筋的部位预先留有孔道，待混凝土达到规定强度后，孔道内穿入预应力筋，并用张拉机具夹持预应力筋将其张拉至设计规定的应力水平，然后借助锚具将预应力筋锚固在构件端部，最后进行孔道灌浆（亦有不灌浆的无粘结法），这种施工方法称为后张法。

后张法宜用于现场生产大型预应力构件、特种结构和构筑物，亦可作为一种预制构件的拼装手段。

（3）无粘结预应力混凝土施工

早在1925年，美国就提出了无粘结预应力筋的设想，在混凝土浇筑后容许预应力筋对混凝土发生纵向相对滑动。法国在预应力混凝土桥梁的初期实践中，也曾试用过涂以沥青并缠绕织带的无粘结束，但在当时没有受到重视。大约到1970年以后，无粘结筋在施工中得到了大量应用。

无粘结预应力混凝土结构不需要预留孔道、穿筋及灌浆等复杂工序、操作简便且加快了施工进度。无粘结预应力筋摩擦力小，且易弯成多跨曲线形状，特别适用于建造复杂的连续曲线配筋的大跨度结构。无粘结后张预应力在美国已成了后张法施工的主要施工方法。

上世纪60年代后期，陕西、四川等地曾采用电热后张无粘结预应力檩条和T形板，并对下弦无粘结预应力管屋架进行实验研究。20世纪80年代以来，无粘结预应力混凝土已用来建造多层工业厂房、住宅、办公楼、宾馆、停车库、商场、报告厅、储仓以及地面板、大型基础、板式桥梁和工程加固等。

目前，在北京、大连、南京、福建、天津、长沙等地已建成约10条无粘结筋生产线。

4）结构安装工程施工

（1）起重机械

为了将预制构件安装到设计位置上去，就需要用起重设备。起重设备可分为起重机械和索具设备两类。

结构安装工程中常用的起重机械有：自行式起重机（履带式、汽车式和轮胎式）和塔式起重机等。索具设备有：钢丝绳、吊具（卡环、横吊梁）、滑轮组、卷扬机及锚碇等。在特殊安装工程中，各种千斤顶、垂直提升机等也是常用的起重设备。图5－37为各种塔式起重机的示意图。

（2）结构安装

结构安装可分为按单个构件吊装，吊至安装位置后固定而组拼成整体结构，地面拼装后整体吊装和特殊安装法施工三类。

① 单件吊装。单件吊装可采用各类起重机来吊装柱、梁、板、屋架等预制构件。预制构件的吊装过程，一般包括绑扎、吊升、对位、临时固定、校正、最后固定等工序。

单件吊装方法一般分为分件流水吊装法和综合吊装法两种。

Ⅰ. 分件流水法。分件流水法是指起重机每开行一次仅吊装一种或一类构件。由于每次基本是吊装同类型构件，索具不需经常更换，操作程序基本相同，所以吊装速度快。但分件流水法的缺点是不能为后续工序及早提供工作面，起重机的开行路线较长，停机点较多。

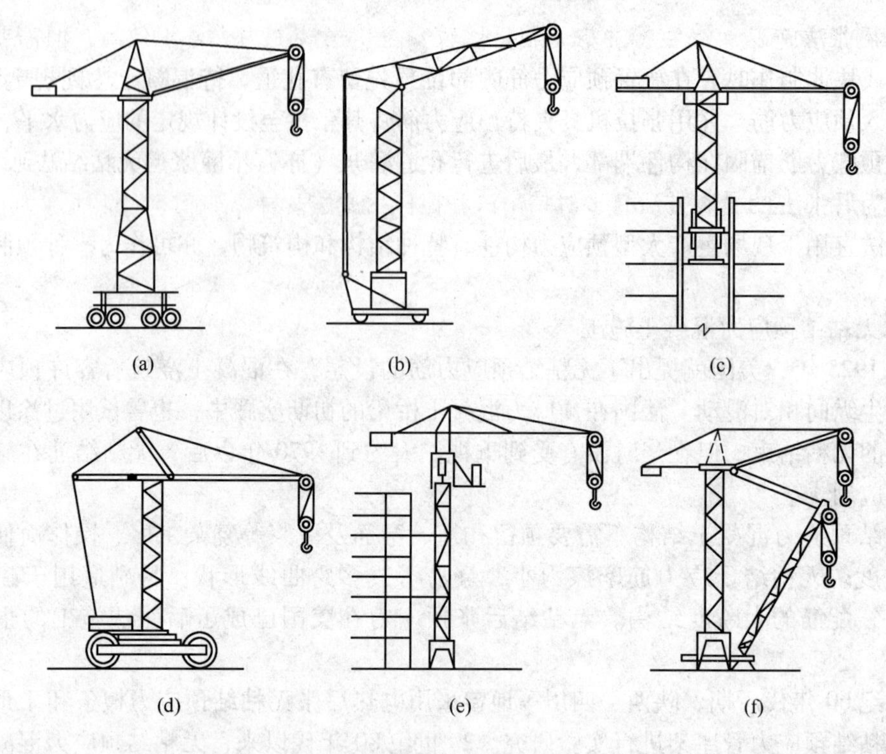

图 5－37　塔式起重机

(a) 上旋转式；(b) 下旋转式；(c) 上旋转爬升式；(d) 下旋转轮胎式；(e) 上旋转附着式；(f) 塔桅式

Ⅱ. 综合法。综合法是指起重机在一次开行中，吊装完所有各种类型的构件。起重机在每一停机位置，吊装尽可能多的构件。因此，综合法起重机的开行路线较短，停机位置较少，能为后续工序及早提供工作面。但综合法一次开行要完成各种类型构件的吊装，频繁更换吊索影响起重机生产率的提高，且使构件的供应与平面布置、校正与固定复杂化。

在海上和深水大河上修建桥梁时，用可回转的伸臂式浮吊吊装构件比较方便［图 5－38

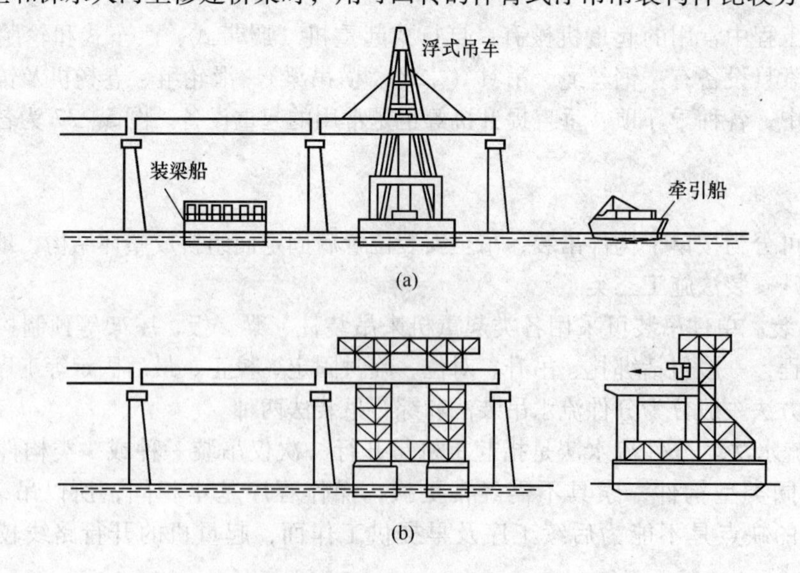

图 5－38　浮吊架设法

(a)]。这种架设方法，高空作业少，施工比较安全，吊装能力大，工效高，但需要大型浮吊。在缺乏大型伸臂式浮吊时，也可用钢制万能杆件或贝雷钢架拼装固定式的悬臂浮吊进行架设［图5-38（b)］。

②整体吊装。整体吊装就是先将构件在地面拼装成整体，然后用起重设备吊到设计标高进行固定。相对应的吊装方法有多机抬吊法和桅杆吊升法两种。如图5-39所示为某体育馆

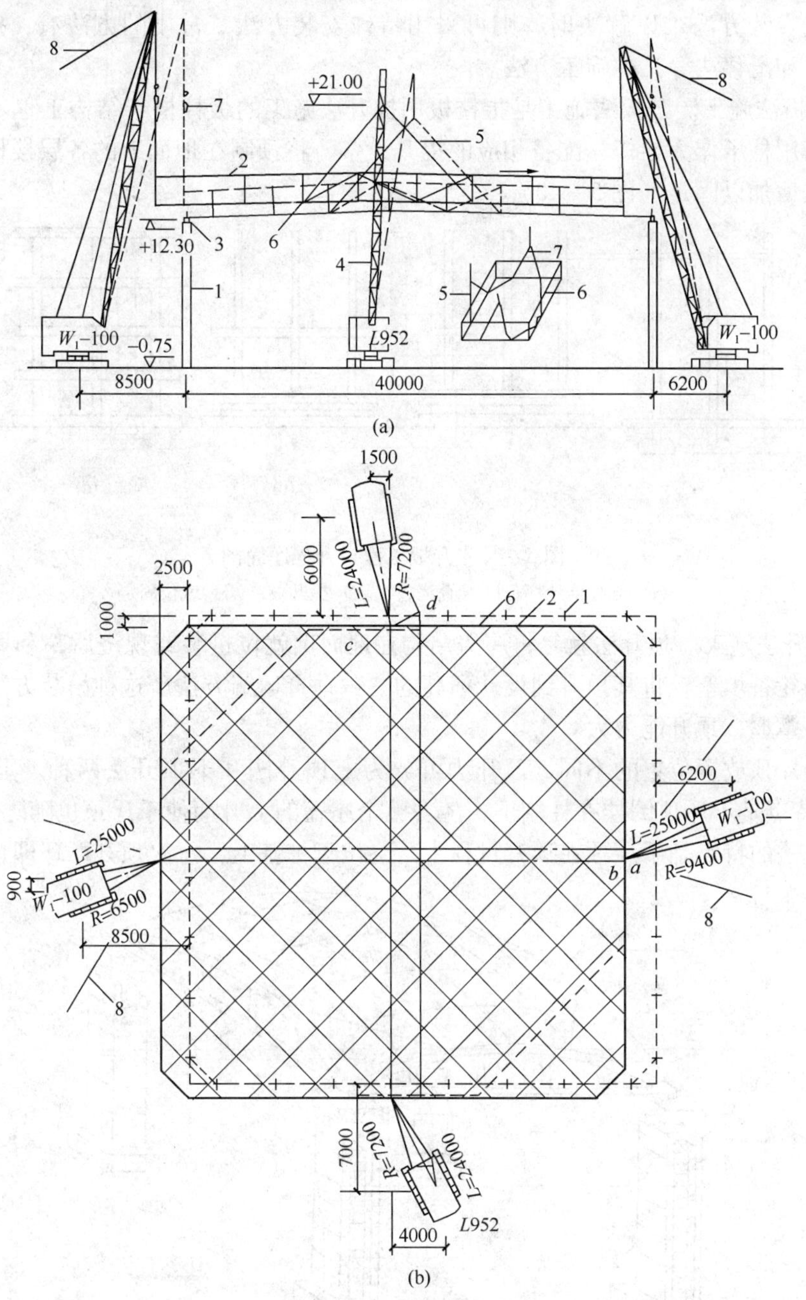

图5-39　多机抬吊网架

（a）网架吊装过程示意图；（b）网架吊装平面示意图

1—柱子；2—网架；3—弧形铰支座；4—履带式起重机；5—吊索；6—吊点；7—滑轮；8—缆风绳

网架屋盖结构采用多机抬吊法吊装的情况。桅杆吊升法是将结构在地面上错位拼装后，用多根独脚桅杆将整体提升，进行空中移位或旋转，然后落位安装。一般分现场拼装、试吊、整体起吊及横移就位。

③特殊安装法。对于某些土木工程，由于所处场地特别狭窄（如城市改造工程或远郊山区），大型起重机无法进入施工现场；或者由于结构构件质量特别重，体积特别大的工程，用一般安装方法难以解决时，则可采用特殊安装方法。常用的方法有：提升（升板）法、顶升法和滑移法等几种施工方法。

Ⅰ. 升板法施工。升板法施工是指楼板用提升法施工的板柱框架结构工程。升板法施工的方法是利用柱子作为导杆，配备相应的提升设备，将预制在地面上的各层楼板，提升到设计标高，然后加以固定（图5-40）。

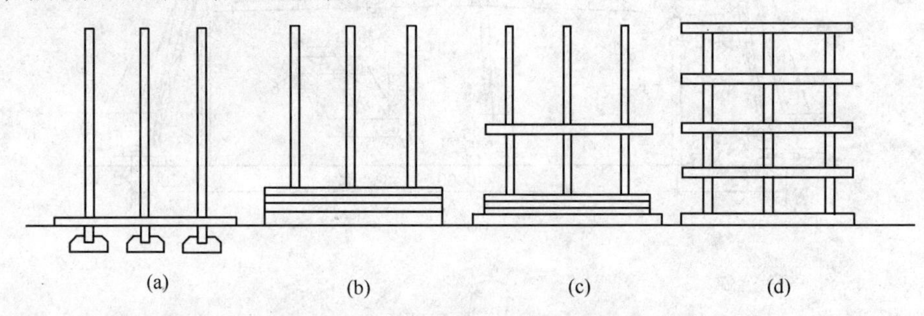

图5-40　升板工程提升程序简图

（a）立柱浇地坪；（b）叠浇板；（c）提升板；（d）就位固定

Ⅱ. 顶升法施工。顶升法就是将屋盖结构在地面上就位拼装或现浇后，利用千斤顶的作用与柱块的轮番填塞，将其顶升到设计标高的一种垂直运输方法。这种吊装方法所需的设备简单，容易掌握，顶升能力大。

根据千斤顶放置位置的不同，顶升法可分为上顶升法和下顶升法两种。上顶升法（图5-41）的特点是千斤顶倒挂在柱帽下，随着整个屋盖的上升而使千斤顶也随之上升。

下顶升法的特点是千斤顶在顶升过程中始终位于桩基上，每次顶升循环即在千斤顶上面

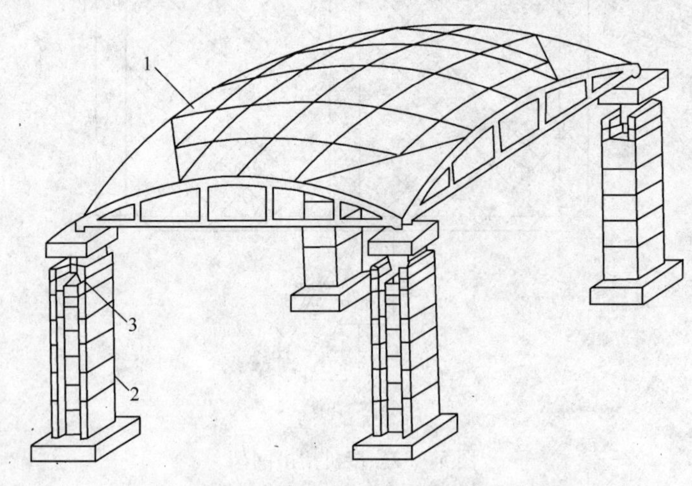

图5-41　双曲扁壳屋盖上顶升法示意图

1—壳体；2—柱块；3—千斤顶

填筑一个柱块，无需临时垫块，屋盖徐徐上升，直至设计标高为止。下顶升的高空作业少，但在顶升时稳定性较差，所以工程中一般采用较少。

Ⅲ. 滑移法施工。滑移法是先用起重机械将分块单元吊到结构一端的设计标高上，然后利用牵引设备将其滑移到设计位置进行安装。这种安装方法，可采用一般的施工机械，同时还有利于平行施工作业，特别是场地窄小，起重机械无法出入时更为有效。因此，这种新工艺，在大跨度桁架结构和网架结构安装中已经采用。

5）钢结构工程施工

（1）空间网格结构施工（图5－42）

①网架结构的施工原则。把网架根据实际情况合理地分割成各种单元体，使其经济地拼成整个网架。尽可能多地争取在工厂或预制场地焊接，尽量减少高空作业量。因为这样可以充分利用起重设备将网架单元翻身而能较多地进行平焊。

图5－42　网架结构施工

②网架安装。一般分为如下五种方法：

Ⅰ. 高空散装法。将网架的杆件和节点（或小拼单元）直接在高空设计位置总拼成整体的方法称高空散装法。

Ⅱ. 分条（分块）吊装法。将网架从平面分割成若干条状或块状单元，每个条（块）状单元在地面拼装后，再由起重机吊装到设计位置总拼成整体，此法称分条（分块）吊装法。

Ⅲ. 高空滑移法。将网架条状单元在建筑物上由一端滑移到另一端，就位后总拼成整体的方法称高空滑移法。

Ⅳ. 整体提升及整体顶升法（图5－43）。将网架在地面就位拼成整体，用起重设备垂直地将网架整体提（顶）升至设计标高并固定的方法，称整体提（顶）升法。

图5－43　网架结构施工（整体提升及整体顶升法）

Ⅴ. 整体吊装法。将网架在地面总拼成整体后，用起重设备将其吊装至设计位置的方法称为整体吊装法。

（2）网壳结构施工

网壳结构节点和杆件制作精度比网架高。安装方法可沿用网架施工的各种方法，但可根据某种网壳的特点而选用特殊的安装方法，从而达到经济合理的要求。

除了与网架以上几种安装方法相同以外，网壳结构的安装还有外扩法、内扩法、“攀达穹顶”结构体系的施工方法等。

3. 现代施工技术

第二次世界大战前后，美国纽约、香港等国家和地区兴建了一系列高层及超高层建筑，在钢结构与混凝土结构技术上，形成了包含现代科技的一系列施工新技术。据不完全统计，近二十年我国已建成高层建筑上万幢，具有代表性的如：深圳地王大厦81层、325m高，广州中天大厦80层、322m高，上海金茂大厦88层、420.5m高。在土木工程其他方面：上海杨浦大桥602m一跨过江，在叠合斜拉桥类型中为世界第一；上海东方明珠电视塔高468m，居世界第三；江阴长江大桥（悬索桥）为世界特大跨度桥梁之一，其中锚墩沉井长70m、宽50m、深58m，为世界之最；在水利工程方面有黄河小浪底、长江三峡工程的建设。交通运输方面建成了京九、宝中、南昆等技术复杂的新干线，短期内建设了大量的高速铁路客运专线；还有北京、上海地铁和大量的高等级公路；全国各地新建的港口、机场、矿井、核电站以及大批的现代化工厂等。工程数量之多，技术复杂是空前的。正是由于工程建设的促进，我国的施工技术已有一些项目赶上或超过了发达国家，在总体上也正在接近发达国家水平。

1）基础工程施工技术

（1）人工地基施工技术。包括地基加固、承载桩、钢管桩等技术。

①地基加固：有换土、预压、强夯、水泥土旋喷、水泥土深层搅拌技术等。

②承载桩：有渣土桩、水泥土桩、木桩、混凝土桩（混凝土预制桩、预应力管桩、灌注桩）、钢桩（钢管桩、H型钢桩）、特殊桩（成槽机施工的巨型桩、扩头桩）等。目前我国施工的灌注桩最大直径达3m，深度达104m，工艺上可加注浆。国外有的更大，还可以扩大头部。如果用连续墙成槽机做巨型现浇灌注桩，还可以做得更大更深，例如日本的水平多轴式回转钻机（EM型），成桩壁厚1200～1300mm，深度达到170m。

③钢管桩：上海宝钢建设拉开了我国大规模使用钢管桩的序幕。一般直径约600～900mm，深度约50～60m，而上海金茂大厦管桩深度达83m，直径900mm，最大桩锤30t。

（2）基坑支护技术。基坑支护广义上包括挡土结构、止水帷幕、排降水设施，涉及支撑技术、降水技术及环境保护技术等方面。

①挡土结构。包括重力坝、钢筋混凝土桩墙、劲性水泥土桩等。

Ⅰ.重力坝：用深层搅拌、旋喷等工艺形成的水泥土重力坝形式，作为挡土、隔水，甚至可不再设置支撑，上海博物馆工程基坑就采用该类型挡土结构，深度达到9.8m。

Ⅱ.钢筋混凝土桩墙：如钢筋混凝土地下连续墙这种工艺在世界上已经有50年历史，可以挡土和隔水，有现场浇筑与成槽后插入预制地下墙两种。对于现场浇筑地下墙，我国已做到深度60m，有的国家已经在考虑生产成槽能力200m以下的水平多轴式回转钻机，壁厚可达到4m，预制地下墙深度可达30m。

Ⅲ.劲性水泥土桩（SMW工法）：在水泥土排桩内插入型钢，以型钢受力，水泥土作为止水帷幕。

②隔水帷幕。有水泥土排桩、注浆帷幕、薄型地下连续墙等。日本最近制成称之为TRUST－21型的成槽机，成槽最小壁厚仅为0.2m，深度200m，采用泥浆固化成壁。

③支撑技术。主要包括以下几种支撑技术：

Ⅰ.型钢支撑（图5－44）：传统采用型钢支撑。

图5－44　型钢支撑

Ⅱ.钢筋混凝土支撑：为适应不规则基坑的体形并使挖土有较大空间，在我国特别是在上海地区创造与发展了一种钢筋混凝土支撑体系，有对撑、角撑、排撑及拱形、环圈形支撑。上海最大环圈直径达92m，天津施工了直径一百余米的大环圈。采用钢筋混凝土支撑体系的优点是一次性投入少、适应性强，最大的缺点是只能一次性使用，社会资源浪费大，爆破拆除时对环境有影响。

Ⅲ. 双向双股复加预应力钢管支撑：双股井字形接头可以解决传统的钢支撑空间小的缺点，以提供挖土方便。双向施加预应力还可以针对土的流变特性，复加预应力控制变形。在一些重要地段，特别是在地铁隧道边的深基坑施工都采用此法。

Ⅳ. 土锚杆（土钉）拉锚：在挡土结构上部冠梁、中部腰梁，侧向向基坑外土体深部打入锚杆，可施加预应力，以达到锚桩挡土的目的。这种方法一般适用于土质较好的大型深基坑。

④降水技术。地下水位较高的地区，较深的基坑都需要根据场地土的渗透特性采取恰当的降水措施，常用的有：轻型井点，可深至3～7m；喷射井点，可深至7～15m；深井及加真空深井井点，可深至10m以下；大口径明排水管井，在土质好的北京等地区常有应用。

⑤环境保护技术。主要包括以下技术：

Ⅰ. 井点回灌技术：目的是控制基坑外的水位，防止坑外管线、道路、建筑物产生固结沉降。

Ⅱ. 堵漏技术：目的是控制向基坑内渗水，有各种即时堵漏及注浆技术。

Ⅲ. 变形监测：支护结构理论计算的结果往往不切实际，工程应用较多地依赖于经验或工程类比。施工场地也存在着各种各样复杂因素的影响，基坑工程设计方案能否真实地反映基坑工程实际状况，只有在方案实施过程中才能得到最终的验证，其中现场监测是获得上述验证的重要和可靠手段。

通过基坑变形监测，提供为确保基坑支护结构安全的变形监测数据。

Ⅳ. 调节变形的技术手段：可以在基坑内外进行双液快硬注浆；可以对支撑施加预应力，或增加支撑；也可以调整挖土速度及支撑施工的程序。总之，充分考虑土体变形的时空效应以施工速度和施工措施来控制变形。

（3）大体积混凝土施工技术。土木工程构件三个方向的最小尺寸超过800mm的混凝土施工，称为大体积混凝土施工（图5－45）。由于水泥在水化过程中发热，引起混凝土构件在升、降温过程中，因各部位温差应力加上混凝土本身的收缩等因素，易产生危及结构安全的裂缝。过去，大体积混凝土施工是一个重大技术难题，20多年前南京梅山铁矿高炉基础浇筑时曾因温度裂缝出现质量问题，但自从宝钢转炉基础7200m^{3}一次浇捣无裂缝获得成功后，大体积混凝土施工技术开始有了新的飞跃，其中主要采取了四类措施：

图5－45　大体积混凝土施工

①减少混凝土本身发热量；

②内降温、外保温，运用温度监测技术，及时调整和控制结构内外部分的温差在25℃之内；

③延长并做好养护工作。

目前上海地区大体积混凝土施工水平为：最大基础厚度6m；最高的混凝土强度等级

C50；最大一次浇捣混凝土量为24000m³；最高浇筑强度660m³/h。上海虹桥世贸商城工程共启用20辆泵车、200辆搅拌输送车、10个几种搅拌站同时供应商品混凝土，其规模与水平为世界之最。

（4）逆作法施工技术。对某高大挖方的多阶边坡而言，自上而下施工各阶护坡就是逆作法施工。逆作法是房屋基础与上部结构同时施工的先进工艺，有减少和取消临时支护措施，降低成本及大大加快施工速度等优点，上世纪70年代前后被一些发达国家采用。我国于80年代进行研究试验，90年代在广州、上海等地应用。逆作法施工的工序如图5-46所示。逆作法施工的关键技术是：

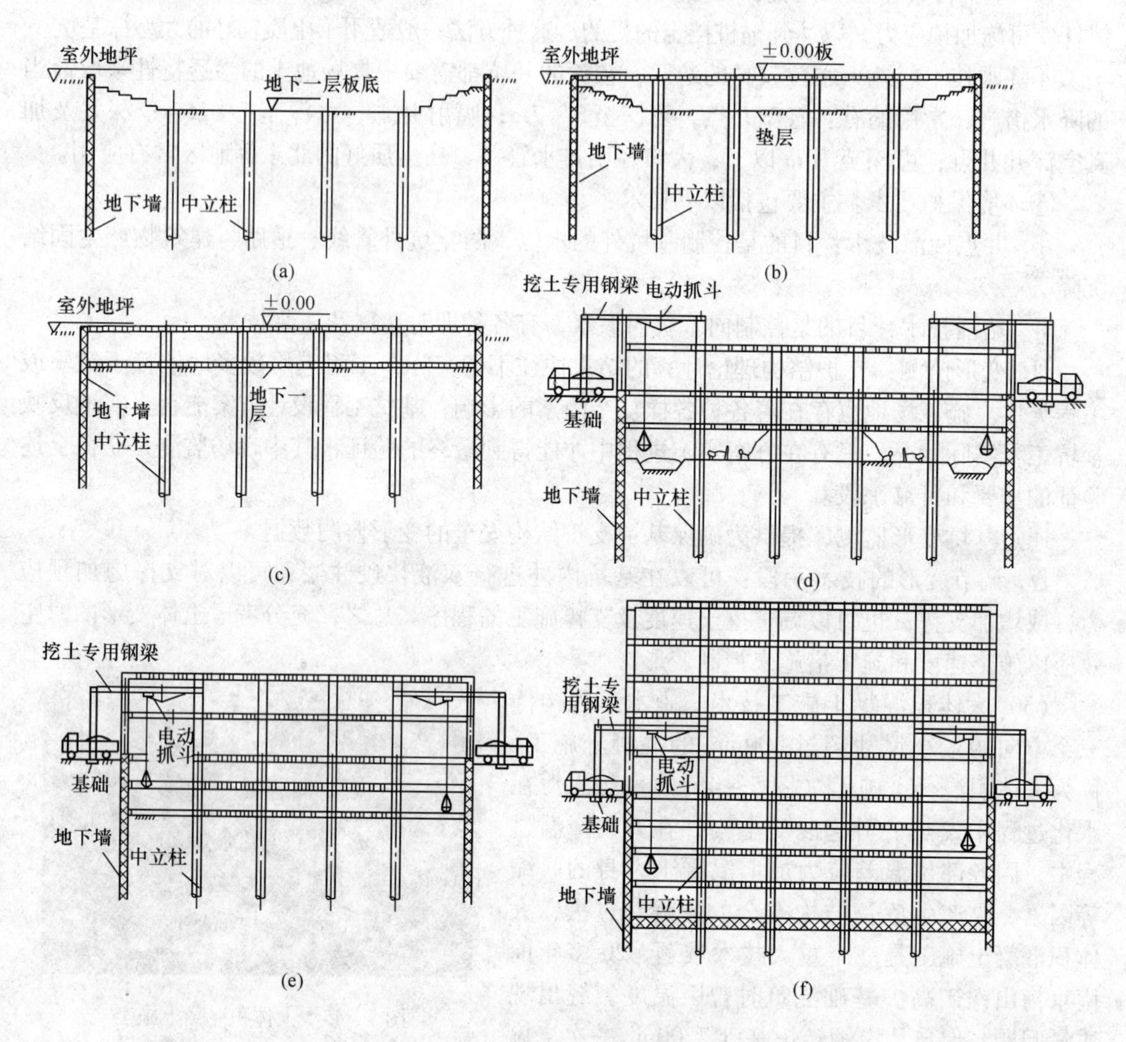

图5-46　逆作法施工工序

（a）做围护和支撑柱，盆式开挖一层土；（b）施工±0.00楼面；（c）施工地下一层楼板；（d）施工上部一层结构，地下二层挖土；（e）上部三层结构施工，地下二层浇楼板（重复上述施工步骤）；（f）底板浇捣

①用地下连续墙作为永久地下室外墙壁；

②对建筑主体结构柱子下的承载桩，在成桩过程中要预先增加型钢支柱；

③先施工地面板，支承在型钢支柱与地下墙上，此地面板又是在挖土过程中对地下墙的

支撑；

④在地下室最下部底板施工前，上部结构施工高度要控制在钢支柱桩的安全承载力之内；

⑤各支柱及地下墙在施工过程中的沉降差要控制在结构允许范围之内；

⑥施工有顶盖的地下部分要保证安全与一定的效率。

2）上部结构施工技术

结构施工技术范围很广，包括砖结构、木结构、钢结构、钢筋混凝土结构及其他特种结构，下面仅介绍当前钢筋混凝土结构中的模板、钢筋、混凝土以及结构吊装的先进工艺技术。

（1）钢筋混凝土工程模板技术。我国自20世纪70年代开始引进日本钢管脚手架与组合钢模板技术，80年代后期逐步发展成自己的型钢骨架加大型贴面模板。各种新型的平面模板体系，有传统的支架模板以及改进了的台模、飞模、排架式快拆模体系、独塔式快拆模体系等。各种竖向模板与脚手体系如下：

①滑模体系。滑模是相对成熟和比较老的施工技术，在筒仓等工程上早有应用，以后又在剪力墙、框架结构上应用。滑模又分直接滑模浇捣与滑框倒模等工艺。北京、天津电视塔为滑模最高的筒体结构；武汉国贸大厦是墙柱梁整体滑升的最大滑模工程，平台面积达2300m^2，结构高度为200m。

②爬模体系。直爬模板已大量推广应用于高耸烟囱和高层建筑。斜爬模为上海黄浦江上3座大桥的桥塔及武汉、广东几座斜拉桥所采用。其原理是利用模板与爬架交替支承在结构上，并用简易起重设备交替上升安装支架和模板。

③液压整体提升模板体系。滑模的缺点是每次只能滑升若干厘米，混凝土要连续浇捣，混凝土结构体与模板一直在相对运动，所以混凝土表面容易出现横条纹甚至被拉裂，施工安排也比较繁琐。近年来在原滑模技术的基础上有所改进，原滑模动力体系仅作为提升设备，并加强支柱的力量，将模板做成整体，从而使模板可每层一次整体提升到位，混凝土分层浇筑。

④分块提升式大模板。作为一种专用模板体系，如德国的PERI，在国外使用得很多，该模板体系支承在已完成的结构上，由专用液压机进行自升，技术较先进，但价格较贵，马来西亚吉隆坡双塔大厦工程就应用了该项技术。

⑤升降机整体式提升模板脚手体系。这是利用升板机较大的提升能力，借助结构自身强度，提升钢制平台，而模板与脚手架就悬挂在钢平台上，随结构的上升而上升，是一种比较经济高效的模板体系。曾在上海东方明珠电视塔、金茂大厦等工程上采用，最高速度达一个月13层，这种体系快速、安全、经济。

（2）钢筋施工技术。包括如下技术：

①钢筋电焊网片。由钢筋工厂生产焊接卷网，在施工现场进行钢筋焊接骨架整体安装。

②钢筋接头。有长度搭接、电弧焊接、对接压力焊、电渣焊、套筒冷压接、套筒锥螺纹连接、套筒直螺纹连接等多种方式。特别是直螺纹等强接头，它利用加工过程使钢筋螺纹接头强度提高，可以保证接头强度超过母材，使接头位置与数量不受限制。

③预应力技术。预应力技术从20世纪30年代方案提出，到50年代在世界上推广应有，该技术使钢筋与混凝土充分发挥各自特性达到结构的最佳组合，以提高结构刚度和抗裂性

能，减小结构断面尺寸。目前，在一些大型大跨度的钢筋混凝土结构工程上几乎均采用预应力技术。如，上海东方明珠电视塔竖向预应力连续长度为300m，南浦大桥大梁的水平方向预应力一次张拉长达100m，上海国际航运大厦基础地下室采用了无粘结钢绞线预应力结构，太原山西能源工业物流港展馆及交易大厦27m跨度框架梁的预埋金属波纹管等。

（3）混凝土技术。近百年来，混凝土结构主宰了土木工程业，没有一个重大工程可以离开混凝土。混凝土技术随土木工程业的发展而发展，特别是近年发展得更快。

①混凝土组分的发展。混凝土已在一般的水泥（胶凝料）、砂石（粗细集料）加水的组分基础上，增加了很多新的品种。比如增加掺和料：粉煤灰（可改善混凝土性能）、磨细矿渣粉等（可提高强度，改善性能）；掺加化学外加剂：可适应减水、快硬、增塑、缓凝、抗冻、可泵送、自密实等功能的要求；掺加各种纤维：如玻璃纤维、钢纤维、塑料纤维、碳纤维等，以提高混凝土强度与抗裂性。

②混凝土强度的发展。20世纪50年代前，我国主要以1：2：4和1：3：6体积配比的混凝土为主；50年代主要为110号、140号、170号、210号混凝土；60~70年代主要为150号~300号混凝土；80年代主要为200号、300号、400号混凝土；90年代发展为C20~C80级混凝土，如上海杨浦大桥采用C50混凝土；东方明珠电视塔采用C80混凝土；新上海国际大厦第21层试点采用C80混凝土；上海明天广场大量应用C80混凝土；辽宁物产大厦下部柱采用C80混凝土；北京静安中心大厦地下三层柱采用C80混凝土等。我国已能在实验室配制C100级以上混凝土，但在实际应用中最高的是C80级混凝土。

在国外，如美国ACJ在1984年确定C50以上为高强混凝土，马来西亚吉隆坡双塔大厦底层受压结构采用C80混凝土；美国芝加哥South Wacker大厦底层柱为C95混凝土；美国西雅图双联大厦3m直径的钢管混凝土采用C130混凝土，为国际上混凝土应用的最高强度等级。虽然理论上可以配制C200以上的混凝土，只是由于强度太高带来的脆性问题尚未根本解决，因此目前在使用高强度混凝土方面仍有一定的限度。

③商品混凝土及泵送混凝土。商品混凝土发展很快，发达国家的一些大城市几乎都采用商品混凝土，占总量的60%~80%，我国近十几年来发展也很快。泵送混凝土是与商品混凝土一起发展起来的，与此同时，泵送技术也有了很大提高。如上海一次泵送C60混凝土达到350m高度，已在东方明珠电视塔与金茂大厦工程上实践成功。

④高性能混凝土及其发展。高性能混凝土（即HPC），国际上提出这个名词时间不长，但不少发达国家都在这方面投入大量人力、物力研究与实施。为实现符合多种要求的特殊功能，如高强、耐久、耐油、抗裂，目前世界各国都有许多研究与实施计划。如日本1988年提出新P.C计划，并在明石海峡大桥的2个桥墩上分别实现24万立方米与15万立方米不用振捣的自密实混凝土；英国北海油田海上平台的混凝土28d抗压强度达100MPa，可在海水中耐久100年；法国也提出了“混凝土新法”，着重解决混凝土的耐久性问题。由于国外高性能混凝土取得了突破，混凝土施工也打破了传统习惯，20m高的混凝土墙体可以一次浇捣。

（4）结构吊装技术。目前，国内外的结构吊装技术都有了突飞猛进的发展，开始由传统的机械吊装向大型化与多机组合吊装发展。

①整体提升吊升。徐家汇上海万人体育馆屋盖采用整体提升技术。日本某体育馆分3次提升就位等。计算机控制、钢绞线承重、液压整体提升技术等。

②平面滑行安装技术。当安装机具无施工位置时，利用已安装的结构单体进行平面滑行安装，也是非常实用的方法。如日本博多饭店大楼就采用此法施工。

(5) 房屋工厂的设想与实践。由于房屋建筑的固定与庞大的特性，所以房屋生产没有工厂与流水线，建筑工人露天作业的状况沿袭至今。日本一家建筑公司设想改变这种状况，其方案是：在建造高层建筑时，先用一个带各种机具与控制设备的顶盖，套在建设中的房屋结构上，在往上进行房屋结构施工的同时，大屋盖也跟着往上提升，成为一个全天候建筑施工的工厂，目前已由五洋建设与大成建设联合体进行实践，图5-47是一幢地下2层、地上20层的商住大楼，高85m，钢结构、内部大部分采用装配式的构配件。

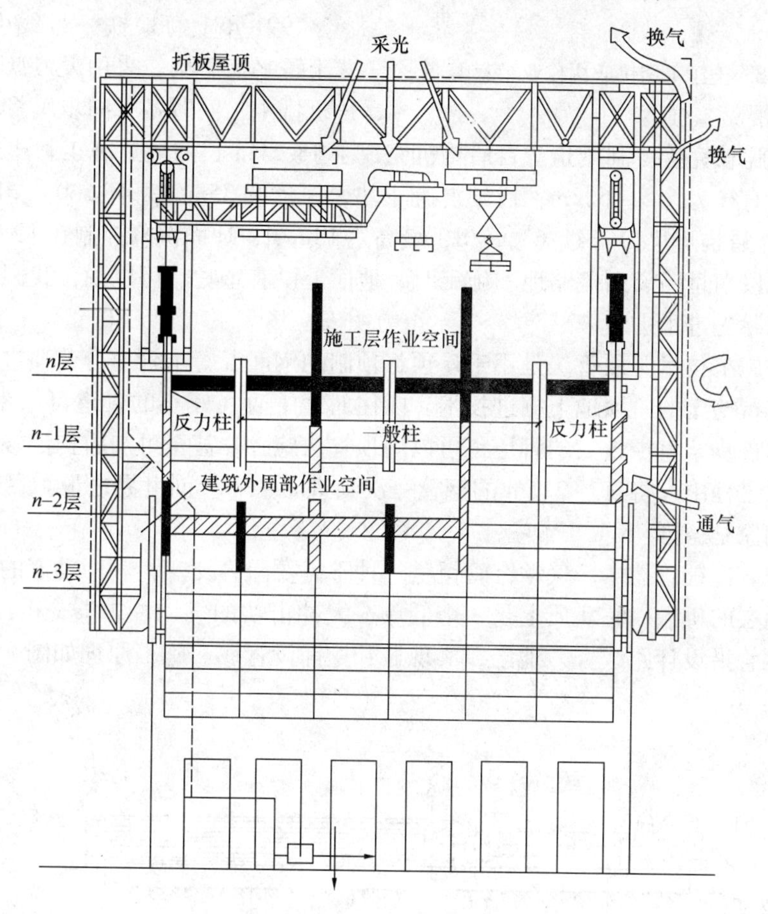

图5-47 房屋工厂施工方法示意图

3) 特殊施工技术

在现代土木工程施工中，有大量的特殊施工技术，如水利工程的定向控制爆破、隧道工程的顶管施工等，下面仅就隧道桥梁的特殊施工技术进行简要介绍。

(1) 地下长距离管沟、隧道施工技术

①盾构法。盾构施工时一种在软土或软岩中修建地下隧道的特殊施工方法。盾构隧道施工时先在设计位置开挖土体，再用千斤顶使盾构（有保护条件及隧道施工功能的构造体）推进到已开挖的位置，然后在缩回千斤顶的同时，用液压举重拼装器拼装隧道衬砌。如此一段段地向前掘进拼装，直至完成整条隧道，施工既快速又安全（图5-48）。

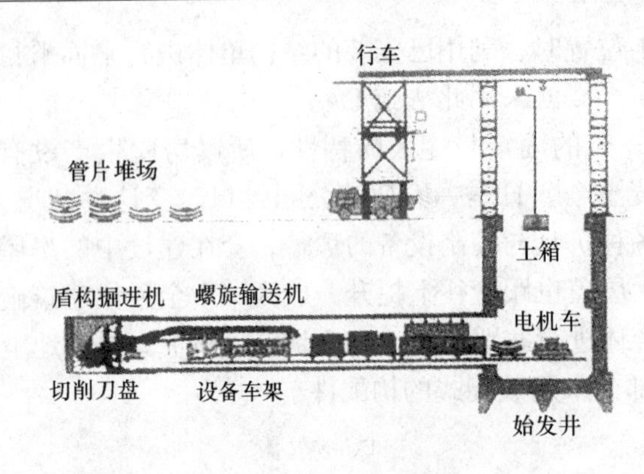

图5-48　土压平衡法盾构作业示意图

我国1963年开始在上海试验性地采用盾构法掘进隧道，最初为直径仅4.2m的敞胸干挖法，后逐步发展为干出土的网格式盾构和水力出土的盾构施工法。20世纪60年代末北京也试验用盾构法建造地铁，以直径7m的半机械化盾构成洞78m长，后由于北京有条件采用明挖法，从经济上考虑而停止试验。

1991年上海地铁一号线引进7台加泥式土压平衡盾构，采用大刀盘开挖、螺旋输送机排土，同时备有同步压浆、计算机控制系统等，性能比较完善。利用这7台盾构机完成了18.5km长的隧道施工，建成上海地铁一号线隧道。其直径为5.5~6.2m，衬砌混凝土块，厚度0.35m，每环6块，环宽1m，单块最大重3.75t，盾构进尺为（4~6）m/d，最高达18m/d，地面沉降控制在10~30mm。在上海繁华闹市地段南京路、西藏路地下施工时，地面上没有感觉。可以说，我国的盾构法施工技术达到了国际先进水平。

②顶管法施工技术。顶管法是用千斤顶将预制的钢筋混凝土管道分节顶进，并利用最前面的工具头进行挖土的一项地下掘进技术。以往对地下直径较小的管道可采用顶管法施工，目前随着技术进步，直径较大的管道也可以用顶管法施工，甚至可与盾构法媲美。在上海黄浦江上游引水工程中，将直径3.5m的钢管一次顶进1743m，创世界之最。目前国外顶管技术最先进的国家是德国。

③气动夯管锤铺管技术。气动夯管锤是一种不需要阻力支座，利用动态的冲击能将空心的钢管推入地层的机械。它实质上是一个低频、大冲击功的气动冲击器，由压缩空气驱动，将所铺设的钢管沿设计路线夯入地层，实现非开挖铺设管线。施工原理如图5-49所示。

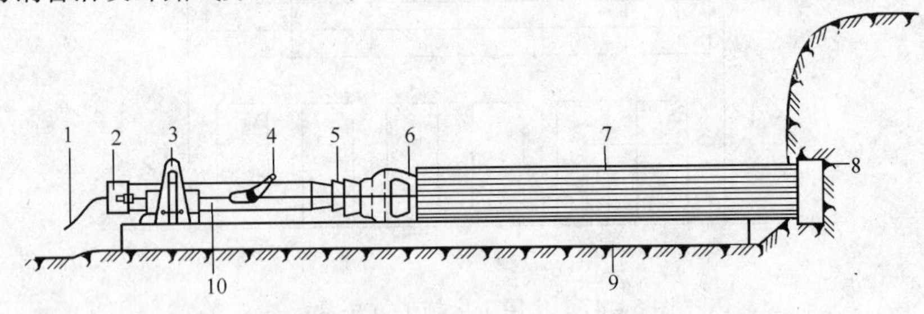

图5-49　夯管锤铺管施工原理图

1—压缩空气管；2—增压板；3—滑架；4—棘轮拉手；5—套插锥体；6—排土锥体；7—钢管；8—切削护环；9—钢管起始支架；10—夯管锤

④沉管法施工技术。沉管法是在干船坞内或大型驳船上先预制钢筋混凝土管段或全钢管段，将其两头密封，然后浮运到指定的水域，再进水沉埋到设计位置固定，建成需要的过江管道或大型水下空间。沉管法是正在发展中的施工技术，国内外有许多施工实例，香港过海隧道、广州珠江隧道都采用这种方法施工。珠江隧道工程为我国大型沉管工程开创了成功的先例。

⑤冻结法施工。自从1883年德国工程师波兹舒（F. H. Poetsch）首次应用冻结法开凿井筒以来，该项技术广泛应用于矿井建设、地下铁道和河底隧道等工程，但费用昂贵，非不得已，一般不采用。

冻结是在含水土层内先钻孔打入钢管，导入循环的液氮，使周边的地层冻结，形成坚硬的冻土壳。它不仅能保证地层稳定，还能起隔水作用，可以进行深基坑的挖土。我国一些煤矿井筒工程中用此法施工的较多，已有300多个井用此法完成，最长达500m；20世纪70年代北京地铁施工中，遇流砂曾用冻结法解决；20世纪90年代上海延安东路越江隧道盾构在浦西段出口处，遇有大量城市管网，也采用冻结法保护周边环境及施工安全。

⑥气压室法。将整个开挖洞段密封起来，在进出口段做上气密室，由洞外进入气密室再进入洞内，需经过两层密封门，洞内气压大于外压或大气压1. 2bar（巴）。用这个超压来减少渗入洞内的水，也用此压力来改善围岩自稳情况。当然，气压室需额外的设备投资，而且施工的速度将降低，一般只是在不得已时采用，上海过江隧道即用此法。

（2）桥梁施工技术

斜拉桥是新型的桥梁形式，这种形式大桥的主桥分两大部分：桥塔及索拉桥面。桥塔的施工与建筑工程相同，但有的呈斜面，施工有一定的困难。在采用斜爬模施工技术后，取得了比较经济和快速的效果。由于斜拉桥桥面材料有不同的组合，可分为钢桥、钢与混凝土叠合桥及钢筋混凝土桥。上海杨浦大桥主跨602m，在叠合桥中跨度为世界第一，而目前世界最长斜拉桥为日本的多多罗桥（桥长890m）和法国的诺曼底桥（桥长856m）。

悬索桥是世界上较早出现的桥型之一，跨度可达到1km以上，世界上较著名的为美国旧金山大桥，施工方法是先建锚墩与桥塔，再在锚墩与桥塔之间拉上工作索，在工作索下设操作平台，并装上机具，然后安装主索，主索分散安装。钢索安装校正后，即可将分段预制的桥面从船上用钢索吊起固定。目前世界上最大跨度的该类桥梁是日本明石大桥，主跨为1990m，桥塔高297m，主索直径达1. 2m。我国江阴长江大桥主跨为1385m，桥塔高200m，主索直径0. 9m。

5. 3. 2　土木工程施工组织

建筑工程施工组织设计是用以规划部署施工生产活动，制定先进合理的施工方法和技术组织措施，是用以指导施工的技术、经济和管理的综合性文件。它根据建筑产品及其生产的特点，按照产品生产规律，运用先进合理的施工技术和流水施工基本理论与方法，使建筑工程的施工得以实现有组织、有计划地连续均衡生产，从而达到工期短、质量好、成本低的目的。

1. 现代施工的特点

土木工程是庞大的建筑物与构筑物，与工业产品相比具有迥然不同的特殊性，工业产品总是可以组成若干类型后再统一规格大批量组织生产，唯独土木工程产品各有造型与风格要求，有的还成为历史象征的丰碑。土木工程产品的差异是一切产品之最，其单一性决定了土木工程施工没有固定不变的模式。

工业产品一般都是在一个固定的生产地点生产或组装成产品后运输销售给使用者的，唯独土木工程产品是固定不动的。土木工程施工不能自己设计一个理想空间，选定一套稳定工艺组织生产，而是服从产品设定地点的需要，不断地按工程要求，流动设备与人员，使自己的生产最有效地适应工程特定的空间，包括水文地质、交通、气象、周边环境等。因此，因地制宜，是土木工程施工的基本原则。

没有一种工业产品可与土木工程产品比体量。一幢大楼几百米高，一座桥几百米长，生产一个产品要动用成百上千台设备与成千上万名员工，从开工到竣工，少则数月，多达几年。其生产过程是通过不断变换的人流将物资有机地凝聚成逐步扩大的产品，而最终产品是一个需要符合一系列功能的统一体，所以土木工程产品的生产是一个“多维”的系统工程。土木工程施工必须把握施工方案多样化的特点，经过科学论证选取最佳方案。

由于土木工程产品单一、固定与庞大的特性，决定了土木工程施工的复杂性，没有统一的模式与章法。施工技术必须兼顾天时、地利、人和、因人制宜，充分认识主客观条件，选用最合适的方法，经过科学组织来实现施工。所谓的施工也就是施工技术加施工管理，其中施工技术一般就是指完成一个主要工序或分项工程的单项技术，施工管理则是优化组合单项技术，科学地实施物化劳动与活劳动的结合，最终形成土木工程产品。技术是生产力，管理也是生产力，二者是同样重要的。因为没有科学的组织管理，技术效果不能发挥，而没有先进技术，管理也就没有了基础，两者是相辅相成的。

2. 施工组织设计的分类

根据工程的特点，规模大小及施工条件的差异，编制深度和广度上的不同而形成的不同种类的施工组织设计，包括施工组织总设计、单位工程施工组织设计、分部（分项）工程施工组织设计。施工方案是以分部（分项）工程或专项工程为主要对象编制的施工技术与组织方案，用以具体指导其施工过程。施工方案在某些时候也被称为分部（分项）工程或专项工程施工组织设计，单考虑到通常情况下施工方案是施工组织设计的进一步细化，是施工组织设计的补充，施工组织设计的某些内容在施工方案中不需赘述，因而，实际工作中常称之为施工方案。

施工组织设计按中标前后的时间不同可分为投标前施工组织设计（简称标前设计）和中标后施工组织设计（简称标后设计）两种。投标施工组织设计是在投标前编制的施工组织设计，是对项目各目标实现的组织与技术的保证。标前设计是投标文件技术标的最主要部分，它主要是说给发包方听的，目的是竞争承揽工程任务。签订工程承包合同后，应依据标前设计、施工合同、企业施工计划，在开工前由中标后成立的项目经理部负责编制详细的实施指导性标后设计，它是说给企业听的，目的是保证要约和承诺的实现。

3. 施工组织设计的内容

由于各地区施工条件千差万别，造成建筑工程施工所面对的困难各不相同，施工组织设计首先应根据地区环境的特点，解决施工过程中可能遇到的各种难题。同时，不同类型的建筑，其施工的重点和难点也各不相同，施工组织设计应针对这些重点和难点进行重点阐述，对常规的施工方法应简明扼要。

施工组织设计一般包括以下基本内容。

（1）工程概况

包括本建设工程的性质、内容、建设地点、建设面积、建设工期、分批交付生产或使用的期限、施工条件、地质气象条件、资源条件、建设单位的要求等。

（2）施工方案选择

根据工程实际情况，部署施工任务，确定主要施工方法，合理配置工、料、机资源，全面安排施工顺序。对拟建工程可能采用的几个施工方案，优选最佳方案。

（3）施工进度计划

施工进度计划反映了最佳施工方案在时间上的安排，采用先进的计划理论和计算方法，综合平衡进度计划，使工期、成本、资源等通过优化调整达到既定目标。在此基础上，编制相应的人、财、物需要计划、施工准备计划。

（4）施工平面图

施工平面图是施工方案和进度计划在空间上的全面安排，它把投入的各项资源、材料、构件、机械、运输、工人的生产、生活活动场地及各种临时工程设施合理地布置在施工现场，使整个现场能有组织地进行文明施工。

（5）主要技术经济指标

技术经济指标用以衡量组织施工的水平，它是对施工组织设计文件中的技术经济效益进行的全面评价。

（6）主要施工管理计划

施工管理计划包括进度管理计划、质量管理计划、安全管理计划、环境管理计划、成本管理计划以及其他管理计划等内容。各项管理计划的制订，应根据项目的特点有所侧重，应从组织、技术上采取切实可行的措施，确保施工顺利进行。

施工管理计划在目前多作为管理和技术措施编制在施工组织设计中，这是施工组织设计必不可少的内容。施工管理计划涵盖很多方面内容，可根据工程的具体情况加以取舍。各项管理计划的内容应有目标，有组织机构，有资源配置，有管理制度和技术、组织措施等。

4. 施工组织设计的编制程序

1）施工组织总设计的编制程序

（1）施工部署。主体系统工程和附属、辅助系统工程的施工程序安排，以部署落实施工总任务；修建全工地暂设工程、施工准备工作计划；主要建筑物的施工方法。

（2）施工总进度计划。工程项目的开列；计算建筑物及全工地性工程的工程量；确定各单位工程（或单个建筑物）的施工期限；确定各单位工程（或单位建筑物）开竣工时间和相互搭接关系。

（3）劳动力、主要技术、物资的需要量计划。

（4）施工总平面图。临时设施及现场总的利用布置。

2）单位工程施工组织设计编制顺序

（1）分层分段计算工程量。

（2）确定施工方法、施工顺序，进行技术经济比较。

（3）编制施工进度计划。

（4）编制施工机具、材料、半成品以及劳动力需要量计划。

（5）施工现场平面布置，包括临时生产、生活设施，水、电管线。

（6）计算技术经济指标。

（7）制定安全技术措施。

3）施工方案的编制程序

（1）施工安排。明确进度、质量、安全、环境和成本等目标；确定施工顺序及施工流水段；针对工程的重点和难点，进行施工安排并制定措施；确定工程项目管理的组织机构及岗位职责

(2) 施工方法及工艺要求。明确分部（分项）工程或专项工程施工方法并进行必要的技术核算，对主要分项工程（工序）明确施工工艺要求；对易发生质量通病、易出现安全问题、施工难度大、技术含量高的分项工程（工序）等应做出重点说明或编制质量通病防治方案；对开发和使用的新技术、新工艺以及采用的新材料、新设备应通过必要的试验或论证并制订计划；季节性施工的具体要求。

(3) 施工进度计划。施工进度计划的编制应内容全面、安排合理、科学实用，在进度计划中应反映出各施工区段或各工序之间的搭接关系、施工开始期限和开始、结束时间。施工进度计划应能体现和落实总体进度计划的目标控制要求；通过编制分部（分项）工程或专业工程进度计划进而体现总进度计划的合理性。

(4) 施工准备与资源配置计划

①施工准备。除了要完成分部（分项）工程或专项工程的施工准备外，还需注重与前后工序的相互衔接。施工准备工作包括技术准备、现场准备、资金准备等。

②资源配置计划。资源配置计划包括劳动力配置计划和物资配置计划两大类。

施工组织设计编制后，必须依照有关规定，按程序进行审批，以保证编制质量。审批后，各项施工活动必须符合组织设计要求，施工各管理部门都要按照施工组织设计规定内容安排工作，共同为施工组织设计的顺利实施分工协作，尽力尽责。

5. 网络计划技术

网络计划技术是用网络图解模型表达计划管理的一种方法。其原理是应用网络图表达一项计划中各项工作的先后次序和相互关系；估计每项工作的持续时间和资源需要量；通过计算找出关键路线和关键工作，从而选择出最合理的时空利用方案并付诸实施，然后在计划执行过程中进行检查和调整，保证最合理地使用人力、物力、财力的时间。

网络图是由箭头和节点组成的，用来表示工作流程有向、有序的网状图形。在网络上加注工作时间参数而编成的进度计划，称为网络计划。网络计划应灵活排列，简化层次，各工作之间的逻辑关系清晰、简明，便于使用和调整。常用的网络计划排列方法有以下几种。

(1) 按工种排列法。该法是把同一种的各项工作排在同一条水平线上的方法，可突出表现不同工种的连续作业情况，该法便于检查工种的工作，与横道图画法接近，是工地常用的一种方法，如图 5 - 50 所示。

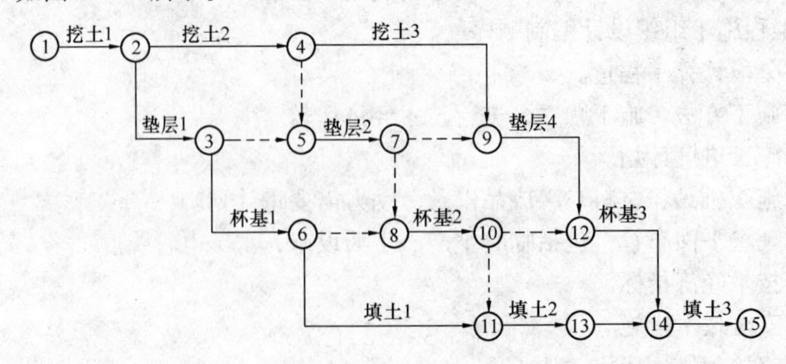

图 5 - 50　按工种排列

(2) 按流水段排列。该法是把同一施工段上各项工作排在同一条水平方向上。它能直观地反映出工程分段施工特点，突出表现工作面的连续作业情况，这是施工现场惯用的一种表示方法，如图 5－51 所示。

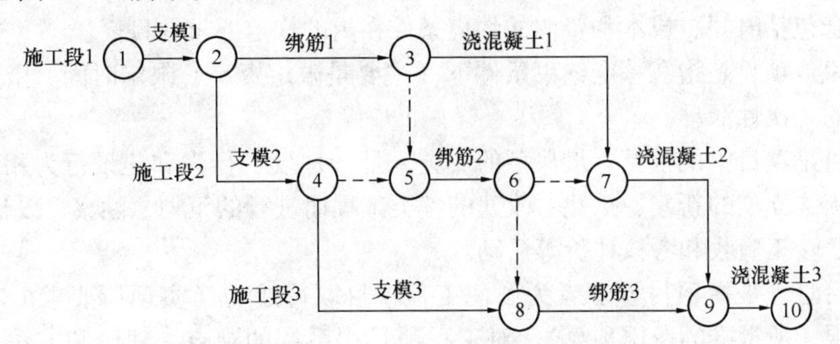

图 5－51　按流水段排列

（3）按楼层排列法。该法是将同一施工层的各项工作排列在同一水平方向上的一种方法，内装修工程常以楼层为施工层，如图 5－52 所示为按楼层自上而下进行室内装修的三层房屋的施工组织计划。

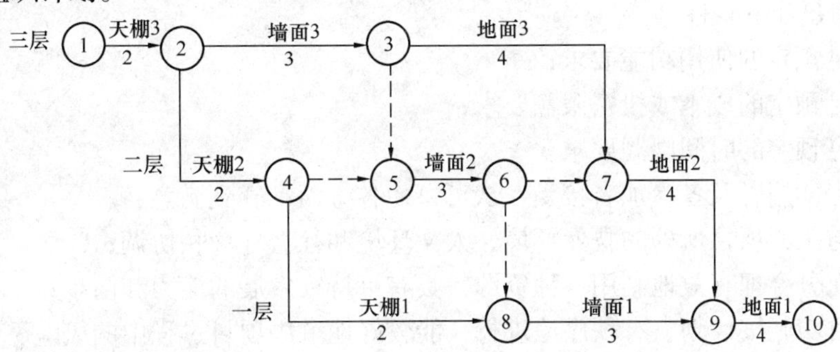

图 5－52　按楼层排列

此外，还有按施工专业或单位排列法、按栋号排列法、按分部工程排列法等。

5.4　土木工程项目管理

项目管理是一门新兴的管理科学，是二战后的产物，最初主要应用于国防和军工项目，如原子弹研制计划、阿波罗登月计划。20 世纪 60 年代，随着项目管理知识体系的逐步推广、确立和完善，理论化程度越来越高，项目管理已经应用到生产实际的各个方面，项目管理已成为人们日益强调的一种理念。特别是近 20 年，随着信息时代的来临和高新技术产业的飞速发展，现代项目管理已逐渐发展成为独立的学科体系，成为现代管理学的重要分支。

20 世纪 80 年代，随着世界银行贷款、赠款项目在我国的启动，项目管理开始在我国部分重点建设项目中运用，如云南鲁布革水电站、二滩水电站等，并取得了良好效果。近些年来，我国在工程建设领域大力推行项目管理，进行了大量的创新，积累了丰富的经验，形成了成熟的管理理论和行之有效的科学方法，并已取得明显的经济效益。

5.4.1　基本知识

1. 工程项目管理的基本概念

根据国家标准《质量管理　项目管理质量指南》（GB/T 19016—2005/ISO 10006：2003，

IDT）为项目所下定义：由一组有起止日期、相互协调的受控活动所组成的独特过程，该过程要达到符合包括时间、成本和资源的约束条件在内的规定要求的目标。

一般地说，项目是指在一定约束条件下（主要是限定资源、限定时间、限定质量），具有明确目标的一次性活动。

工程项目是项目中最常见、最典型的一类，是一种投资行为和建设行为相结合的项目，是指为完成依法立项的新建、扩建、改建的各类工程而进行的策划、勘察、设计、采购、施工、试运行、竣工验收和考核评价等活动。

工程项目管理是指项目管理者为了使工程项目取得成功（实现所要求的功能和质量、所规定的时限、所批准的费用预算），对工程项目用系统的观点、理论和方法，进行有序、全面、科学、目标明确的管理，发挥计划职能、组织职能、控制职能、协调职能、监督职能的作用。其管理对象是各类工程项目，既可以是建设项目管理，又可以是设计项目管理和施工项目管理等。

在工程项目管理的过程中，人们的一切工作都是为了取得一个成功的项目，而一个成功的项目需要满足如下条件：

（1）满足预定的使用功能要求；

（2）满足预定的成本或投资限额要求；

（3）满足预定的时间限制要求；

（4）能为使用者及各参加者接受、认可，使各方面都感到满意；

（5）能与工程项目所处的自然环境、人文环境和社会环境相协调；

（6）能充分合理有效地利用各种资源，具有可持续发展的能力和前景；

（7）项目实施按计划、有秩序地进行，能较好地解决项目过程中的风险、困难和干扰。

工程项目管理之所以必要，既是工程项目复杂性和艰难性的要求，也是工程项目取得成功的要求。很难设想，没有成功的项目管理而工程项目能取得成功的。工程项目管理之所以能够使工程项目取得成功，是由于它的职能和特点决定的。

2. 工程项目管理的特点

（1）工程项目管理有着明确的目标

工程项目管理的最重要的特点就是紧紧抓住工程项目的功能目标（结果）进行过程目标的实现。工程项目管理的过程目标就是在限定的时间内，在限定的资金、劳动力、材料等资源条件下，以尽可能快的进度、尽可能低的费用圆满完成项目任务，过程目标归结起来主要有三个，即工程进度、工程质量、工程费用。这三个目标的关系是独立的，且有对立统一、相互影响的辩证关系。并且项目的每个组成部分在项目的每一个阶段，项目的管理者均会存在有一定的具体目标。有了目标，也就有了努力的方向和行动的指导。

（2）工程项目管理是系统的管理

工程项目管理把其管理对象作为一个系统进行管理。既把建设项目作为一个整体管理，又分成单项工程、单位工程、分部工程、分项工程进行分别管理，然后以小的管理保大的管理，以局部成功保整体成功。所以，一个成功的项目必须有全面完整的项目管理结构系统，如图5－53所示，将项目的各职能工作、各参加单位、各项活动、各个阶段融合成一个完整有序的整体。

（3）工程项目管理是按照项目的运行规律进行的规范化管理

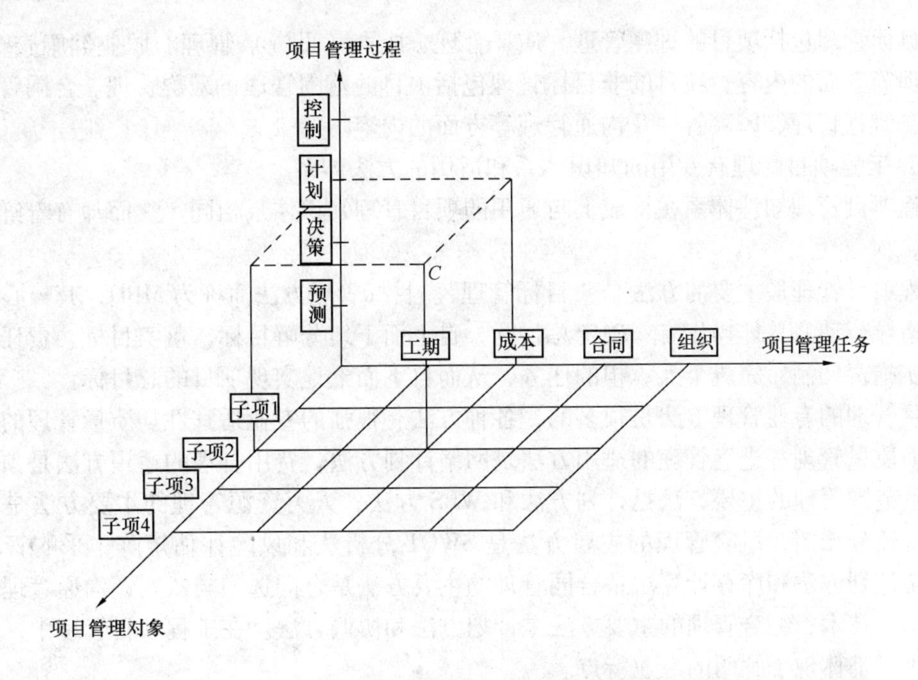

图 5－53　项目管理的结构系统

工程项目管理是一个复杂的系统工程，其每个过程和工序的管理和运行都是有规律的。比如，砌筑砖墙、浇筑混凝土等分项工程，其完成就必须符合其工艺规律，即符合操作程序规律和技术规律；又如建设程序就是建设项目的规律，遵循此规律对建设项目进行管理，才会收到成效。工程项目管理作为一门科学，有其理论、原理、方法、内容、规则和规律，并形成了一系列的规范和标准，被广泛应用于项目管理实践，使工程项目管理成为专业性的、规律性的、标准化的管理，以此产生工程项目管理的高效率和高成功率，如图 5－54 所示。

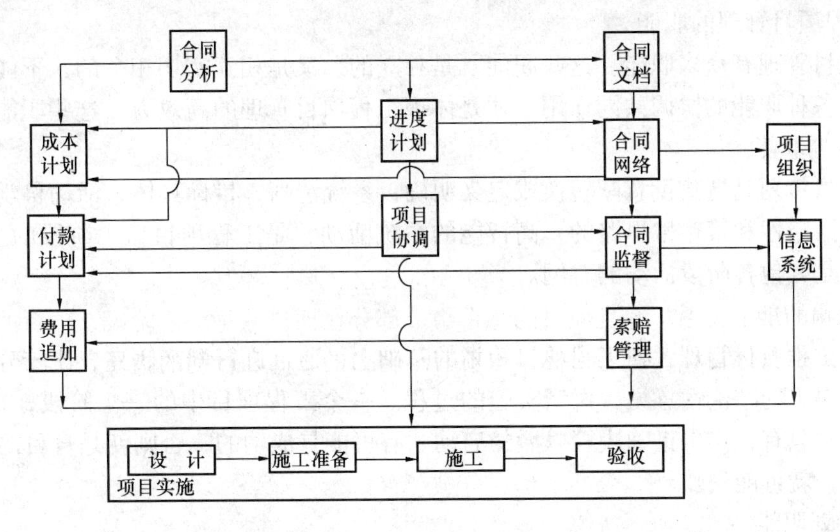

图 5－54　工程项目管理流程图

（4）工程项目管理有丰富的专业内容

工程项目管理的专业内容包括项目的目标管理和项目的非目标管理及项目的收尾管理。

项目的目标管理包括项目的进度管理、质量管理、成本（投资）管理、职业健康安全管理、环境管理等方面的内容；项目的非目标管理包括项目的范围管理、采购管理、合同管理、资源管理、信息管理、风险管理及沟通管理等方面的内容。

（5）工程项目管理有专用的知识体系和适用的方法体系

工程项目管理知识体系在构成上与通用的项目管理知识体系相同，然而却有着鲜明的专业特点。

工程项目管理最主要的方法是“目标管理”。目标管理方法简称为MBO，其核心内容是以目标指导行动。具体操作有：确定总目标，自上而下地分解目标，落实目标，责任者制定措施，实施责任制，完成个人承担的任务，从而自下而上地实现项目的总目标。

项目管理的专业管理方法是很多的，各种方法有很强的专业适宜性。质量管理的适用方法是全面质量管理；进度管理的适用方法是网络计划方法；费用管理的适用方法是预算法和挣值法；范围管理的主要方法是计划方法和WBS方法；人力资源管理的主要方法是组织结构图和责任分派图；风险管理的主要方法是SWOT分析法和风险评估矩阵；采购管理的主要方法是计划方法和库存计算法；合同管理的主要方法是合同选型与谈判；沟通管理的主要方法是信息技术；综合管理的主要方法是计划方法和协调方法。在工程项目管理中，所有方法的应用，都体现了鲜明的专业特点。

（6）工程项目管理实施动态管理

工程产品具有单件性，且具有漫长的生产周期。各种计划均是工程管理人员、技术人员运用以往的知识和经验，对工程的实施预先设计的一套运作程序和实施方法，但由于人们知识经验的差异以及客观条件的变化，计划在实际执行中，难免会遇到不适用的部分，这就需要针对新情况进行修改或补充。这是一个动态的管理过程。

在项目实施过程中要采用动态控制方法，即阶段性地检查实际值与计划值的差异，以便及时采取措施，纠正偏差，保证实现项目的既定目标。

3．工程项目管理的职能

工程项目管理有众多职能。这些职能既是独立的，又是相互密切相关的，不能孤立地去对待它们。各种职能的协调共同作用，才是体现工程项目管理的高效力。这些职能主要有：

（1）策划职能

工程项目策划是把建设意图转换成定义明确、系统清晰、目标具体、活动科学、过程有效的，富有战略性和策略性思路的、高智能的系统活动，是工程项目概念阶段的主要工作。策划的结果是其他各阶段活动的总纲。

（2）决策职能

决策是工程项目管理者在工程项目策划的基础上，通过进行调查研究、比较分析、论证评估等活动得出的结论性意见，付诸实施的过程。一个工程项目中的一个阶段，每个过程，均需要启动，只有在作出正确决策以后的启动才有可能是成功的，否则就是盲目的、指导思想不明确的，就可能失败。

（3）计划职能

决策只解决启动的决心问题，根据决策作出实施安排、设计出控制目标和实现目标的措施的活动就是计划。计划职能决定项目的实施步骤、搭接关系、起止时间、持续时间、中间目标、最终目标及措施。它是目标控制的依据和方向。

(4) 组织职能

组织职能是组织者和管理者个人把资源合理利用起来，把各种作业（管理）活动协调起来，使作业（管理）需要和资源应用结合起来的机能和行为，是管理者按计划进行目标控制的一种依托和手段。工程项目管理需要组织机构的成功建立和有效运行，从而起到组织职能的作用。

(5) 控制职能

控制职能的作用在于按计划运行，随时收集信息并与计划进行比较，找出偏差并及时纠正，从而保证计划和其确定的目标的实现。控制职能是管理活动最活跃的职能，所以工程项目管理学中把目标控制作为最主要的内容，并对控制的理论、方法、措施、信息等作出了大量的研究，在理论和实践上均有丰富的建树，成为项目管理学中的精髓。

(6) 协调职能

协调职能就是在控制的过程中疏通关系，解决矛盾，排除障碍，使控制职能充分发挥作用。所以它是控制的动力和保证。控制是动态的，协调可以使动态控制平衡、有力、有效。

(7) 指挥职能

指挥是管理的重要职能。计划、组织、控制、协调等都需要强有力的指挥。工程项目管理依靠团队，团队要有负责人（项目经理），负责人就是指挥。他把分散的信息集中起来，变成指挥意图；他用集中的意图统一管理者的步调，指导管理者的行动，集合管理力量，形成合力。所以，指挥职能是管理的动力和灵魂，是其他职能无法代替的。

(8) 监督职能

监督是督促、帮助，也是管理职能。工程项目与管理需要监督职能，以保证法规、制度、标准和宏观调控措施的实施。监督的方式有：自我监督、相互监督、领导监督、权力部门监督、业主监督、司法监督、公众监督等。

4. 工程项目管理分类

工程项目管理按不同的原则，有不同的分类。若按项目管理者在建设过程中的工作性质和组织特征，工程项目管理主要分为建设项目管理、设计项目管理、施工项目管理及工程咨询项目管理等。

1) 建设项目管理

建设单位（业主）进行的项目管理，是指站在投资主体的角度对建设项目进行的全过程、全方位的管理。这时项目管理者处于需求者的地位，是总组织者，其管理范围是建设全过程。具体来说是建设单位在建设项目的生命周期内，用系统工程的理论、观点和方法，通过一定的组织形式和各种措施，对建设项目的建设过程进行计划、协调、监督、控制以达到保证建设项目质量、缩短建设工期、提高投资效益的目的。

建设项目管理服务于建设单位的利益，其项目管理的目标包括项目的投资目标、进度目标和质量目标。其中投资目标指的是项目的总投资目标。进度目标指的是项目投入使用的时间目标，如工厂建成可以投入生产、道路建成可以通车、商场可以开始营业的时间目标等。项目的质量目标不仅涉及施工的质量，还包括设计质量、设备质量和影响项目运行或运营的环境质量等。质量目标包括满足相应的技术规范和技术标准的规定，以及满足业主方相应的质量要求。

由于工程项目的一次性，决定了建设单位自己进行项目管理往往有很大的局限性。首先在项目管理方面，缺乏专业化队伍，即使有备齐的管理班子，但没有连续的工程任务，也是不经济的。在计划经济体制下，每个建设单位都要配备专门的项目管理队伍，这不符合资源优化配置及管理的原则，而且也不利于工程建设经验的积累和应用。在市场经济体制下，工程业主完全可以依靠社会化的咨询服务单位，为其提供项目管理方面的服务。

2）设计项目管理

设计项目管理是指设计单位受业主委托承担工程项目的设计任务后，根据设计合同所界定的工作目标及责任义务，对工程项目设计阶段的工作所进行的自我管理。设计单位通过设计项目管理，对工程项目的实施在技术和经济上进行全面而详尽的安排，引进先进技术和科研成果，形成设计图纸和说明书，以便实施，并在实施过程中进行监督和验收。由此可见，设计项目管理不仅仅区限于工程设计阶段，而是延伸到了施工阶段和竣工验收阶段。

设计方作为项目建设的一个参与方，其项目管理主要服务于项目的整体利益和设计方本身的利益。其项目管理的目标包括设计的成本目标、设计的进度目标和设计的质量目标，以及项目的投资目标。项目的投资目标能否实现与设计工作密切相关。

3）施工项目管理

建筑业企业通过投标获得工程施工承包合同，并以施工承包合同所界定的工程范围组织项目管理，就叫施工项目管理。施工项目管理的目标包括工程施工质量（Quality）、成本（Cost）、工期（Delivery）、安全和现场标准化（Safety），简称QCDS目标体系。显然，这一目标体系既和整个工程项目目标相联系，又带有很强的施工企业项目管理的自主性特征。

施工方作为项目建设的一个参与方，其项目管理主要服务于项目的整体利益和施工方本身的利益。

4）工程咨询项目管理

咨询单位是中介组织，所谓咨询服务就是当事人一方利用自己的知识、技术、经验和信息为另一方提供可行性论证、分析报告或解答问题、专题调查和进行项目委托管理等，它是政府、市场和企业之间的纽带。在市场经济活动中，咨询单位可以接受业主的委托，进行工程项目管理，其管理的范围不尽相同，有的是工程项目的全过程，有的是工程项目的一个阶段。

在国内，建设监理单位是一种特殊的工程咨询机构，它的工作本质就是咨询。建设监理单位受业主单位的委托，对设计和施工单位在承包活动中的行为和责权利进行必要的协调约束，对建设项目进行投资控制、进度控制、质量控制、信息管理和组织协调。这时，监理单位进行的施工阶段管理仍属建设项目管理，不能算作施工项目管理。

5）建设项目管理、设计项目管理、施工项目管理之间的区别与联系

建设项目管理、设计项目管理、施工项目管理三者在管理主体、管理任务、管理内容和管理范围方面都是不同的，但又都是为了实现项目总目标而对项目实施过程管理的子系统，自然关系密切，不可分割。具体表现在：

（1）建设项目的管理主体是建设单位（业主）；设计项目的管理主体是设计单位；施工项目管理主体是建筑业企业。

（2）建设项目管理的任务是取得符合要求，能发挥应有效益的固定资产和其他相关资产；设计项目管理的任务是完成设计合同约定的满足业主要求的设计文件并取得报酬；施工项目管理的任务是把项目施工搞好并取得利润。

(3) 建设项目管理的内容是涉及投资周转和建设全过程的管理；设计项目管理的内容是从委托设计至交出设计图纸和说明书，现场服务；施工项目管理的内容只涉及从投标到交工为止的全部生产活动管理及“售后”维修。

(4) 建设项目管理范围是一个完整的建设项目，是由可行性报告确定的所有工程；设计项目管理的范围是由设计合同规定的范围；而施工项目管理的范围是由工程承包合同规定的范围，可以是单位工程，也可以是单项工程或建设项目。他们虽然有很多的不同点，但也有较紧密的联系，除建设项目管理是全面、全过程的管理外，其他项目管理也互相渗透交叉，同时有的又延伸扩张管理范围。如施工单位工程总承包（交钥匙工程），施工项目管理会扩大到设计项目的管理范围，甚至到建设全过程。

5.4.2　工程项目招标投标与合同管理

1. 工程项目招标投标

1) 基本概念

招标投标是市场经济中的一种交易方式，通常用于大宗的商品交易。它的特点是由唯一的买主（或卖主）设定标的，招请若干个卖主（或买主）通过秘密报价进行竞争，从中选择优胜者与之达成交易协议，随后按协议实现标的。因而招投标是一项经济活动的两个侧面，是招标单位和投标单位共同完成的交易过程。

建筑工程招投标，招标可以看做是建筑产品需求者的一种采购方式；而投标则可以看做是建筑产品生产者的一种销售方式；从招标和投标双方共同的角度来看，招标投标就是建筑产品的交换方式。招投标的适用范围包括工程项目的前期阶段（机会研究、可行性研究等），以及建设阶段的勘测设计、工程施工、技术培训、试生产等各阶段的工作。由于这两个阶段的工作性质有很大差异，实际工作中往往分别进行招投标，也有实行全过程招投标的。

建筑工程采用招标投标方式决定承建者是市场经济、自由竞争发展的必然结果。我国的建筑工程招标投标制，是在国家宏观指导和调控下，自觉运用价值规律和市场竞争规律，从而提高建筑产品供求双方的社会效益的一种手段。其竞争目的是满足社会不断增长的需求；其竞争手段，必须为国家法规与社会主义精神文明和职业道德规范所允许。

“招标”是指建设单位（发包人）将建设项目的内容和要求以文件形式标明，招引承包单位（承包人）来投标报价，经比较，选择理想承包单位并达成协议的活动。对于业主来说，招标就是择优。由于工程的性质和业主的评价标准不同，择优可能有不同的侧重面，但一般包含如下四个主要方面：较低的价格、先进的技术、优良的质量和较短的工期。业主通过招标，从众多的投标者中进行评选，既要从其突出的侧重面进行衡量，又要综合考虑上述四个方面的因素，最后确定中标者。

“投标”是指承包人向招标单位提出承包该工程项目的价格和条件，供招标单位选择以获得承包权的活动。对于承包人来说，参加投标就如同参加一场赛事的竞争。这场赛事不仅比报价的高低，而且比技术、经验、实力和信誉。特别是技术密集型项目，势必给承包人带来两方面的挑战，一方面是技术上的挑战，要求承包人具有先进的科学技术，能够保质保量（保量即按期）完成高、新、尖、难工程；另一方面是管理上的挑战，要求承包人具有现代先进的组织管理水平，能够以较低价中标。

“标”指发标单位标明的项目的内容、条件、工程量、质量、工期、标准等的要求，以及工程的控制价（栏标价）。

控制价是建设项目造价的表现形式之一。工程招标控制价，是招标人或其委托有资质的中介机构按照当时当地的计价办法、招标文件、市场行情，并根据拟建工程的具体情况，编制的招标工程造价，并经当地工程造价管理部门（招投标办公室）审核，是招标者对招标工程所需费用的自我测算和预期，也是判断投标报价合理性的依据。

建设项目投标报价是指施工单位、设计单位或监理单位根据招标文件及有关计算工程造价的资料，按一定的计算程序计算工程造价或服务费用，在此基础上，考虑投标策略以及各种影响工程造价的因素，然后提出投标报价。

项目招标方式主要有公开招标、邀请招标和协商议标三种。

2）工程项目招标投标程序

工程项目招标投标程序是有关招标投标法律、法规、规章在实际工作中的具体细化和运用，是法律法规实施的最有效的途径。

工程项目招投标程序根据资格审查方式的不同分为资格预审和资格后审两种方式。资格预审是指在投标前对潜在投标人进行资格审查，而资格后审是指在开标后对投标人进行资格审查。

（1）采用资格预审工程项目招标投标程序（图5-55）

（2）采用资格后审工程项目招标投标程序

资格后审在实际的工程招投标过程当中根据是否设置有“投标报名”环节而出现两种不同的情况，取消“投标报名”环节是近年来出现的一种新的招投标方式，采用此种方式招投标时所有与招标工程有关的资料均通过网络平台来完成交互，避免了招标人和投标人在开标前见面，任何具备资格审查条件要求的企业均可以参与到工程的竞标当中，从根本上遏制和杜绝了围标、串标现象的发生，随着网上招投标平台和计算机评标系统的大量应用，这种方式会成为今后工程招投标的主要方式。两种方式的招标投标程序如图5-56、图5-57所示。

（3）各程序具体工作和要求

工程项目招标投标程序中招标人、投标人、评标委员会及监督管理部门等各方当事人的具体工作和要求如下：

①工程项目报建：招标人按照建设行政主管部门的要求填写相关表格，对拟建工程进行报建；

②发布招标公告：采用公开招标方式的，招标人应当发布招标公告，邀请不特定的法人或其他组织投标。招标公告应当载明招标工程的相关内容；

③投标报名：施工企业在招标公告规定的时间内持相关证件在建设工程交易中心进行投标报名；

④投标报名备案：招标公告规定的投标报名时间截止后，由招标人对报名结果进行确认，并向招投标监督机构备案；

⑤资格审查：招标人如需要对投标人的投标资格合法性和履约能力进行全面的考察，可通过资格审查的方式来进行审核。招标人可按有关规定编制资格审查文件，招标人应当在资格预审文件中载明资格预审的条件、标准和方法，经资格预审后，招标人应当向资格预审合格的潜在投标人发出资格预审合格通知书，并同时向资格预审不合格的潜在投标人告知资格预审结果。资格预审不合格的潜在投标人不得参加投标；

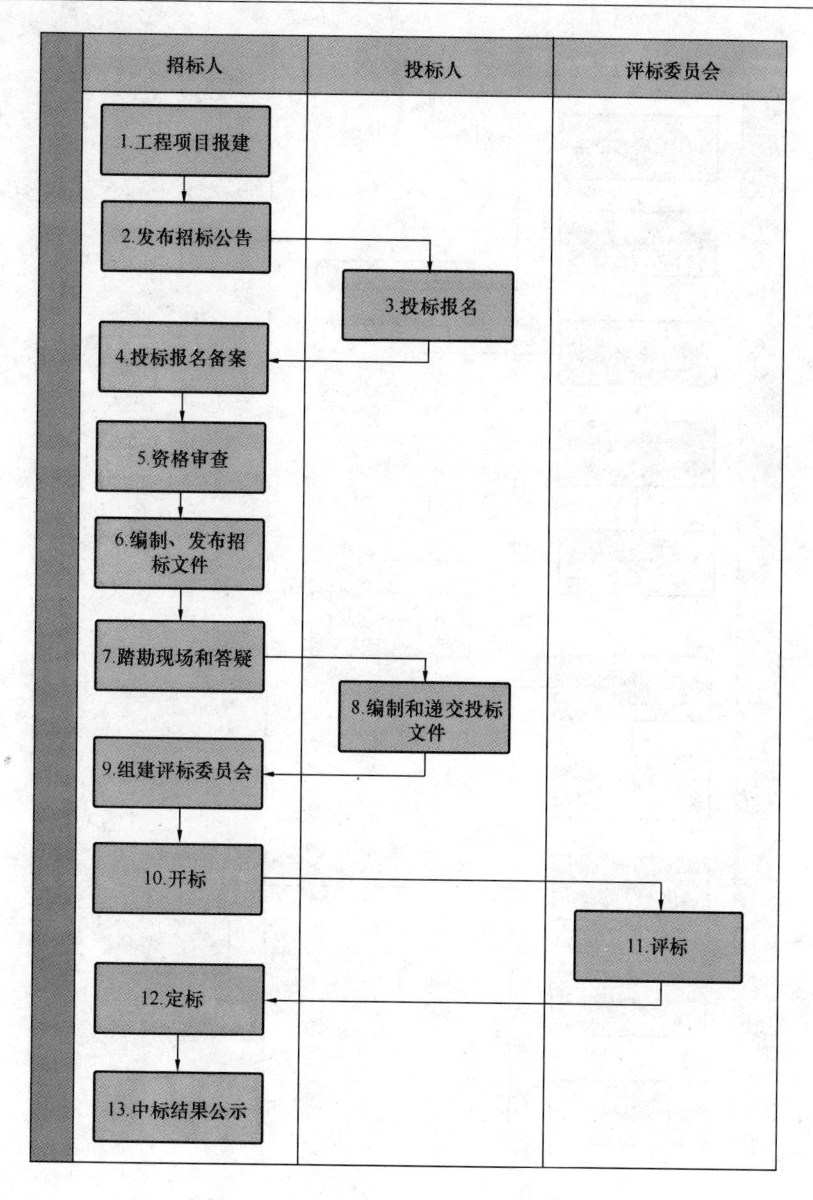

图5－55　资格预审工程项目招标投标程序

⑥编制、发布招标文件：招标人根据施工招标项目的特点和需要编制招标文件；

⑦踏勘现场和答疑：招标人按招标文件要求组织投标人进行现场踏勘，解答投标单位提出的问题，并形成书面材料；

⑧编制和递交投标文件：投标人按照招标文件的要求编制投标文件，并按规定时间送达招标文件到指定地点；

⑨组建评标委员会：评标委员会由招标人负责组建，人数通常为5人以上单数。评标委员会的组建应实行回避更换制度，与投标人有利害关系的人应当回避，不得进入评标委员会，已经进入的应予以更换；

⑩开标：招标人依据招标文件规定的时间和地点，开启所有投标人按规定提交的投标文件，公开宣布投标人的名称、投标价格及招标文件中要求的其他主要内容。开标由招标人主

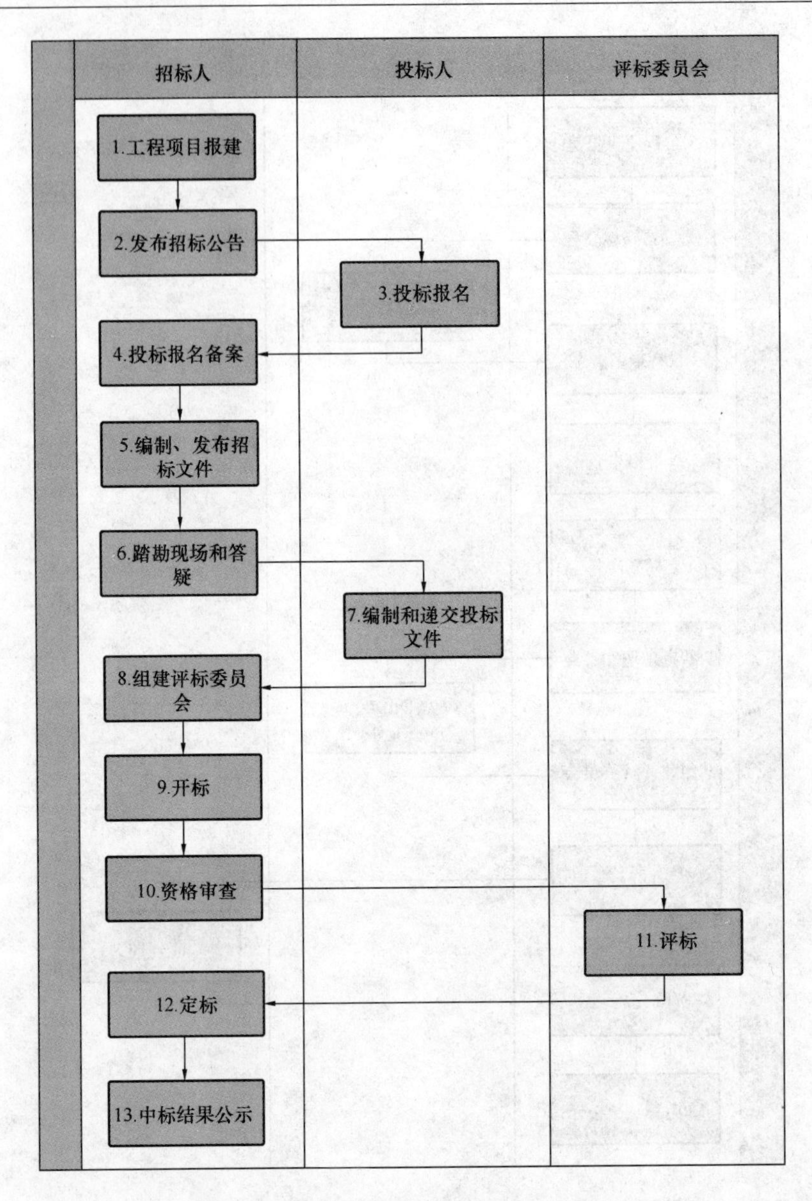

图 5－56　有报名环节资格后审招标投标程序

持，邀请所有投标人代表和相关人员在招标投标监督下公开按程序进行；

⑪评标：评标是对投标文件的评审和比较，评标委员会依据招标文件中载明的评标标准和方法，对所有的投标文件进行评审，向招标人推荐中标候选人或受招标人委托直接确定中标人；

⑫定标：招标人根据招标文件要求和评标委员会推荐的中标候选人，确定中标人，也可授权评标委员会直接确定中标人；

⑬中标结果公示：招标人在确定中标人后，应在公开的媒介上对中标结果进行公示，通常公示时间不少于 3 天。

2. 工程承发包的主要方式

承发包是承包方和发包方之间的一种商业行为，特点是先承接订购、后生产交货，是一

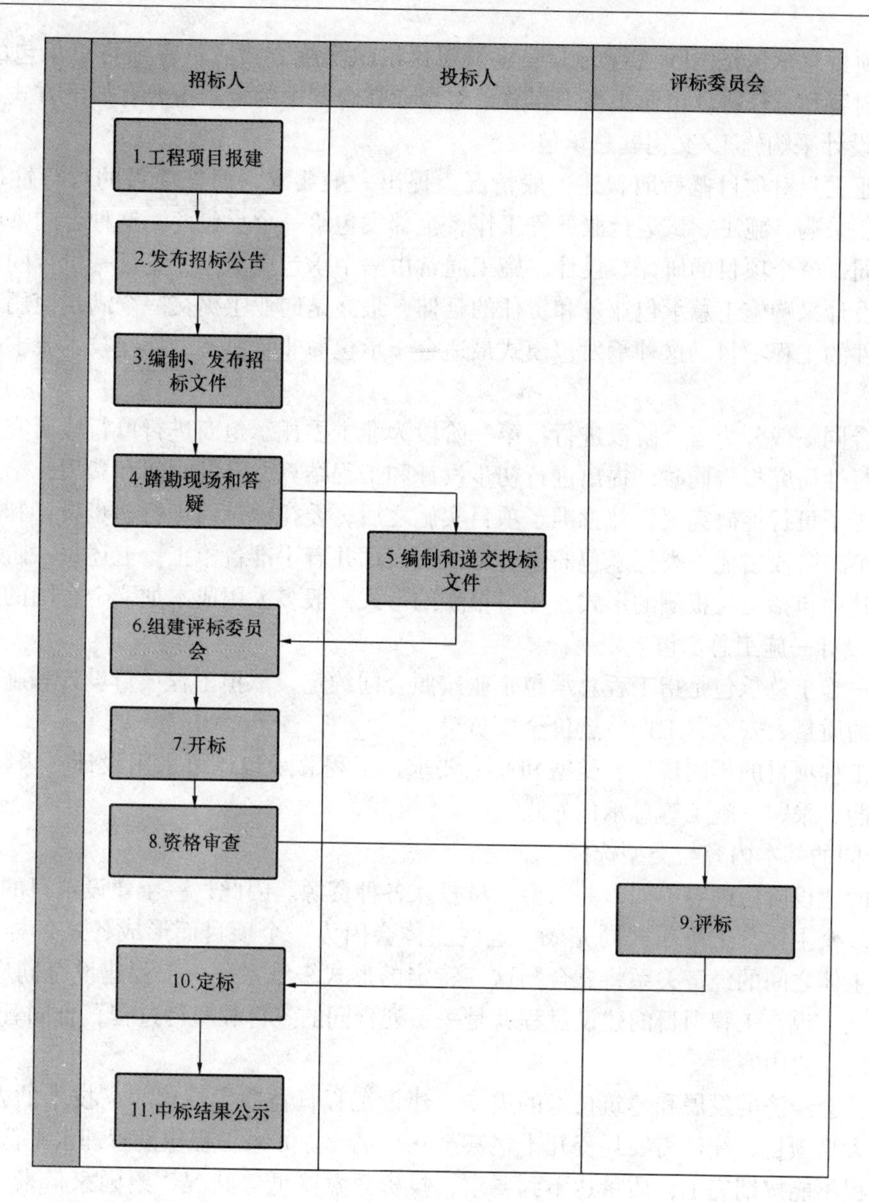

图5－57　无报名环节资格后审招标投标程序

种期货交易。发包方与承包方之间经济上的权利与义务关系，应通过经济合同予以明确。

工程项目承发包关系是业主委托设计单位或施工单位完成拟建工程产品相应任务而形成的相互关系，它反映工程产品所有者与生产者之间的经济关系。业主作为工程产品的所有者向设计单位或施工单位发包，而设计单位或施工单位则作为土木工程产品的生产者向业主承包，并在经济上直接对业主负责。招标投标是实现工程承发包关系的主要途径，即业主通过招标进行发包，设计单位或施工单位通过投标进行承包。这样所形成的承发包关系才能真正符合市场经济发展的客观规律。经常把招标投标与承发包合称为招标承包制。

在建筑市场上常见的承发包方式有很多，包括平行承发包、总分包、施工联合体、施工合作体、工程项目总承包、BOT（Build Operate Transfer）方式等。采用不同的承发包模式，承发包双方合同管理的难易程度显然不同。

工程项目总承包是国际通行的工程建设项目组织实施方式。工程项目总承包的具体方式、工作内容和责任等，由业主与工程总承包企业在合同中约定。主要有如下方式：

(1) 设计采购施工/交钥匙总承包

项目业主只对项目概括地叙述一般情况，提出一般要求，而把项目的可行性研究、勘测、设计、采购、施工、试运行服务等工作，全部发包给一个承包商。这种合同常叫统包或一揽子合同，整个项目的研评、设计、施工通常由一个承包商承担，签订一份合同。交钥匙总承包是设计采购施工总承包业务和责任的延伸，最终是向业主提交一个满足使用功能、具备使用条件的工程项目。这种承发包模式最适合于承包商非常熟悉的那些技术要求高的大型项目。

这种合同一般分为三个阶段进行：第一阶段为业主委托承包商进行可行性研究，承包商在提出可行性研究报告同时，提出进行初步设计和工程结算所需的时间和费用；第二阶段是在业主审查了可行性研究报告并批准了项目实施之后，委托承包商进行初步设计和必要的施工准备；第三阶段由业主委托承包商进行施工图设计并着手准备施工。上述每一阶段都要签订合同，其中包括支付报酬的形式，支付报酬的形式一般多采用成本加酬金合同的形式。

(2) 设计—施工总承包

设计—施工总承包是指工程总承包企业按照合同约定，承担工程项目设计和施工，并对承包工程的质量、安全、工期、造价全面负责。

根据工程项目的不同规模、类型和业主要求，工程总承包还可采用设计—采购—施工、设计—采购、采购—施工等总承包方式。

3. 合同的基本内容与类型选择

不同的建设阶段内容不同，并需要大量投入各种资源。因此，一个建设项目的实施过程中，会由多个主体分工协作共同完成，这些主体会因为一个项目而形成各式各样的经济关系，而各主体之间的经济关系将靠合同这一特定的形式来维系——工程建设合同应运而生。从这个意义上说，工程项目的建设过程就是一系列合同的签订和履行过程，合同管理是工程项目管理的主要内容。

随着社会经济的发展和建筑技术的进步，建设工程日益向大规模、高技术的方向发展。建设一个大型项目，往往需要耗资几十亿甚至几百亿元。如果工程建设管理水平低，就有可能造成工程不能按期完工，质量达不到要求，投资效益降低等状况，给国家带来巨大损失，因此必须加强对工程建设活动的监督管理，维护建筑市场秩序，保证建筑工程的质量和安全，促进建筑业的健康发展，这些也就是建设工程合同管理的根本目的。目前建设工程合同管理已经成为依法治理国家建设事业，加强科学管理的重要环节，是保证工程建设质量，提高工程建设社会效益和经济效益的法律保障和重要工具。

1）合同的基本内容

合同的内容由合同双方当事人约定。不同种类的合同其内容不一，繁简程度差别很大。签订一个完备周全的合同，是实现合同目的、维护自己合法权益、减少合同争执的最基本的要求。合同通常包括合同当事人、合同标的、标的的数量和质量、价款或酬金、期限、履行地点和方式、违约责任、争议的解决方法等内容。

合同标的是当事人双方权利、义务共指的对象，它可能是实物、劳务、行为、智力成果等。标的是合同必须具备的条款。没有标的的合同是空的，当事人的权力与义务无所依托，合同不能成立；标的不明确、不具体的合同是无法履行的，合同也不能成立。合同标的是合同最本质的特征，通常合同是按照标的来分类的。工程承发包合同，其标的就是工程项目。

2）工程合同类型的选择

在一个工程中，相关的合同可能有许多份，从而使得每一个工程均有一个复杂的合同网络，在这个网络中，业主和承包商是两个最主要的节点。业主的主要合同关系有勘测合同、设计合同、施工合同、设备供应合同、咨询及监理合同、贷款合同等。

承包商通过投标接受业主的委托，签订工程承包合同。施工承包商为完成施工任务，也有自己复杂的合同关系，如分包合同、物资采购合同、运输合同、加工合同、租赁合同、劳务合同等。

承发包方式决定了合同类型。对中小型建设工程而言，技术简单、规模不大，可以选择单项合同而非总承包合同。业主如果与不同单位签订多项单项合同，如设计合同和施工合同等，甚至把施工活动平行发包给几个施工单位来完成。设计合同，承包商只承包工程项目设计和施工中的设计技术服务，而大部分工作由业主统一协调控制；施工合同，承包商只能按图施工，无权修改设计方案，承包范围单一。项目设计、采购、施工等环节形成众多结合部，难以协调。这种设计、施工分立式项目合同，需要业主有很强的管理能力，同时也增大了承包商项目管理工作的难度。

工程项目合同类型的选择主要依据以下因素：

（1）项目实际成本与项目日常风险评价；

（2）双方要求合同类型的复杂程度（技术风险评价）；

（3）竞价范围；

（4）成本价格分析；

（5）项目紧急程度（顾客要求）；

（6）项目周期；

（7）承包商（买主）财务系统评价（是否有能力通过合同盈利）；

（8）合作合同（是否允许其他买主介入）；

（9）指定分包范围的限定。

4. 建设合同的类别

业主与承包方所签订的承发包合同，按计价方式不同，可以划分为总价合同、单价合同和成本补酬合同三大类。设计委托合同和设备加工订购合同，一般为总价合同；委托监理合同大多为成本补酬合同；而施工承包合同根据招标准备情况和建设项目特点的不同，选用其中的任何一种。以下仅以施工承包为例，说明三类合同的特点。

1）总价合同

（1）固定总价合同

承包商按投标时业主接受的合同价格一笔包死。在合同履行过程中，如果业主没有要求变更原定的承包内容，承包商在完成承包任务后，不论其实际成本如何，均应按合同价获得工程款的支付。

采用固定总价合同时，承包商要考虑承担合同履行过程中的主要风险，因此投标报价较高。固定总价合同的适用条件一般为：

①招标时设计已达到施工图阶段的深度，合同履行过程中不会出现较大的设计变更，承包商依据的报价工程量与实际完成的工程量不会有较大差异。

②工程规模较小、技术不太复杂的中小型工程，或承包工作内容较为简单的工程部位，并可以让承包商在报价时合理地预见到实施过程中可能遇到的各种风险。

③合同期较短（一般为1年期之内）的承包合同，双方可以不必考虑市场价格浮动可能对承包价格的影响。

（2）调值总价合同

这种合同与固定总价合同基本相同，但合同期较长（1年以上），只是在固定总价合同的基础上，增加合同履行过程中因市场价格浮动对承包价格调整的条款。由于合同期较长，不可能让承包商在投标报价时合理地预见1年后市场价格浮动的影响，因此，应在合同内明确约定合同价款的调整原则、方法和依据。常用的调价方法有：文件证明法；票据价格调整法；公式调价法等。

（3）固定工程量总价合同

在工程量报价单内，业主按单位工程及分项工作内容列出实施工作量，承包商分别填报各项内容的直接费单价，然后再单列间接费、管理费、利润等项内容，最后算出总价，并据此签订合同。合同内原定工作内容全部完成后，业主按总价支付给承包商全部费用。如果中途发生设计变更或增加新的工作内容，则用合同内已确定的单价来计算新增工程量，以便对总价进行调整。

2）单价合同

单价合同是指承包商按工程量报价单内的分项工作内容填报单价，以实际完成工程量乘以所报单价来计算结算价款的合同。承包商所填报的单价应为计及各种摊销费用后的综合单价，而非直接费单价。合同履行过程中无特殊情况，一般不得变更单价。

单价合同大多用于工期长、技术复杂、实施过程中发生各种不可预见因素较多的大型土建工程，以及业主为了缩短项目建设周期，初步设计完成后就进行施工招标的工程。单价合同的工程量清单所开列的工程量为估计工程量，而非准确工程量。

常用的单价合同有以下三种形式：

（1）估计工程量单价合同

承包商在投标时以工程量报价单中开列的工作内容和估计工程量填报相应单价后，累计计算合同价。此时的单价应为计及各种摊销费用后的综合单价，即成品价，不再包括其他费项目。在合同履行过程中，以实际完成工程量乘以单价作为支付和结算的依据。

这种合同较为合理地分担了合同履行过程中的风险。因为承包商所用报价的清单工程量为初步设计估算的工程量，如果实际完成工程量与估计工程量有较大差异时，采用单价合同可以避免业主过大的额外支出或承包商的亏损。另外，承包商在投标阶段不可能准确预见的风险可不必计入合同价内，有利于业主取得较为合理的报价。估计工程量单价合同按照合同工期的长短，也可以分为固定单价合同和可调价单价合同两类，调价方法与总价合同方法相同。

（2）纯单价合同

招标文件中仅给出各项工程内的工作项目一览表、工程范围和必要说明，而不提供工程量。投标人只要报出各项目的单价即可，实施过程中按实际完成工程量结算。

由于同一工程在不同的施工部位和外部环境条件下，承包商的实际成本投入不尽相同，因此仅以工作内容填报单价不易准确，而且对于间接费分摊在许多工程中的复杂情况，或有些不易计算工程量的项目内容，采用纯单价合同往往会引起结算过程中的麻烦，甚至导致合同争议。

(3) 单价与包干混合合同

这种合同是总价合同与单价合同的一种结合形式。对内容简单、工程量准确的部分，采用总价方式承包；对技术复杂、工程量为估算值的部分，采用单价合同方式承包。但应注意，在合同内必须详细注明两种计价方式所限定的工作范围。

3) 成本加酬金合同

成本加酬金合同是将工程项目的实际投资划分成直接成本费和承包商完成工作后应得酬金两部分。实施过程中发生的直接成本费由业主实报实销，另按合同约定的方式给承包商相应报酬。

成本加酬金合同适用于边设计、边施工的紧急工程或灾后修复工程。由于在签订合同时，业主还提供不出可供承包商准确报价的详细资料，因此，合同内只能商定酬金的计算方法。按照酬金的计算方式不同，成本加酬金合同主要有成本加固定百分比酬金、成本加固定酬金、成本加浮动酬金几种形式。

5. 工程项目合同管理的任务

工程合同管理的中心任务是加强对建筑活动的监督管理，维护建筑市场秩序，保证建筑工程的质量和安全，促进建筑业健康发展。工程建设的各参与者以及工程建设有关部门，其合同管理工作任务与其所处的角度、所处的阶段有关。

1) 建设行政主管部门在合同管理中的主要任务

各级建设行政主管部门主要从市场管理的角度对建设合同进行宏观管理，管理的主要任务是：

(1) 宣传贯彻国家有关经济合同方面的法律、法规和方针政策；

(2) 贯彻国家制定的施工合同示范文本等，并组织推行和指导使用；

(3) 组织培训合同管理人员，指导合同管理工作，总结交流工作经验；

(4) 对施工合同签订进行审查，监督检查合同履行，依法处理存在问题，查处违法行为；

(5) 制订签订和履行合同的考核指标，并组织考核，表彰先进的合同管理单位；

(4) 确定损失赔偿范围；

(5) 调解建设合同纠纷。

2) 业主在合同管理中的主要任务

业主主导并参与项目建设全过程，合同管理任务繁重。业主的主要任务是对合同进行总体策划和总体控制，对招标及合同的签订进行决策，为承包商的合同实施提供必要的条件，委托监理工程师负责监督承包商履行合同。

3) 监理工程师在合同管理中的主要任务

对实行监理的工程项目，监理工程师的主要任务是站在公正的第三者的立场上对建设合同进行管理，其工作任务包括招投标阶段和施工实施阶段的进度管理、质量管理、投资管理和参建方间的组织协调。

（1）协助业主组建招标机构，为业主起草招标申请书并协助招标人向当地建设行政主管部门申请办理工程招标的审批工作，以及发布招标公告或投标邀请；

（2）对投标人的投标资格进行预审；

（3）组织现场勘察和答疑；

（4）组织开标会议，参加评标工作，推荐中标人；

（5）合同谈判；

（6）起草合同文件和各种相关文件；

（7）解释合同，监督合同的执行，协调业主、承包商、供应商之间的合同关系，站在公正的立场上正确处理索赔与纠纷；

（8）在业主的授权范围内，对工程项目进行进度控制、质量控制、投资控制。

4）承包商在建设合同管理中的主要任务

在我国，由于法制不健全、市场竞争激烈、市场不规范以及施工管理水平低、合同意识淡薄等原因，承包单位的合同管理的不足已严重影响了我国的工程管理水平，并对工程经济和工程质量带来负面影响。因此，承包商应将合同管理作为一项具体、细致的工作，作为重点来进行管理。其主要任务有：

（1）确定工程项目合同管理组织，包括项目的组织形式、人员分工和职责等。

（2）合同文件、资料的管理。为了防止合同在履行中发生纠纷，合同管理人员应加强合同文件的管理，及时填写并保存经有关方面签证的文件和单据。主要有：

①招标文件、投标文件、合同文本、设计文件、规范、标准以及经签证的设计变更通知等；

②建设单位负责供应的设备、材料进场时间以及材料规格、数量和质量情况的备忘录；

③承包商负责的主要建筑材料、成品、半成品、构配件及设备；

④材料代用议定书；

⑤主控项目和一般项目的质量抽样检验报告，施工操作质量检查记录，检验批质量验收记录，分项工程质量验收记录，隐蔽工程检查验收记录，中间交工工程的验收文件，分部工程质量控制资料；

⑥质量事故鉴定书及其采取的处理措施；

⑦合理化建议内容及节约分成协议书；

⑧赶工协议及提前竣工收益分享协议；

⑨与工程质量、预结算和工期等有关的资料和数据；

⑩与业主代表定期会议的纪录，业主或业主代表的书面指令，与业主（监理工程师）的来往信函，工程照片及各种施工进度报表等。

综上所述，建设工程合同的订立，确立了当事人各方在工程项目中的任务和管理责任，确立了当事人之间的经济法律关系，是各方实施工程管理，享有权利和承担义务的法律依据。因此，业主、监理工程师及承包商，在做好合同管理机构建设和规章建设之后，应当充分重视工程建设项目的招投标及合同签订与履行工作。建设工程合同条款内容是工程建设项目当事人实施工程管理的法定依据。合同各方签订建设工程合同时，必须对工程合同的性质、工程范围和内容、工期、物资供应、付款和结算方式、工程质量标准和验收、安全生产、工程保修、奖罚条款、双方的责任等条款进行认真研究、推敲，力求条款完善、用词严密、内容合理、程序合法、权利和义务明确。合法有效的合同，有利于当事人认真履行，可以预防纠纷的发生；即使发生纠纷，当事人可以请求仲裁机构或人民法院依据合同保护其合法权益。

6. 工程合同管理的工作内容

建设工程合同管理的目的是项目法人通过自身在工程建设合同的订立和履行过程中所进行的计划、组织、指挥、监督和协调等工作，促使项目内部各部门、各环节相互衔接、密切配合，形成合格的工程项目。也是保证项目经营管理活动的顺利进行，提高工程项目管理水平，增强市场竞争能力，从而达到高质量、高效益，满足社会需要，更好地发展和繁荣建筑业市场经济。

建设工程合同管理的过程是一个动态过程，是工程项目合同管理机构和管理人员为实现预期的管理目标，运用管理职能和管理方法对工程合同的订立和履行行为施行管理活动的过程。

全过程包括合同订立前的管理、合同订立中的管理、合同履行中的管理和合同纠纷管理。

（1）合同订立前的管理

合同订立前的管理也称为合同总体规划。合同签订意味着合同生效和全面履行，所以必须采取谨慎、严肃、认真的态度，做好签订前的准备工作。具体内容包括市场预测、资信调查和决策以及订立合同前行为的管理。

作为业主方，主要应通过合同总体策划对以下几方面内容作出决策：与业主签约的承包商的数量、招标方式的确定、合同种类的选择、合同条件的选择、重要合同条款的确定以及其他战略性问题（诸如业主的相关合同关系的协调等）。

作为承包商，其承包合同策划应服从于其基本目标（取得利润）和企业经营战略，具体内容包括投标方向的选择、合同风险的总评价、合作方式的选择等。

（2）合同订立时的管理

合同订立阶段，意味着当事人双方经过工程招标投标活动，充分酝酿、协商一致，从而建立起建设工程合同法律关系。订立合同是一种法律行为，双方应当认真、严肃拟定合同条款，做到合同合法、公平、有效。

（3）合同履行中的管理

合同依法订立后，当事人应认真做好履行过程中的组织和管理工作，严格按照合同条款，享有权利和承担义务。

在此阶段，合同管理人员（无论是业主方还是承包方）的主要工作有以下几方面内容：建立合同实施的保证体系、对合同实施情况进行跟踪并进行诊断分析、进行合同变更管理等。

（4）合同发生纠纷时的管理

在合同履行中，当事人之间有可能发生纠纷，当争议或纠纷出现时，有关双方首先应从整体、全局利益的目标出发，做好有关的合同管理及索赔工作。对合同争议的处理宜按和解、调解、仲裁或诉讼的策略顺序解决，优先考虑采用和解与调解的方式消除争议。

5.4.3 建设监理

1. 建设监理起源与发展

建设监理制度的起源可以追溯到产业革命发生以前的16世纪，那时随着社会对房屋建筑技术要求的不断提高，建筑师队伍出现了专业分工，其中有一部分建筑师专门向社会传授技艺，为工程建设单位提供技术咨询，解答疑难问题，或受聘监督管理施工，建设监理制度出现了萌芽。随着城市化、工业化的发展，建设单位越来越感到，单靠自己的监督管理来实现建设工程高质量的要求是很困难的，建设工程监理的必要性开始为人们所认识。19世纪初，随着建设领域商品经济关系的日益复杂，为了明确工程建设单位、设计者、施工者之间的责任界限，维护各方的权益并加快工程进度。英国政府1830年以法律手段推出了总合同制度，这样就导致了招标投标方式的出现，同时也促进了建设工程监理制度的发展。目前，这一行之有效的建设管理制度得到了许多国家和地区，尤其是西方发达国家的推崇，取得了较好的建设效果。

我国的建设监理制度自1988年推行以来，经历了工程监理试点（1988—1993）、工程监理稳步推进（1993—1995）；工程监理全面推进（1996至今）三个阶段。实践证明，大力推行建设监理制，有利于工程质量、工期与成本控制；能实现建设速度与效益并举；有利于提升数量与质量的结合，是一条多、快、好、省进行工程建设的途径。

2. 建设监理的任务与性质

1）建设监理的工作任务

为了确保工程建设质量、提高工程建设水平、充分发挥投资效益，《工程建设监理规定》实施强制监理范围的工程项目，施工阶段必须委托第三方进行建设监理。建设工程监理是指具有相应资质的工程监理企业，接受建设单位委托，承担其项目管理工作，并代表建设单位依照法律、法规及有关的技术标准、设计文件和建筑工程承包合同，对承包单位在施工质量、建设进度和建设资金使用等建设行为，代表建设单位实施监控的专业化服务活动。监理工作应包括投资控制、进度控制、质量控制、安全控制、合同管理、信息管理、组织与协调工作。建设监理工作在建设工程项目实施的几个主要阶段的主要任务如下所述。

（1）设计阶段建设监理工作的主要任务：以下工作内容视业主的需求而定，国家并没有作出统一的规定。

编写设计要求文件；组织建设工程设计方案竞赛或设计招标，协助业主选择勘察设计单位；拟定和商谈设计委托合同；配合设计单位开展技术经济分析，参与设计方案的比选；参与设计协调工作；参与主要材料和设备的选型（视业主需求而定）；审核或参与审核工程估算、概算和施工图预算；审核或参与审核主要材料和设备的清单；参与检查设计文件是否满足施工的需求；设计进度控制；参与组织设计文件的报批。

（2）施工招标阶段建设监理工作的主要任务：以下工作内容视业主的需求而定，国家并没有作出统一的规定。

拟订或参与拟订建设工程施工招标方案；准备建设工程施工招标条件；协助业主办理招标申请；参与或协助编写施工招标文件；参与建设工程施工招标的组织工作；参与施工合同的商签。

（3）材料和设备采购供应的建设监理工作的主要任务：对于业主负责采购的材料和设备物资，监理工程师应负责制订计划，监督合同的执行。具体内容包括：

制订（或参与制定）材料和设备供应计划和相应的资金需求计划；通过材料和设备的

质量、价格、供货期和售后服务等条件的分析和必选，协助业主确定材料和设备等物资的供应单位；起草并参与材料和设备的订货合同；监督合同的实施。

（4）施工准备阶段建设监理的主要任务

审查施工单位选择的分包单位的资质；

监督检查施工单位质量保证体系及安全技术措施，完善质量管理程序与制度；

参与设计单位向施工单位的设计交底；

审查施工组织设计；

在单位工程开工前检查施工单位的复测资料；

对重点工程部位的中线和水平控制进行复查；

审批一般单项工程和单位工程的开工报告。

（5）工程施工阶段建设监理工作的主要任务

①施工阶段的质量控制：

对所有的隐蔽工程在进行隐蔽以前进行检查和办理签证，对重点工程由监理人员驻点跟踪监理，签署重要的分项、分部工程和单位工程质量评定表；

对施工测量和放样进行检查，对发现的质量问题及时通知施工单位纠正，并做监理记录；

检查和确认运到施工现场的材料、构件和设备的质量，并应查验试验和化验报告单，监理工程师有权禁止不符合质量要求的材料和设备进入工地和投入使用；

监督施工单位严格按照施工规范和设计文件要求进行施工；

监督施工单位严格执行施工合同；对工程主要部位、主要环节及技术复杂工程加强检查；

检查和评价施工单位的工程自检工作；

对施工单位的检测仪器设备、度量衡定期检验，不定期地进行抽验，以确保度量资料的精确；

监督施工单位对各类土木和混凝土试件按规定进行检查和抽查；

监督施工单位认真处理事故中发生的一般质量事故，并认真做好记录；

对大和重大质量事故以及其他紧急情况报告业主。

②施工阶段的进度控制：

监督施工单位严格按照施工合同规定的工期组织施工；

进行施工进度的动态控制；

建立工程进度台账，核对工程形象进度，按月、季、年度向业主报告工程执行情况、工程进度以及存在的问题。

③施工阶段的投资控制：

审查施工单位申报的月度和季度计量表，认真核对其工程数量，不超计、不漏计，严格按合同规定进行计量支付签证；

建立计量支付签证台账，定期与施工单位核对清算；

从投资控制的角度审核设计变更。

（6）施工验收阶段建设监理工作的主要任务

督促和检查施工单位及时整理竣工文件和验收资料，受理单位工程竣工验收报告，并提出意见；

根据施工单位的竣工报告，提出工程质量检验报告；

组织工程预验收，参加业主组织的竣工验收。

(7) 施工合同管理方面的工作

拟订合同结构和合同管理制度，包括合同草案的拟订、会签、协商、修改、审批、签署和保管等工作制度及流程；

协助业主拟订工程的各类合同条款，并参与各类合同的商谈；

合同执行情况的分析和跟踪管理；

协助业主处理与工程有关的索赔事宜及合同争议事宜。

2）建设监理的工作性质

监理单位作为建筑市场的主体之一，提供的是一种高智能的有偿技术服务。建设工程监理的工作性质有如下几个特点。

(1) 服务性

建设工程监理机构受业主委托进行工程建设的监理活动，它提供的不是工程任务的承包，而是服务。工程监理机构将尽一切努力进行项目的目标控制，但它不可能保证项目的目标一定实现，它也不可能承担由于不是它的缘故而导致项目目标失控的责任。

(2) 科学性

工程监理机构拥有从事工程监理工作的专业人士——监理工程师，它将应用所掌握的工程监理科学的思想、组织、方法和手段从事工程监理活动。

(3) 独立性

指的是不依附性，它在组织上和经济上不能依附于监理工作的对象（如承包商、材料和设备供应商等)，否则它就不可能自主地履行其义务。

(4) 公正性

工程监理机构受业主的委托进行工程建设的监理活动，当业主方和承包商发生利益冲突或矛盾时，不损害承包商的合法权益，这体现了建设工程监理的公正性。

3. 建设工程监理方法

1）建设监理的基本规定

(1)《建设工程质量管理条例》中的有关规定

①工程监理单位应当依照法律、法规以及有关技术标准、设计文件和建设工程承包合同，代表建设单位对施工质量实施监理，并对施工质量承担监理责任。

②工程监理单位应当选派具备相应资格的总监理工程师和监理工程师进驻施工现场。未经监理工程师签字，建筑材料、建筑构配件和设备不得在工程上使用或者安装，施工单位不得进行下道工序的施工。未经总监理工程师签字，建设单位不拨付工程款，不进行竣工验收。

③监理工程师应当按照工程监理规范的要求，采取旁站、巡视和平行检验等形式对建设工程实施监理。

(2)《建设工程安全生产管理条例》中的有关规定

工程监理单位应当审查施工组织设计中的安全技术措施或者专项方案是否符合工程建设强制性标准。工程监理单位在实施监理过程中，发现存在安全事故隐患的，应当要求施工单位整改；情况严重的，应当要求施工单位暂时停止施工，并及时报告建设单位。施工单位拒不整改或者不停止施工的，工程监理单位应当及时向有关主管部门报告。工程监理单位和监理工程师应当按照法律、法规和工程建设强制性标准实施监理，并对建设工程安全生产承担监理责任。

2）建设监理工作开展

实施建设工程监理前，建设单位应当将委托的工程监理单位、监理的内容及监理权限，书面通知被监理的建筑施工企业。

工程监理人员认为工程施工不符合工程设计要求、施工技术标准和合同约定的，有权要求建筑施工企业改正。工程监理人员发现工程设计不符合建筑工程质量标准或者合同约定的质量要求的，应当报告建设单位要求设计单位改正。

（1）工程建设监理程序

工程建设监理一般应该按下列程序进行：

①编制工程建设监理规划；

②按工程建设进度、分专业编制工程建设监理实施细则；

③按照建设监理细则进行建设监理；

④参与工程竣工预验收，签署建设监理意见；

⑤建设监理业务完成后，向项目法人提交工程建设监理档案资料。

（2）工程建设监理规划

工程建设监理规划一般包括以下内容：建设工程概况；监理工作范围；监理工作目标；监理工作依据；项目监理机构的组成形式；项目监理机构的人员配备计划；项目监理机构的人员岗位职责；监理工作程序；监理工作方法及措施；监理工作制度；监理设施。

工程建设监理规划的编制应针对项目实施情况，明确项目监理机构的工作目标，确定具体的监理工作制度、程序、方法和措施，并应具有可操作性。工程建设监理规划的编制程序和依据应符合下列规定：

①工程建设监理规划应在签订委托监理合同及收到设计文件后开始编制，完成后必须经监理单位技术负责人审核批准，并应在召开第一次工地会议前报送业主；

②应由总监理工程师主持，专业监理工程师参加编制；

③编制工程建设监理规划的依据：建设工程的相关法律、法规及项目审批文件；与建设工程项目有关的标准、设计文件和技术资料；

④监理大纲、委托监理合同文件以及建设项目相关的合同文件

（3）工程建设监理实施细则

工程建设监理实施细则应包括下列内容：专业工程的特点；监理工作流程；监理工作的控制要点及目标值；监理工作的方法和措施。

对中型及中型以上或专业性较强的工程项目，项目监理机构应编制建设监理实施细则。它应符合工程建设监理规划的要求，并应结合工程项目的专业特点，做到详细具体，并具有可操作性。在监理工作实施过程中，工程建设监理实施细则应根据实际情况进行补偿、修改和完善。

编制工程建设监理实施细则的依据为：已批准的工程建设监理规划；相关的专业工程的标准、设计文件和有关的技术资料；施工组织设计。

工程建设监理实施细则应在工程施工前编制完成，并必须经总监理工程师批准；工程建设监理实施细则应由各有关专业的专业工程师参与编制。

3）旁站监理

（1）基本概念

旁站监理是指监理人员在建设工程施工阶段监理中，对关键部位、关键工序的施工质量实施全过程现场跟班的监理活动。

旁站监理规定的建设工程的关键部位、关键工序，在房屋建筑基础工程方面包括：土方回填，混凝土灌注桩浇筑，地下连续墙、土钉墙、后浇带及其他结构混凝土、防水混凝土浇筑，卷材防水层细部构造处理，钢结构安装；在房屋建筑主体结构工程方面包括：梁柱节点钢筋隐蔽过程，混凝土浇筑，预应力张拉，装配式结构安装，钢结构安装，网架结构安装，索膜安装。

施工企业根据监理企业制定的旁站监理方案，在需要实施旁站监理的关键部位、关键工序进行施工前24小时，应当书面通知监理企业派驻工地的项目监理机构。项目监理结构应当安排旁站监理人员按照旁站监理方案实施旁站监理。

（2）旁站监理人员职责

①检查施工企业现场质检人员到岗、特殊工种人员持证上岗以及施工机械、建筑材料准备情况；

②在现场跟班监督关键部位、关键工序的施工执行施工方案以及工程建设强制性标准情况；

③核查进场建筑材料、建筑构配件、设备和商品混凝土的质量检验报告等，并可在现场监督施工企业进行检验或者委托具有资格的第三方进行复验；

④做好旁站监理记录和监理日记，保存旁站监理原始资料。

旁站监理人员应当认真履行职责，对需要实施旁站的关键部位、关键工序在施工现场跟班监督，及时发现和处理旁站监理过程中出现的质量问题，如实准确地做好旁站监理记录。凡旁站监理人员和施工企业现场质检人员未在旁站监理记录上签字的，不得进入下道工序施工。

旁站监理人员实施旁站监理时，发现施工企业有违反工程建设强制性标准行为的，有权责令施工企业立即整改；发现其施工活动已经或可能危及工程质量时，应当及时向监理工程师或者总监理工程师报告，由总监理工程师下达局部暂停施工指令或者采取其他应急措施。

思考题

1. 试述土木工程的建设程序的基本内容与步骤。
2. 简述建设法规的概念及建设法律关系的构成要素。
3. 试述工程结构的设计方法和工程设计的程序。
4. 钢筋混凝土工程由哪几部分组成，并说明每一部分的具体内容。
5. 简述施工组织设计的概念及层次以及施工组织设计的内容。
6. 简述施工项目管理的主要内容。

7. 何谓工程项目招标、投标？工程项目招标有哪些方式，各是什么？
8. 工程项目招标、投标的程序分别是什么？
9. 简述建设工程合同的概念及种类。
10. 什么是建设工程监理？它的任务是什么？
11. 建设工程投资、进度、质量控制的具体含义是什么？

第6章　数字化技术在土木工程中的应用

20世纪人类在科学、技术与经济领域取得的巨大成功，极大地改变了世界的面貌，促使了人类社会的进步。与此同时，现代信息技术与传媒的发展，则使社会安全问题的社会影响力得到极大的辐射。伴随着人口与财富的集中化趋向，自然灾害与工程安全问题日益突出和严重。人类防灾、减灾能力落后于经济发展能力的现象，已成为制约社会发展的主要矛盾之一。解决这一矛盾行之有效的方法是将现代数字化技术应用于土木工程。

数字化技术指的是运用0和1两位数字编码，通过电子计算机、光缆、通信卫星等设备，来表达、传输和处理信息的技术。一般包括数字编码、数字压缩、数字传输、数字调制与解调等技术。土木工程建设领域，数字化技术因其在升级和改造传统工作与管理模式、大幅度提高全行业技术水平方面的巨大潜力，受到业内的广泛关注和应用。

6.1　计算机技术在土木工程中的应用

计算机技术作为现代科技的重要工具，被广泛地应用于社会的各个方面，它极大地提高了人类认识世界和改造世界的能力。同时，计算机系统软件和应用软件也经历了由初级到高级的发展过程，有力地支持了计算机功能的发挥。土木工程的设计，特别是大型、复杂工程的设计，需要大量的计算，应用计算机可以节省大量的人力和时间，提高效率，更重要的是提高了计算精度，做到了以往人们认为不可能做到的事情。

计算机应用于土木工程始于20世纪50年代，早期主要用于复杂的工程计算，随着计算机硬件和软件水平的不断提高，应用范围已逐步扩大到土木工程设计、施工管理、仿真分析等各个方面。下面对计算机技术在土木工程中的应用作简要阐述。

6.1.1　计算机辅助设计CAD

AutoCAD（Auto Computer Aided Design，计算机辅助设计）是由美国Autodesk公司于1982年开发的通用计算机辅助设计软件，由最原始的背诵命令，到具有尺寸标注功能，直到现在可以进行二维绘图和三维绘图，实现了质的飞跃（图6-1）。AutoCAD将设计软件和制图知识结合起来，从而适应了现代无纸办公的设计趋势。

（1）软件特点

① 用户界面良好。AutoCAD通过菜单命令或命令行方式进行各种操作。操作人员可以在使用的过程中不断总结经验，深入地了解和掌握软件的各种应用和开发技巧，从而不断提高工作效率。

② 适应性强。AutoCAD在各种计算机上都可以运行，输出设备广泛，包括打印机、扫描仪和绘图仪等几十种，为其普及创造了良好的条件。

③ 图形绘制功能强大。AutoCAD具有强大的编辑功能，可以对图形进行复制、旋转、拉伸、延长等。利用AutoCAD软件不但可以进行二维平面图设计，还可以创建三维立体图及表面模型，使图像清晰、准确、具有较强的感染力，可视性较强。

④ 软件功能不断完善。从AutoCAD2000开始，该系统不断增添开发更多的功能，如

AutoCAD 设计中心（ADC）、多文档设计环境（MDE）、Internet 驱动、新的对象捕捉功能、增强的标注功能以及局部打开和局部加载的功能，从而使 AutoCAD 系统更加完善。

（2）平面图基本绘制方法

一个建筑物的设计应该包括建筑、结构、给排水、暖通、配电、通讯、电梯等设备、装修等各协作专业的设计集成，成为建筑集成化设计体系。目前，国际上先进的建筑集成化计算机辅助设计系统 CAAD 具有资料检索、科学计算、绘图与图形显示、仿真模拟、综合分析、评价优化以及咨询决策等方面的基本功能。它的工作范围包括可行性研究、总体规划、初步设计、技术设计、施工图绘制、设计文件以及工程造价与分析的全过程，工程结构 CAD 系统只是建筑集成化 CAAD 系统的一个分支，在我国，建筑设计 CAD、结构设计 CAD、道路设计 CAD 系统等已经问世，并显示了它的巨大作用。

图6－1　三维建模图

CAD 软件由软件系统和硬件系统两大部分组成。软件部分包括程序控制系统、数据输入系统以及设计、计算和图纸生成。硬件部分包括计算机、信息输入设备和输出设备。

CAD 的工作方式有两类；一类是自动化设计方式，即一切都按 CAD 系统软件规定自动进行工作，除了必要的原始工程设计参数的输出外，其系统不需要设计人员干预就能进行分析、计算、绘图等，完成全过程设计。另一类则是交互式设计方式，要求在建筑师、工程师的不断干预下，以人机对话的交互作业方式来完成工程设计，适用于有错综复杂的多因素决策以及设计对象难以用精确数据模型表示的情况。通常，建筑设计 CAD 采用这种交互式设计方式。

绘图设计包括平面图、立面图、剖面图等操作，其中平面图的绘制是最基础的环节，这里简单介绍一下平面图的绘制方法。

平面图实际是水平剖面图，即将建筑物剖开，切去上面的部分并对以下部分用正投影的方法得到的投影图。在绘制前首先应设置绘图的环境，包括图形的绘制单位、图形界限和设置图形的图层和线性。然后设置轴线并输入编号，其次绘制墙线并插入门、窗等，最后绘制内部设备和线路图。

总之，AutoCAD 是一款功能强大的计算机辅助设计软件，为绘图提供了更加便捷的服务，越来越受到广大用户尤其是设计工作者的青睐。

（3）PKPMCAD

PKPM 设计软件是中国建筑科学研究院开发的一款计算机辅助设计软件，在土木工程领域中较为常用。PKPM 设计软件，即 PKPMCAD，由建筑、结构、设备组成，其中，设备包括给排水、采暖、通风空调、电气，是一款集成化 CAD 系统，适用于一般多层工业与民用建筑、100 层以下复杂体型的高层建筑，可处理包括钢筋混凝土框架结构、排架结构、框架－剪力墙、砖混以及底层框架上层转砌体等结构的计算设计。

PKPMCAD 以其人机化的便捷操作、较为准确的设计结构得到业内人士的青睐，在国内市场占有率达到80%以上，设计效率和设计质量的提高做出了突出贡献，加速了全国建筑市场的发展进程。

（1）常用模块

① PMCAD

PMCAD（图6－2）是整个结构CAD的核心，是剪力墙、楼梯施工图、高层空间三维分析和各类基础CAD的必备接口软件。PMCAD也是建筑CAD与结构的必要接口。

其主要特点如下：

a. 用简便易学的人机交互方式输入各层平面布置及各层楼面的次梁、预制板、洞口、错层、挑檐等信息和外加荷载信息，在人机交互过程中提供随时中断、修改、拷贝复制、查询、继续操作等功能；

b. 自动进行从楼板到次梁、次梁到承重梁的荷载传导并自动计算结构自重，自动计算人机交互方式输入的荷载，形成整栋建筑的荷载数据库，可由用户随时查询修改任何一部位数据。由此数据可自动给框架、空间杆系薄壁柱、砖混计算提供数据文件，也可为连续次梁和楼板计算提供数据；

c. 绘制正交及斜交网格平面的框架、框－剪、剪力墙及砖混结构的结构平面图，包括柱、梁、墙、洞口的平面布置、尺寸、偏轴、画出轴线及总尺寸线，画出预制板、次梁及楼板开洞布置，计算现浇楼板内力与配筋并画出板配筋图。画砖混结构圈梁构造柱节点大样图；

d. 作砖混结构和底层框架上层砖房结构的抗震分析验算；

e. 统计结构工程量，并以表格形式输出。

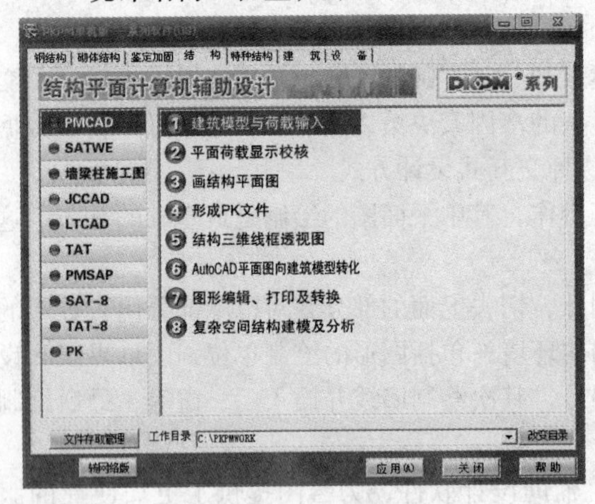

图6－2 PMCAD操作界面

② PK软件

PK（图6－3）全称为钢筋混凝土框架、框排架、连续梁结构计算与施工图绘制软件，其主要特点如下：

a. 适用于工业与民用建筑中各种规则和复杂类型的框架结构、框排架结构、排架结构，剪力墙简化成的壁式框架结构及连续梁。规模在30层，20跨以内。可处理梁柱正交或斜交、梁错层、抽梁抽柱、底层柱不等高、铰接屋面梁等各种情况，可在任意位置设置挑梁、牛腿和次梁，可绘制十几种截面形式的梁，可绘制折梁、加腋梁、变截面梁、矩型、工字梁、圆型柱或排架柱，柱箍筋形式多样。

b. 按新规范要求作强柱弱梁、强剪弱弯、节点核心、柱轴压比、柱体积配箍率的计算与验算，还进行罕遇地震下薄弱层的弹塑性位移计算和竖向地震力计算和框架梁裂缝宽度计算。

c. 可按照梁柱整体画、梁柱分开画、梁柱钢筋平面图表示法和广东地区梁表柱表四种方式绘制施工图。

d. 按新规范和构造手册自动完成构造钢筋的配置。

e. 具有很强的自动选筋、层跨剖面归并、自动布图等功能，同时又给设计人员提供多种方式干预选钢筋、布图、构造筋等施工图绘制结果。

f. 在中文菜单提示下，提供丰富的计算简图及结果图形，提供模板图及钢筋材料表。

g. 可与“PMCAD”软件连接，自动导荷并生成结构计算所需的数据文件。

h. 可与三维分析软件 TAT、SATWE 接口，绘制 100 层以下高层建筑的梁柱图。

③ PKPM 概预算软件

PKPM 概预算软件（STAT）（原名：建筑工程概预算软件），该系列软件于 2001 年通过了建设部科技司和标准定额司主持的专家鉴定。该软件与国内同类产品相比，处于国内领先水平；其总体设计和集成性达到国际先进水平。其主要包括以下六种单元：

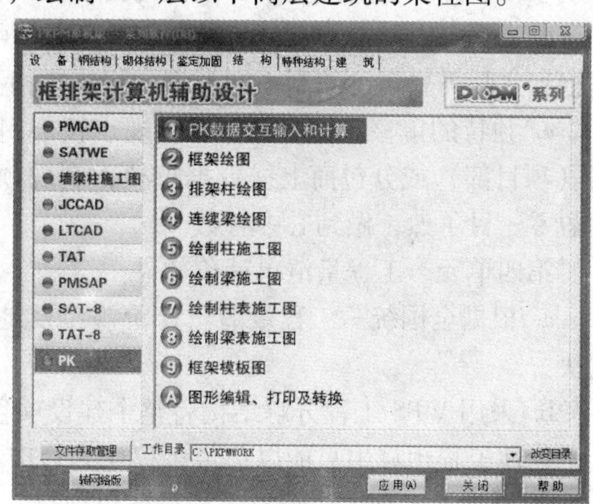

图 6－3　PK 操作界面

第一单元　工程量计算软件，其主要特点为：

a. 提供 PKPM 成熟的三维图形设计技术，方便快捷建立模型；

b. 可直接读取 PKPM 结构设计软件的设计数据，省去重新录入模型的工作量；

c. 可把 AutoCAD 设计图形文件转化成概预算模型数据；

d. 基础模型可在任意楼层上布置，解决了建筑物底层标高不同的难题；

e. 灵活的异型构件处理功能，用户可单独绘制或在楼层中绘出异型构件，提取计算结果并能任意组合工程量表达式；

f. 真正的三维扣减计算，准确的计算结果；

g. 依据构件的属性自动套取定额子目；

h. 提供装修、预制构件等标准图籍；

i. 提供 30 多个省市的计算规则库，依据不同地区的计算规则，可实现一模多算；

j. 提供工程量清单计算规则，可同时统计出清单工程量及其对应的定额消耗量。

第二单元　钢筋统计软件

a. 通过直接读取 PKPM 结构设计数据，程序开始自动统计钢筋工程量；

b. 通过读取平法标注的 AutoCAD 钢筋图形，自动获取集中标注、原位标注的信息；

c. 提供平法输入、量表法输入、直接输入、参数输入等多种输入方法；

d. 自动处理钢筋搭接、锚固、弯钩、构造、定位尺寸等，用户也可以根据实际情况对这些参数进行修改；

e. 构件钢筋的三维显示，可按构件配筋的实际情况显示出来，能够清晰显示钢筋的锚固、搭接及箍筋加密，以方便用户的校核；

f. 简便准确的板放射筋、圆弧筋的布置和统计；

g. 详细地列出工程量计算表达式，便于用户的校核工作；

h. 可以简单方便地进行钢筋的校核，快速、准确地校核所布置的钢筋并列出钢筋校核图和校核表。

第三单元　三合一概预算软件

a. 工程量清单计价、定额计价二位一体，数据可以相互转换。

b. 率先使用 WBS 工程分解结构，全面、系统地贯穿于软件中。

c. 费用计算模式开放、灵活，可根据工程参数设置、招标方要求及各种实际情况决定费用项目、计算公式或费率，既能与传统方式衔接，又能与国际惯例接轨。

d. 报表输出方式与 Excel 类似，用户不仅可以在报表中任意修改（可撤销恢复），还可以根据实际需要自己编制不同类型的报表表格。

e. 独特的审核对比功能，可实现审核部门对工程报价审核；总公司或总承包商对分公司（项目部）或分包商上报数据审核；实现预算与计划、计划与实际等的对比分析，项目的盈亏一目了然，做到心中有数。

第四单元　工程量清单计价软件

a. 根据全国统一工程量清单计价规范及地方要求，提供招标方、投标方、评标方全面解决方案；

b. 采用 WBS 工程分解结构将整个建设项目层层分解成可以控制和管理的项目单元，改变了以往工程预算中只能以单位工程作为管理和计算项目的状况。

c. 提供了多种方法编辑工程量清单项目，方便简单地完成清单项目编辑。

d. 智能地导入标准的电子清单表格（EXCEL 文件），自动生成工程量清单。也可以将数据导出成标准的数据格式。

e. 提供多种组价方式，辅助预算人员依据企业管理水平和市场竞争情况快速进行投标报价。

f. 强大的材料询价、分类和历史价格分析功能，帮助造价人员随时响应材料市场的价格波动。

g. 灵活的费用调整功能，造价人员可以依据市场因素和企业的投标策略，进行报价调整，为投标方在投标过程中提供了多套报价方案进行比较。

h. 实现经验数据的积累，提供对定额库和材料价格库的维护功能，引导企业建立完善《企业定额库》，提高企业的成本管理能力，增强企业的竞争力。

i. 灵活的报表打印功能，帮助造价人员快速制作和调整符合要求的报表。

第五单元　概预算报表软件

a. 定额子目及相应工程量可直接从图形算量软件中读取。

b. 提供全国 30 多个省市、600 多套定额库，包括建筑、公路、电力、煤炭、铁路、冶金等行业。

c. 提供多种经济指标分析方式。

d. 提供多种报表样式，且能自行设计，可将报表转成 Excel 或 Word 文件。

第六单元　国际投标及援外工程报价软件

a. 提供了编制工程招投标文件以及工程预、结算解决方案。

b. 根据资源的采购和运输方式自动计算资源的工地价格、海运、保险等各项费用，并可自行调整。

c. 提供多种组价方式，辅助预算人员依据企业管理水平和市场竞争情况快速进行投标报价。

d. 强大的材料询价、分类和历史价格分析功能，帮助造价人员随时响应材料市场的价格波动。

e. 可以依据公式自动计算各项费用中人民币、美元和当地币所占比例，提供了多种货币报价模式。

f. 实现经验数据的积累，提供对定额库和材料价格库的维护功能，引导企业建立完善《企业定额库》，提高企业的成本管理能力，增强企业的竞争力。

g. 提供了商务部规定的和国际报价常用的报表格式，也可根据实际需要自行设计报表。

（2）建模、设计、分析基本过程

PKPM系列CAD软件作为这样一款集建筑设计、结构设计、设备设计、工程量统计和概预算报表等于一体的大型综合CAD系统，操作简便。

其建模、设计、分析基本过程主要为：

第一步：建立结构模型（前处理）

模型建立和荷载输入中，主要为轴线输入、网格生成、楼层定义、荷载输入。

第二步：整体分析（分析计算）

接PM生成SATWE数据（前处理），进行结构内力和配筋计算，并可以进行分析结果图形和文本显示。

第三步：基础设计（分析计算）

利用之前计算的数据结果，在JCCAD模块中进行基础设计。

第四步：绘制施工图（后处理）

完成上面三步操作后，通过执行PMCAD主菜单中画结构平面图命令来完成结构的平面布置图绘制，并可以完成现浇楼板配筋计算和楼板结构图的绘制。利用其他模块可以生成梁和柱的施工图。

第五步：图形编辑（后处理）

在任意程序模块下的图形编辑、打印和转换操作可以进行相关的后续操作。

6.1.2 计算机仿真技术

1）计算机仿真技术的概念

计算机仿真技术把现代仿真技术与计算机发展结合起来，通过建立系统的数学模型，以计算机为工具，以数值计算为手段，对存在的或者设想中的系统进行实验研究。

计算机仿真技术是利用计算机科学和技术的成果建立被仿真的系统的模型，并在某些实验条件下对模型进行动态实验的一门综合性技术。它具有高效、安全、受环境条件的约束较少、可改变时间比例尺等优点，已成为分析、设计、运行、评价、培训系统的重要工具。

2）计算机仿真技术的发展

计算机仿真就是建立系统数学模型，并利用该模型在计算机上运行，进行系统科学实验研究的全过程。自50年代初，美国人Aaron借助大型的电子管计算机，并利用最小二乘法进行滤波器这样的线性网络设计以来，仿真技术的发展已近半个世纪。计算机仿真应用早期局限在国防科技和军工部门（如航天，航空，核能等），而如今深入到科学研究、工程设计、辅助决策、系统优化等各个方面，使人们的许多传统观念和方法产生了重大变革。计算机仿真技术被称为继科学理论和实验研究后的第三种认识和改造世界的工具，计算机技术的发展，计算数学的成熟，使计算机仿真技术成为一种工程领域必不可少的重要设计手段，它的应用可以大大地缩短产品的开发周期和降低产品开发的成本，从而提高产品的竞争力。

传统的设计方法往往是通过反复的试制样品（物理成型）和实验来分析该系统是否达到设计要求，因此在设计过程中需要大量的人力和物力投入在样品的试制和试验上。随着计算机仿真技术的发展，在工程系统的设计开发中，大量地采用了数字成型的方法，即通过建立系统的数字模型，通过计算机仿真使得大量的产品设计问题的发现和解决在物理成型之前就得到处理，从而极大地减少反复物理成型的人力和物力的投入，使我们可以在最短的时间以最低的成本将新产品投放到市场，使我们在日益激烈的竞争市场上占得先机。正是由于计算机仿真技术的这种优越性，在国外，计算机仿真技术已经充分地被各大公司应用到产品的设计、开发和改进中。

早期的计算机仿真技术需要仿真人员自己推导系统数学模型，应用编程语言将数学模型转化成为计算机能够直接运算的程序。应用此法设计仿真程序，不仅要求仿真人员须精通所采用的计算机语言，还使他们将大量的时间和精力耗费在程序的编写和调试上，而不能致力于对系统模型和仿真方法的研究。为了使仿真人员摆脱复杂的程序设计，从20世纪60—70年代，就有人发展了面向仿真问题的仿真专用语言。它采用简单的方式（即仿真人员熟悉的描述问题的方式）来表达仿真中常用的算法或控制流程。早期的仿真语言有CSMP，CSSL，DSL，MIMC等，应用十分广泛。20世纪80年代美国一家软件公司推出一种面向科学和工程计算的语言。它以矩阵运算为基础，把计算、可视化及程序设计融合到了一个交互的工作环境中，可以实现工程计算、算法研究、建模和仿真、数据分析及可视化、科学和工程绘图、应用程序开发等功能。这些通用的计算机仿真软件系统的主要特点是：

① 提供了方便的数学模型建立工具，使用者可方便地在计算机上建立自己的数学模型。

② 定义了一些典型、通用和专用的非线性函数，加速数学模型的建立过程。

③ 提供多种数值计算方法。

④ 提供灵活、方便和直观的多种输出格式。

⑤ 具有友好的窗口式人机界面等。

然而这些仿真语言的还是基于提供给仿真人员一种更方便的数学模型在计算机中的表达方式，通过仿真语言这个中介，使得仿真人员可以更方便地把数学模型转化到计算机中去运算。因此，还是需要专门的仿真人员进行操作，因此数学模型的建立还是需要仿真人员来进行。

在我国，自从20世纪50年代中期以来，系统仿真技术就在航天、航空、军事等尖端领域得到应用，取得了重大的成果。自20世纪80年代初开始，随着微机的广泛应用，数字仿真技术的土木工程、自动控制、电气传动、机械制造、造船、化工等工程技术领域也得到了广泛应用。

3）仿真技术的应用领域

仿真技术最早主要应用于军事方面，比如航天器、航海模拟、高性能武器等。随着国民经济的发展，仿真技术被迅速地推广应用到国民经济的各个领域，成为系统工程中的科学方法和有力工具，最广泛地应用在军事领域，比如美国的综合战区演练（STOW）计划、欧洲大型军事演习（代号JPOW）、美国在科威特进行的战区导弹作战仿真等；仿真技术在工业系统的多种应用取得了巨大的社会和经济效益。

4）计算机仿真技术在建筑工业中的应用

随着计算机技术以及计算机图形学的发展，三维可视化仿真技术已经得到了广泛的研究和应用。仿真技术目前比较成熟的软件产品大多由发达国家开发、使用、推广，其技术含量高，使用方便，同时和设计类辅助软件结合紧密。计算机仿真技术改变了传统的计算机辅助设计被动静态的信息传递方式。仿真技术就建筑视觉模拟的可行性而言，应用领域可包括：建筑物模拟、室内设计模拟、城市景观模拟、施工过程模拟、物理环境模拟、防灾模拟、历史性建筑模拟等。在建筑设计中既要进行空间形象思维，又要考虑到以用户的感受为核心，这是一连串的创新过程，包括规划、设计、建设施工、维护等。巨大的成本和不可逆的执行程序，不能出现过多的差错，而仿真技术正是以一种可以创造和体现虚拟世界的系统，来减少前面的巨大成本支出。充分利用计算机辅助设计和计算机仿真技术，可以大幅度减轻设计人员的劳动强度，缩短设计周期，提高设计质量，节省投资。所以，当前计算机仿真技术在建筑设计中得到了广泛的应用。

① 应用三维可视化仿真解决的问题

系统平台能够从各个方位、全面、立体、形象地反映规划方案的设计成果，让人身临其境地看到方案建成后的效果，更有利于清楚地认识、判定规划方案的可行性与合理性。通过贴图烘焙技术来解决数据资源替换问题，作为大规模的模型、图片、数据管理极易出现数据资源替换差错问题。贴图烘焙技术可以在完成高质量的基础上解决数字资源管理的问题。

② 在应急抢险决策中的应用

人口高度密集的大城市在高速发展的同时也潜伏着高风险，城市越大，就越需要科学的对策来应对突发事件给我们所带来的灾害。如：地震、爆炸、火灾、洪水、疫情等。任何一场灾难都会给我们带来一连串的连锁反应以及大范围的恐慌。当突发事件发生时，政府需要迅速、全面、准确地了解事件发生的范围以及可能产生的后果，并在最短时间内做出判断，在救援、疏散等方面做出决策，采取有力的措施把灾难和损失降到最低，发布科学的信息以制止恐慌蔓延。

三维可视化平台可以在应急抢险等方面作为一种主要工具为决策者提供支持。通过直观的三维可视化场景可以使决策者很快了解灾难的发生位置、影响范围以及周边环境，可以通过后台数据库调出相关数据进行查询和分析。

5）建筑仿真技术在建筑施工安全方面的应用

（1）建筑仿真技术与安全价值工程

目前我国正在进行历史上也是世界上最大规模的基本建设。建筑业完成产值年年持续增长。建筑业从业人员数目庞大，据不完全统计人数为 3893 万人，约已占全国工业总从业人数的 1/3，建筑产业已成为国家的支柱产业。工程建设的巨大投资和从业人员的庞大规模使得安全事故的后果异常严重和巨大。我国工程建设中的安全管理水平一直很低，每年由于安全事故丧生的从业人员超过千人，直接经济损失百亿元。特别是近年来重大恶性事故频频发生，引起全国上下的普遍关注。

随着社会的进步、科技的发展，人们对安全的认识水平也逐步提高，从安全事故发生的必然原因中，最主要的原因是人的原因、物的原因、环境的原因、管理失败的原因。在我国建筑行业中，尤其要注意人的原因，因为建筑安全事故的核心是“人”，而“人”又是具有特定的文化背景和处于特定的国情之中。一方面是作为管理者的“人”重生产轻安全的思想普遍存在，安全管理缺陷几乎存在每一起安全事故中；另一方面是建筑活动主体的

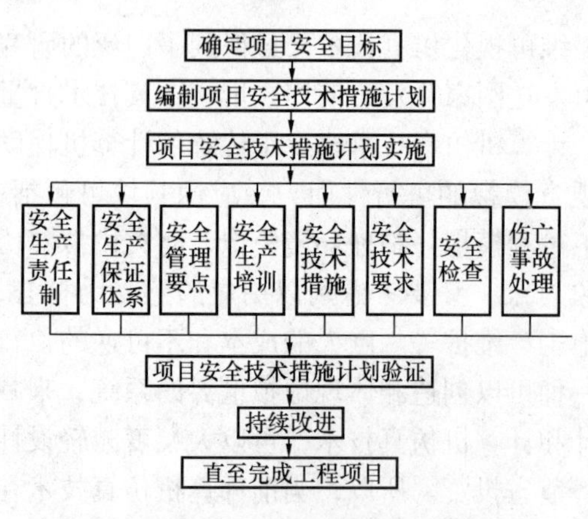

图6-4　施工安全监控程序

"人"——农民工，自身文化素质及职业安全素质较低；有限的场地上集中大量的人员、建筑材料、设备和施工机具等进行立体交叉作业，相互干扰难免发生危险；建筑施工高空、露天作业多，工作环境差；工人工作时间长，劳动强度大，容易出现疲劳、注意力不集中造成安全事故；建筑产品复杂，材料堆放不符合要求也是造成安全事故的原因。而且我国建筑安全管理制度理念滞后，建筑业竞争激烈，安全投入严重不足等也是导致危险事故发生的重要因素。所以说安全控制是很有必要的，安全控制是通过对生产过程中涉及的计划、组织、监控、调节和改进等一系列致力于满足生产安全所进行的管理活动。施工安全监控的程序如图6-4所示。

施工现场的安全控制是必不可少的，但是安全投入不足还将导致事故的发生。而且好多施工单位甚至建设管理部门没有考虑到安全的经济价值，把安全工作与经济利益对立起来，认为安全投入是企业负担，没有把各项安全措施落实到位。价值工程（Value Engineering）是一门新兴的管理技术，是减低成本提高经济效益的有效方法。定义为：

$$V = F/C$$

式中　V——价值；

F——研究对象的功能；

C——成本，即寿命周期成本。

以价值理论为基础，可以定义安全价值工程，可以对所研究的系统进行安全分析与评价。主要思想就是对系统的各个单元进行安全价值分析，通过制定相应的整改措施，使各个单元实现最大安全价值，最终实现整个系统的安全值最大，达到安全、高效的生产目的。

安全价值定义为：

$$SV = S/C$$

式中　SV——安全价值；

S——研究对象的安全程度；

C——研究对象的安全成本。

将安全工程与价值工程结合，利用价值工程的原理使得安全价值最大化。安全价值工程的工作顺序是：确定安全研究的对象；综合研究；制定创新方案与评价。施工安全也可以利用安全机智工程来评价，以达到安全值最优。

（2）计算机仿真技术在建筑施工安全工程中的应用

① 评价施工安全价值工程。在施工过程中出现危险事故的原因主要有人的不安全行为、物的不安全状态、环境隐患和组织管理不力等。可以根据这四个因素的重要程度进行各个方面的安全价值分析，指定不同的安全方案，可以达到资金与安全程度的最大优化。

② 各种施工设备的操作训练。尤其是某些重要工程中要采用先进的特种设备，而这些设备是不允许出现失误且需要不断反复的操作训练。即使一般的起重机、挖掘机、塔吊也需要熟练的操作，还有混凝土搅拌站等。采用计算机仿真技术开发相应的设备模型，用户通过

各种传感及输入装置与虚拟场景的交互，使之通过虚拟的设备得到“真实”的训练。可以观察操作过程中存在哪些不规范的操作，提前改正。还可以观察一些设备的操作隐患，以采取相应的预防和加强措施。

③ 按事故过程模拟。有经验的工程师了解工程当中哪些部位容易出现隐患，哪些部位容易发生事故，比如爆炸、坍塌、坠落、交通事故等。利用计算机仿真技术可协助建立安全事故发生过程三维动态仿真模型，为以后类似的事故的分析、职工安全教育提供有力的工具支撑。

④ 模拟紧急逃生演练。三维交互系统的沉浸性使用户和系统之间可以交换信息。通过建立建筑物的事故模型，可以训练现场人员在事故发生上的自救、逃生路线的选择和应急行动的实施，以此来降低事故发生时的损失。

⑤ 安全教育。由于农民工的文化素质普遍较低，进行书本安全知识讲解是比较困难的，我们应该采用各种真实的或者能引起人们兴趣的手段来保证学习的效果，比如安全事故过程的仿真，设备操作的虚拟等，让人们在愉快的气氛中受益。

6）计算机仿真技术在建筑施工中的应用与现实意义

计算机仿真技术在建筑施工的应用有很重大的意义：

① 该技术有助于建筑市场的管理，完善管理制度。施工虚拟工程在招投标过程中能主观对比投标各方的施工工艺、方法和成效，增加评标的透明度和公正性，减少各种不正当行为的发生，有利于建筑市场的规范化管理。

② 考察建筑设计是否合理，从而指出不合理的部位进行修改，达到优化设计的目标。这对重大工程尤为重要，有助于施工方案的选择和优化。因为建筑施工方案的选择有一定的局限性，它主要取决于决策者的施工经验和知识水平，而且施工过程又都没有可模性，决定了建筑施工过程的各异性。而施工虚拟仿真技术可以直观、科学地展示不同施工方法和施工组织措施的效果，可以定量地完成方案的对比，真正实现施工优化。

③ 该技术还可以模拟新技术、新材料、新工艺应用后的效果。施工虚拟仿真技术一方面能使广大施工技术人员低成本地试验施工新工艺和革新思路，有助于他们创造性的充分发挥，同时能真切展示新技术的成效，缩短建筑业新技术的引入期和推广期，降低新技术、新工艺的实验风险；有助于施工管理：施工虚拟仿真技术能模拟施工全工程，能够提前发现施工管理中质量、安全等方面存在的隐患，管理人员可以采取有效的预防、加强措施，提高工程施工质量和管理效果；施工虚拟仿真技术能实时、直观地显示施工全过程，这样有助于操作人员全面了解作业过程，安全地完成施工任务。

7）计算机仿真技术在工程施工中应用展望

计算机仿真技术能否在建筑工程施工领域得以推广和应用取决于计算机硬件和仿真软件本身的发展方面。目前应用虚拟仿真施工系统存在以下问题：

① 虚拟仿真系统开发和应用要求的硬件平台较高，需要在较高的专用工作站或实验室上进行，企业自行开发系统时，要建造专用虚拟实验室，购买国外进口设备和软件，这需投入一定的资金和人力。另外系统的演示受设备的限制，移动不方便。

② 在对单项工程进行开发时，需从国外进口软件平台。由于虚拟仿真系统在工程施工中集成型软件几乎没有，再加上工程施工中影响因素较多，客观上造成开发一个项目所需成本较高，努力开发出一套面向建筑工程施工的专用集成型软件系统，是为单项工程的开发提

供一个方便的开发平台（模块）的重要前提。

③ 施工企业要引进专业软件人才，培养自己的开发骨干，成本较高。目前，我国一些大型建筑企业集团建立了自己的设计研究院，这为施工企业的技术人才培养和蓄纳创造了条件。

我国施工企业的工程技术人员已具有一定的软件研发能力和应用水平，省、市级建筑施工集团已成为开发和应用施工定额软件、施工管理软件的主力。高等院校和科研机构也积极开发各种工程施工中所需的计算机辅助设计软件，另外在工程实践方面对计算机的工艺集成控制技术也有不少探索和应用，并取得了丰硕的成果。整个施工学科领域应用计算机辅助软件正逐步形成完整的、适用的人工智能研究方法。

计算机仿真技术的应用使仿真软件取得了飞速发展，新的并行计算方法、新的仿真平台和编程技术使其具有更好的可扩展性，因而能被更多的领域所使用。同时仿真系统的微机化探索已经取得进展，虚拟现实在微机上实现已有可能。通过开发通用和集成型施工软件（模块），必将降低单项工程的开发造价和加快软件的普及。实行校企（研）联合是加快建筑业科技进步，推进施工现代化的一个重要捷径。建筑企业采用与专门科研院所合作的方式，充分利用高等院校的科研实力和人才优势，建立起长期的合作伙伴关系，积极开发和应用虚拟仿真系统。面对信息革命和日益发展的高新技术，建筑业必须勇于吸纳新技术并积极改造，以努力促进施工技术的进步和发展，实现现代化，这是建筑施工企业适应知识经济、增强竞争力的唯一途径。

计算机仿真技术在建筑工程中可以作为一种解释手段来论证整个系统和方案运行的情况，同时它也可以作为一个强大的资源数据库，又可以作为一种预测未来的发展状况的工具。因而，计算机仿真技术又可以看做是一种特殊的实验手段，采用计算机仿真技术来描述和预测整个施工设计方案的全过程是十分必要和可行的。

6.2 信息化与智能化在土木工程中的应用

土木工程施工周期比较长、工序多、环境条件复杂、影响因素多、质量与安全管理在工程建设中占有重要的突出地位，一旦出现安全与质量事故，所产生的直接与间接后果都比较严重。实时地对施工过程进行监控，加强安全与质量管理非常重要。信息化施工是通过施工数据检测、反馈与分析等方法，判定施工状况是否科学合理，工程是否处于设计所要求的状态、与施工阶段的受力及变形是否吻合，及时发现工程中存在的问题，为采取有效的防范措施提供信息指导。信息化施工的核心是施工过程监测数据的采集与反馈，是工程管理现代化的重要标志之一。

计算机技术的应用与发展，还极大地提高了土木工程施工的自动化程度。在混凝土的搅拌、钢结构的焊接、大型结构的制作、安装等很多领域，都广泛采用自动化设备，应用计算机对整个过程进行控制。

6.2.1 信息化施工技术

1）信息化施工技术的概念

信息化施工就是在施工过程中，通过设置各种测量元件和仪器，实时收集现场实际数据并加以分析，根据分析结果对原设计和施工方案进行必要的调整，并反馈到下一施工过程，对下一阶段的施工过程进行分析和预测，从而保证工程施工安全、经济地进行。信息化施工如图 6－5 所示。

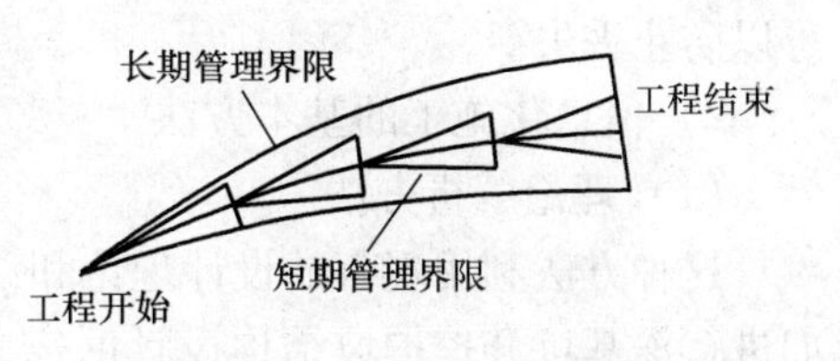

图 6－5　信息化施工示意图

信息化施工是在技术的基础上发展起来的，要进行信息化施工，应当具备一些条件：① 有满足检测需要的测量元件及仪器；② 可实时检测；③ 有相应的分析预测模型和方法；④ 应用计算机。

及时掌握可靠的信息是信息化施工中分析、预测的基础，科学技术的发展使现在的测量技术水平大大提高，计算机的广泛应用也可以对工程施工过程进行实时监测，并能够迅速处理有关数据，及时指导正在施工工程的监测管理。

信息化施工是信息技术在建筑业应用的总称，它包括了建筑业管理、建筑设计、工程施工等一系列活动。将信息化施工技术界定为：利用信息系统的处理功能，以工程项目为中心，将政府行政管理、工程设计、工程施工过程（经营管理和技术管理）所发生的主要信息有序地、及时地、成批地存储。以部门间信息交流为中心，以业务工作标准为切入点，采用工作流程和数据后处理技术，解决工程项目从数据采集、信息处理与共享到决策目标生成等环节的信息化，及时准确地以量化指标，为政府主管行政部门、建筑承包商、材料设备供应商等单位的决策管理提供依据。

建筑业信息化主要有职能部门管理及工程项目管理两个方面。职能部门管理主要是政府主管行政部门、建筑企业各职能部门的业务管理工作；工程项目管理包括项目的设计、施工所需的管理信息要求。工程项目是建筑业的核心，是建筑业信息的主要来源，我们的管理工作及设计等都应为它服务。

信息化施工技术的标志主要有以下两方面：①政府主管行政部门、建筑企业各职能部门以互联网为中心的信息应用；②工程项目的设计、施工所需的专业单项软件的应用。互联网包括企业内部网（Intranet）和国际互联网（Internet）。企业内部网为我们提供了非常好的建立企业信息系统（MIS）的工具。企业内部网非常方便灵活，易于非专业人员学习掌握，为计算机技术的普及走进家庭、办公室打下基础。同时它的安全性和保密性也在可控制之中。国际互联网为传递信息提供了前所未有的方便，如使电子政务、电子商务及网上采购交易成为可能，网上招标投标和对工程项目的远程管理等正在国内实施。国际互联网也带来病毒入侵、招致黑客攻击等负面效应，但这些也在可控制之中。不管怎样，国际互联网都会继续发展成长，为我们的工作、生活带来更多的便利。

我国的工程建设经过几十年的发展已经逐渐成长、壮大，并且开始与国际接轨，形成了市场化、法制化、规范化的模式。特别是改革开放以来，国外的企业大规模地进入我国，他们的管理方式与强劲的竞争力对我国的企业产生了巨大的冲击，同时也暴露了我们企业的许多缺点。我们要不断地改进管理监督方式，吸取国内外企业的优秀思想，为己所用。

我国现行的工程项目管理方式主要是项目法，即有项目经理负责整个工程，他负责组织协调及管理整个施工过程。我们的目标就是提高效率，维护和完善生产关系。在施工建设的过程中实行民主、科学、人性的管理方式来达到上下一条心，拧成一股绳。由于工程的施工在户外，施工的工期长，作业范围广，人员多，事务繁复。因此有必要采用信息化的管理方式，将工程的各个环节、人员安排、数据等关键信息记录在电脑中，这样便于调查分析，也可以防止丢失。

2）信息化施工的基本方法

（1）理论解析方法

这种方法利用现有的设计理论和设计方法。进行工程结构设计时要采用许多设计参数，如进行深基坑开挖护坡结构设计时需采用土的侧压力系数等。按照设计进行施工并进行监测，如果实测结果与设计结果有较大偏差，说明对于现结构，原来设计时所采用的参数不一定正确，或其他影响因素在设计方法中未加考虑。通过一定方法反算设计参数，如果采用的一组设计参数计算分析得到的结构变形、内力与实测结果一致或接近，说明采用这组设计参数进行设计，其结果更符合实际。利用新的设计参数计算分析，判断工程结构施工现状，并对下一施工过程预测，以保证工程施工安全地、经济地进行。

（2）“黑箱”方法

这种方法不按照现有设计理论进行分析和计算，而是采用数理统计的方法，即避开研究对象自身机理和影响因素的复杂性，将这些复杂的、难以分析计算的因素投入“黑箱”，不管其物理意义如何，只是根据现场的反馈信息来推算研究对象的变形特性和安全性。如黏土地基的压密曲线可以用双曲线近似，对于在软弱黏土地基上的路基回填，可以不计算土的参数，也不应用土力学理论分析，而是利用前阶段的观测数据拟合双曲线，根据拟合的双曲线预测下阶段施工过程中的土体压密沉降变形。在研究对象自身机理复杂，影响因素多，而其物理特性又可以用某一已知曲线表达时（该曲线的系数可以通过拟合计算得出）可用此法。

3）信息化管理的优势

管理信息化是指在现代信息技术广泛普及的基础之上，社会和经济的各个方面发生深刻的变革，通过提高信息资源的管理和利用水平，在各种社会活动的功能和效率上的大幅地提高，从而达到人类社会的新的物质和精神文明水平的过程。

信息化的管理方式有着巨大的优势，主要概括有：

① 便于交流沟通。工程建设中业主最关注的是工程的进度、质量等，而大工程的信息量大，靠传统的开会来获得信息并解决问题较为麻烦，不仅效率低下，而且文件的准备、抄录等都很麻烦。如果采用了信息化的管理方式，那就可以避免后面的人做无用功，充分发挥人力资源优势；

② 同时可以实现信息的网络化、电子化和规范化。规范的管理可以节省大量的时间来进行规划设计，计算机业务要求的数据只要充足，计算机会自动处理分析工程的进度、质量，这样就是在不具备实验分析条件的艰苦地带也可以照常监督工程的施工情况。

4）信息化施工的管理过程

信息化施工的监测管理过程如图 6 - 6 所示。

信息化施工的管理过程可分为 2 个阶段：

① 基于观测值的日常管理

利用微机实时采集工程结构的变形、内力等数据，每天比较观测值和管理值，监测工程的安全性以及是否与管理值相差过大。

② 现状分析和对下阶段的预测

利用观测结果推算设计参数，根据新的设计参数计算分析，判断现施工阶段工程结构的安全性，并预测以后施工阶段结构的变形及内力。

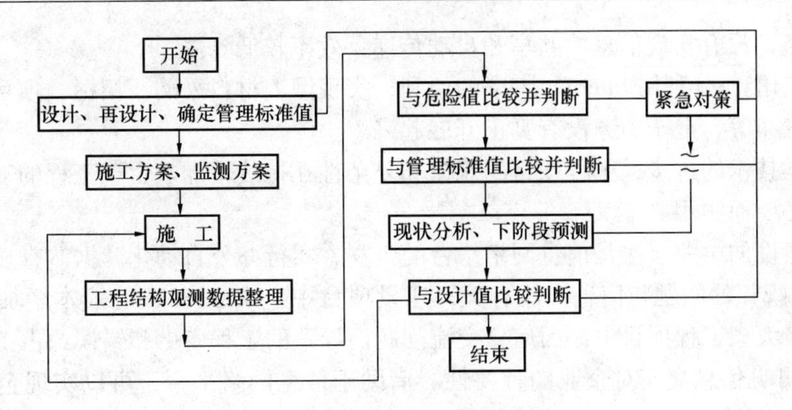

图 6－6　信息化施工的监测管理过程

5）施工管理中信息技术应用的现状

信息技术是企业利用科学方法对经营管理信息进行收集、储存、加工、处理，并辅助决策的技术的总称，而计算机技术是信息技术主要的、不可缺少的手段。显然，前者包含后者。为免混淆它们的概念，我们必须对两者有正确的认识。就施工管理中推广信息技术而言，不仅仅是解决是否利用计算机技术的问题，还要解决如何利用的问题。比如说，即使企业各部门都应用了计算机，而企业部门之间、企业之间、企业与政府之间的信息交换仍需要纸介质来进行，这样，就不能说充分利用了信息技术，实现了信息化。同时，使用计算机的现代化施工管理，不仅可以快速、有效、自动而有系统地储存、修改、查找及处理大量的信息，而且能够对施工过程中因受各种自然及人为因素的影响而发生的施工进度、质量、成本进行跟踪管理。计算机技术的应用反映了信息技术的应用水平，而信息技术的应用提高了施工管理的水平。

首先，在一定范围内应用计算机和工具软件，提高了工作效率。在建筑施工中，较早地利用计算机技术进行各项计算作业和辅助管理工作，如办公自动化系统，招投标系统（工程量计算、投标报价、标书制作、施工平面图设计、造价计算、编制工程进度网络），设计计算系统（深基坑支护设计、脚手架设计、模板设计、施工详图设计），项目管理系统（项目成本、质量、进度管理、日常信息管理）等。

其次，在施工中推广应用以信息技术为特征的自动化控制技术，在一些地方取得了较好的效果。如大体积混凝土施工质量控制、高层建筑垂直度控制、预拌混凝土上料自动控制、采用同步提升技术进行大型构件设备的整体安装和整体爬升脚手架的提升、幕墙的生产与加工、建筑物沉降观测和工程测量、建筑材料检测数据采集等。信息技术的推广应用，不但改善了建筑业的整体形象，提高了建筑业工作效率、技术水平和安全水平，使行业和企业的整体竞争力得到提升，同时，也使得企业的生产成本和工作强度有所下降，工程质量得到保障。但是，总的来讲，目前建筑业应用信息技术提升传统产业的整体水平较低，存在着明显的局限与不足，主要表现在：

① 应用范围较窄，主要集中在项目施工的前期，如招投标、造价预算、施工组织设计，而在施工过程中的进度、质量、成本控制方面的应用较少，项目施工管理仍然主要靠管理人员的经验和处理能力，很不科学。

② 主要以应用单机版应用软件为主，单机操作，仅仅利用了计算机计算速度快的特点，

没有形成网络，没有实现信息的共享和自动传递，效率较低。

③ 企业未能充分利用Internet带来的便利，实现网上材料采购、招标、项目管理、信息交换、信息发布等，电子商务没有真正开展起来。

随着科学技术的进步，工程项目的规模和复杂性在持续增加。由于工程的复杂性，网络信息化显得必要而实用。

信息化建设的第一层次是信息网络平台的建立，实行办公自动化。据调查显示，传统建设工程项目中2%的问题与信息交流有关；建设项目中10%到33%的成本增加与信息交流问题有关；在大型工程项目中，因信息交流问题而导致的工程变更和错误约占工程总成本的3%～5%，可见信息交流对企业的重要性。借助于信息网络平台，可以实现企业内信息的共享和及时地上传下达，使信息流通方便快捷。同时，建立以企业本部为核心的网络与通信系统，为项目部提供全方位的信息服务。通过企业即时通讯工具，如MSN等的应用，方便企业内部员工之间的及时沟通。通过应用Visual Meeting多媒体工具使总经理坐在办公室里就可以组织会议，视频信息通过宽带网络传达到各个项目部的终端，不但详细地记录了会议的过程，而且还可以回顾会议中的重要信息，解决了企业异地施工项目信息的及时传递和存储问题，实现了高效率的网络协同工作。另一方面，建立企业的网上对外窗口，可以及时完成企业和工商、税务、社保、业主、监理、分包等之间的资料传输，既节约了成本，也提高了企业的对外运转效率。同时，也要建立一个较为完整的集防入侵、防病毒、传输加密、认证和访问控制于一体的，包括有较完备安全制度的、动态的信息系统安全体系。

信息化建设的第二个层次是管理信息系统的建立。管理信息系统是一个一体化系统或集成系统，它进行的信息管理从总体出发，全面考虑、保证各种职能部门共享数据，减少数据的冗余度，保证数据的兼容性和一致性。依靠管理系统实现信息的收集、分析、应用、共享，只有集中统一化，才能成为企业的可用资源。管理信息系统不只是计算机的应用，关键是要有各类管理软件组成的子系统的支持。如以财务管理、经营计划、人力资源、客户关系管理等为核心的经营管理信息系统；以计划进度控制、估算与费用控制、采购管理和材料控制、质量控制、费用/进度综合监测、设计管理、采购管理、施工管理、合同管理、项目财务管理、项目电子文档管理系统、项目管理信息协同平台等为核心的综合项目管理系统；提高方案优化和工程设计水平，提高设计信息共享与复用性的工程设计集成化系统。通过这些软件的应用实现整个企业层面和项目层面管理的规范化、标准化、系统化，提高施工企业在市场上的竞争力。

信息化建设的第三个层次是基于信息技术的知识、技术等资源的扩散和创新。当前的企业信息化已经不只是信息基础设施的建设和信息技术的应用，企业要获得持久的竞争力，必须具有将信息所带来的短暂竞争优势转化成持久竞争优势的能力，必须拥有捕捉信息价值的能力，这种能力的获得来源于企业信息化的深层次发展，即企业的知识化，企业以信息技术为基础，以知识管理为手段的知识、技术等资源的扩散和创新。知识管理并不是简单的对知识的收集、整理和传播，而是利用组织智力或知识资产创造价值的过程，具体可以分为以下几个方面：

一是显性知识的透明化。一般来讲，企业的知识分为显性知识和隐性知识两类。显性知识包括企业的各种规章、工作流程、商业计划与工程项目管理相关的基础知识等。显性知识一般能通过计算机进行整理、归档和储存。（通过采用编码和分类技术，利用信息网络，使之非常容易被检索和查阅。企业中的每个人都可以及时地获知企业中最新的知识变更，如规章制度的修订、企业重要事件的发生、工程项目管理的新理论和新方法等。对于企业的新员工，通过网络平台可以迅速地了解企业的规章制度，很快就可以熟悉环境，融入到企业的文化中来。

二是隐性知识的共享化。隐性知识侧重于企业及员工在工作中积累的一些方法和经验，主要储存在人们的大脑里。对隐性知识的识别和共享是知识管理的一个难点。在传统的施工企业中，很多缺乏经验的项目管理人员依然是在实践的失败中积累自己的经验，给工程项目带来损失的同时，也阻碍了本人的发展速度。对此，企业可以通过人员间的交流，辅之以定期的培训，由经验丰富的项目经理，将工作中的知识积累制作成文档或者 PPT，通过培训传授给其他人员。也可以通过 MSN、Chatting Room 等即时通讯工具，使各项目部及公司总部员工之间在遇到疑难问题时及时沟通，使员工围绕这些主题进行讨论，群策群力，帮助找到一个较为满意的解决办法，避免盲目施工带来的诸多损失。同时，企业应注意将各种途径表现出来的有价值隐性知识及时归纳总结，编成案例库或流程规范等，从而将隐性知识转化成显性知识，供公司及其他项目部参考借鉴。

三是知识创新的持久化。对于我们所处的这样一个快速发展的时代，任何依赖于固有技术和知识的竞争优势都是短暂的。为了不让竞争优势随着原有知识价值的贬值而消逝，企业应当拥有对知识持久创新的能力。知识创新不是单纯的依靠知识管理工具来提供，更多的是要依靠企业员工的创造性发挥，依靠的是有创新精神的人，因此知识创新的关键在于激发企业的创造力，将创新精神融入到企业文化之中，使员工将创新作为一种对工作精益求精地追求，这也是构筑企业竞争优势的核心源泉。要达到对员工的激励目的，必须具有相应的奖惩机制。企业可以通过一些容易量化的指标，如员工在系统平台中为其他员工存在问题提供解决方案的数量和质量，对知识共享平台建设的合理化建议数目，将新理论、新工具应用于实践的成功案例等对员工的创新情况进行考核结合相应的激励措施来增强企业员工在工作中相互帮助和交流知识经验的积极性，增强企业员工知识创新的欲望，使企业朝着学习型组织的方向良性发展，最终使企业获得持久的竞争优势。

由于建筑业属于传统行业，受原始工作方式的影响较为深入，一些企业的决策者对信息技术和先进管理模式的重要性和作用还没有一个深刻的认识。信息化进展缓慢的原因表面上看来好像是施工企业相关工作人员的计算机应用水平较低，员工的素质普遍不高，企业管理不规范等，但实际上最深层的原因是企业决策者的管理观念没有转变，还没有危机感。信息化是一个较为新生的事物，其建设过程中难免会走些弯路，取得企业决策者的认同和全力支持，是信息化建设成功的关键一步。同时，在企业信息化实践中，还存在重视硬件而轻视软件建设、重视技术性设施而忽视信息源的组织与开发、忽视用现代信息技术改造传统产业和促进知识创新等情况，可以看出很多人对信息化的认识还处于比较浅显的层面上。要真正发挥信息化建设的作用，企业必须认识到基于信息技术的知识扩散和创新的意义，认识到知识管理的重要性，并采取相应的管理措施，从而达到通过信息化来提高企业的核心竞争力，保持企业的竞争优势的目的。

建设行业推广信息化施工技术存在的问题和差距与国内其他行业相比，建筑业推广信息技术的力度小，投入的人力财力较小，应用的水平较低，其主要差距为以下几点：

① 缺乏发展信息化施工技术的长远计划和工作规则；

② 行业管理部门或行业学术团体缺乏制定技术规程的能动性，以用于指导信息化网络发展；

③ 建筑业专用软件产品市场刚刚形成，需大力提倡和引导尊重知识产权的社会风尚；

④ 在目前的建筑企业机制下，企业的领导缺乏采用包括信息技术在内的新技术的主动性；

⑤ 当前建筑管理体制不适应，如设计、施工及物业管理的信息一体化发展技术要求。

6.2.2 智能建筑

1）智能建筑的概念

智能建筑（Intelligent Building，IB）的概念最早出现在美国。1984 年，由美国联合技术公司（United Technology Corp，UTC）的子公司——联合技术建筑系统公司（United Technology Building System Crop），在美国康涅狄格州的哈特福德市改造了一幢旧建筑，在楼内铺设了大量通信电缆，增加了程控交换机和计算机等办公自动化设备，利用计算机技术对楼内的空调、供水、防火、防盗及供电系统等进行自动化综合管理，实现了计算机与通信设施连接，向楼内住户提供文字处理、语音传输、信息检索、发送电子邮件和情报资料检索等服务，实现了办公自动化，设备自动控制和通信自动化。这就是第一次被称为“智能建筑（Intelligent Building，IB）”的都市大厦（City Place）。随后日本、新加坡及欧洲各国的智能化建筑相继发展，我国智能化建筑的建设起始于 20 世纪 90 年代初。随着国民经济的发展和科学技术的进步，人们对建筑物的功能要求越来越高，尤其是随着经济信息化的发展和互联网技术的应用，社会经济的各个环节都受益于信息网络，智能建筑作为信息高速公路上的一个节点，日益受到人们的关注，并在各国迅速发展。

随着智能建筑的蓬勃发展，各国、各行业和研究组织从不同的角度提出了对智能建筑的认识。但智能建筑是相对的，是在发展中的概念，至今尚无统一定义。

美国智能大厦协会（AIAB）：智能建筑通过对建筑的四个基本要素，即结构、系统、服务、管理以及他们之间的内在关系的最优化考虑，来提供一个投资合理又具有高效率的舒适、温馨、便利的环境，并且帮助大楼的业主、物业管理人、租用人等注重费用、舒适、便利以及安全等方面的指标，同时要考虑到长期的系统灵活性及市场的适应能力。

新加坡政府的 PWD 的智能大厦手册：智能建筑必须具备三个条件：①以先进的自动化控制系统调节大厦内的各种设施，包括室温、温度、灯光、保安消防等，为租户提供舒适的环境。②良好的通讯设施，使数据能在大厦各区域之间进行流通。③提供足够的通讯设施。

日本智能大厦研究会：智能建筑提供支持功能、通信支持功能等在内的高度通信服务，并通过高度的大楼管理体系保证舒适的环境和安全，以提高工作效率。

亚洲智能建筑协会（AIIB）出版的智能建筑索引对智能建筑的定义为：智能建筑是根据适当选择优质环境模块来设计和构造，通过设置适当的建筑设备，获取长期的建筑价值，来满足用户的要求。其包括以下 9 个环境模块：

① 环境的友好、健康，保护能源和绿色问题

② 空间利用率和机动性

③ 人的舒适度

④ 工作效率

⑤ 文化

⑥ 高科技形象

⑦ 安全问题——火灾、地震、灾难和结构破坏等

⑧ 建造程序和结构

⑨ 生命周期成本性

我国 2007 年 7 月正式实施的《智能建筑设计标准》（GB/T 50314—2006），对智能建筑的定义为：以建筑物为平台，兼备信息设施系统、信息化应用系统、建筑设备管理系统、公共安全系统等，集结构、系统、服务、管理及其优化组合为一体，向人们提供安全、便捷、节能、环保、健康的建筑环境。

在 20 多年的发展中，智能建筑已经形成了自身的理论，智能建筑具有以下理论特征：

① 多目标的优化：智能建筑是一个大系统，需要多视角地考虑技术、管理、经济、人文、环境等因素的大系统运行目标，并且调动各种手段使系统达到最优的综合目标，即系统的优化目标函数为：$S=f$（技术、效率、价格、发展、环境、人气等）；

② 多学科的综合：智能建筑的规划、设计、运行和管理所涉及的技术、经济、管理以及法律问题，需要应用各学科的知识成果来解决；

③ 多因素的相关性：智能建筑与社会信息化、社会经济发展、管理模式、装备技术发展、政府导向等有着十分密切的关系，尽管就表面来看智能建筑仅是一种建设行为与经营管理方法。

综上所述，智能化建筑是一个发展中的概念，它随着科学技术的进步和人们对其功能要求的变化而不断更新、补充内容。总之，智能建筑是以建筑为平台，兼备建筑设备、办公自动化及通信网络，集结构、系统、服务、管理及他们之间的最优化组合，向人们提供一个安全、舒适、便利的建筑环境。

2）智能建筑的发展阶段及趋势

（1）智能建筑的发展阶段

智能建筑发展的 20 多年里，根据自动化控制技术的发展进程，大致可以划分为以下五个阶段，即：

①单功能系统阶段（1980—1985）以闭路电视监控、停车场收费、消防监控和空调设备控制等子系统为代表，此阶段的特点是各种自动化控制系统的特点是“相互独立，各自为政”。

② 多功能系统阶段（1986—1990）出现了综合保安系统、建筑设备自控系统、火灾报警系统和有线通讯系统等，此阶段的特点是各种自动化控制系统实现了部分联动。

③ 集成系统阶段（1990—1995）主要包括建筑设备综合管理系统、办公自动化系统和通讯网络系统，此阶段的特点是性质类似的系统实现了整合。

④ 智能建筑智能管理系统阶段（1995—2000）以计算机网络为核心，实现了系统化、集成化和智能化管理，服务于建筑，此阶段的特点是不同性质的系统之间实现了统一的管理。

⑤ 建筑智能化环境集成阶段（2000 年至今）在智能建筑智能管理系统逐渐成熟的基础上，进一步研究建筑及小区、住宅的本质智能化，研究建筑技术与信息技术的集成技术，智能化建筑环境的设计思想逐渐形成。

从各个阶段的发展来看，智能建筑系统正朝着更集成化的方向发展，同时，随着成本不

断降低以及技术的不断发展，智能化技术在建筑领域的应用将会越来越普遍。

（2）智能建筑的发展趋势

智能建筑是信息时代的必然产物，是高新技术应用的集合体，主要包括4C技术，即计算机技术、控制技术、通信技术、图形显示技术。将4C技术综合应用于建筑之中，在建筑物内建立一个计算机综合网络，使建筑物智能化。智能建筑的发展有着深刻的社会、技术和经济背景。

20世纪70年代以来，许多国家为了解决长期以来困扰国民经济发展的基础设施落后的问题，纷纷将原来由国家垄断经营的交通、邮电、通信等行业向民间或国外开放，使得信息技术市场的竞争日趋激烈，各种机构应运而生，这就为智能建筑的技术和设备选择提供了坚实而广泛的基础。

自从第一座公认的智能建筑落成后，美洲、欧洲、亚太及世界其他各地，无论是发达国家还是发展中国家，都高度重视智能建筑的发展，把它作为21世纪可持续发展战略实施的关键，竞相结合本国实际情况发展智能建筑，并制定出相应的规划、方针、政策与策略。

我国政府也对智能建筑给予了高度重视。1995年中国工程标准化协会制定《建筑与建筑群综合布线系统工程设计规范》，1997年6月正式出版了修订版。建设部科技委成立“智能建筑技术开发推广中心”，负责全国智能建筑的指导工作，并编辑出版《智能建筑》杂志。另外，建设部发布《建筑智能化系统工程设计管理暂行规定》，初步为规划我国的智能建筑设计提供了依据，并根据智能建筑的发展相继推出了《智能建筑设计标准》（GB/T50314—2000）、《智能建筑设计标准》（GB/150314—2006），2006版标准于2007年7月1日开始实施。国内许多建筑院校也陆续成立了与智能建筑相关的专业。国内智能建筑的研究工作逐渐走向正规化、系统化、科学化。

智能建筑无论在中国还是在其他国家，尽管开始得有早有晚，但从发展的眼光看都只是刚刚起步，可以预见其未来的发展之路是漫长的。不同的国家，智能建筑的发展之路不会完全一样。但从总的趋势来看，智能建筑将向以下四个方向发展：

① 向深度发展。智能建筑的智能化程度将逐步提高，更加先进的自动化设备及网络技术将使智能建筑更具人性化。更多新技术将加入建筑智能化技术行列，深圳目前已出现审问技术、无线电技术在智能建筑中的应用。功能更强大、服务内容更广泛将是智能建筑发展的主流。也许在不久的将来，能够看到这样的智能建筑：它可以按照自己所在的地理纬度来决定如何跟着太阳转，并决定如何躲避太阳光的直射：它可以漂浮在水面上，或冒出地面或钻入地下，甚至还可以旋转。这些听起来似乎都与现实的距离还很远，但有理由相信，随着人类科学技术的发展，这一理想终将实现。

② 向广度发展。针对不同的使用要求，出现了各种类型的智能建筑，如智能学校、智能工厂、智能图书馆、智能车站、智能机场等，它们在设计上有不同的侧重点，并且，它们之间可通过网络实现大范围的信息传递和交流，从而实现智能建筑的多样化以及各类更高标准的人居环境。例如，英国建筑师尼古拉斯·格雷姆肖（Nicholas Grimshaw）设计的滑铁卢火车站，用现代的智能化技术手段解决了每年运送1500万人经滑铁卢国际站乘坐“欧洲之星”（高速火车）往返欧洲大陆的问题，并提供了高标准、舒适的服务。又如，日本米子国际会议中心内设计了一座象征“信息交流之船”的椭圆形多功能大厅，这是世界上最早的令地板可变的多功能大厅。它采用双层地板系统，在平面地板下收藏有观众席的台阶状地

板，两者之间转换大约需要60分钟。同时，在平面地板下设置了展览会用的配线槽，在舞台侧墙上还设置了电动控制的弓架式可变音响反射板。这些智能化设施使得米子国际会议中心成为标准的多功能会议中心。

③ 向规模化发展。智能建筑是一个综合性的系统，它以建筑物为整体，把各个相对独立的子系统用网络等信息工具连接起来，构成集成系统。只有这种综合性的集成系统，才能通过监控中心协调各个子系统的工作，充分发挥各自的作用。因此，智能建筑由单体向规模化发展，即向着智能群体、智能区域、智能城市甚至是智能国家的方向发展，对于集中管理、减少投资以及更好地投入运行都十分有利。

④ 向可持续性方向发展。这一点包含两个方面的内容：一是将原有的非智能建筑改造为可持续性发展的智能建筑，一是考虑已建成的智能建筑如何适应未来使用与发展的需要。

智能建筑可持续发展的内涵主要包括以下几点：

① 高功能。智能建筑应是具有知识力、竞争力和经济力的场所。

② 绿色。智能建筑应是节能、无污水、无污物、无废气、无电磁污染的场所。

③ 健康。智能建筑应安全，无事故隐患，无信息病毒。

④ 生态。智能建筑应创造回归自然的生态环境，形成资源可持续利用的良性循环。

目前我国每年新建成的建筑面积成倍增加，超过了发达国家年建筑面积的总和，而这个势头将会在今后一段时间内持续下去。因此国内外专家普遍认为：21世纪新建的智能建筑一半在中国，21世纪最大的智能建筑市场在中国。

21世纪将是智能建筑飞速发展的时代，而即将在21世纪腾飞的中国，只有正确理解、开发、利用智能建筑，并准确把握其发展方向，才能适应未来社会发展进步的需要。

3）智能化建筑的技术基础及基本构成

智能建筑的发展，是现代建筑技术与信息技术结合的产物，并随着科学技术的进步而逐渐发展和充实，现代建筑技术（Architecture）、现代计算机技术（Computer）、现代控制技术（Control）、现代通讯技术（Communication）、现代现形技术（CRT，Cathode Ray Tube），简称“4C + A”技术，构成了智能建筑的发展基础。

（1）现代计算机技术（Computer）

现代最先进的计算机技术是并行处理、分布式计算机网络系统。该系统是多机系统联网的一种新形式。其主要特点是采用统一的分布式操作系统。各软硬件资源管理没有明显的主从关系，强调分布式计算和并行处理，整个网络软硬件资源、任务和负载共享，对多机合作以及系统动态重构、冗余性和容错能力都有很大的改善和提高。

（2）现代控制技术（Control）

当前先进的自动控制系统是集散型监控系统DCS（Distributed Control System），也称分布式控制系统。该系统采用具有实时多任务、多用户、分布式操作系统，其硬件和软件采用标准化、模块化和系列化的设计。系统的配置具有通用性强、系统组态灵活、控制功能完善、显示操作简单、人机界面友好以及设计、安装、调试和维修容易，并且可以进行1∶n的冗余，确保系统安全、可靠。以此构成的建筑物控制系统一般均采用工控组态软件，组态灵活，应用编程模块能很容易地实现各种控制策略和控制算法，以满足动态控制品质的要求。

（3）现代通讯技术（Communication）

现代通信技术建立在通信技术和计算机网络技术相结合的基础上，主要体现在 ISDN（综合业务数字网）的应用。该网络能在一个通信网上同时实现语音、数据和图像的通信，在智能建筑中通过一体化的综合布线系统，实现通信功能。异步传输模式 ATM（ Asynchronous Transfer Mode ）是为适应宽带综合业务数字网（ B －ISDN ）的发展，将分组交换和电路交换技术融合在一起形成的一种宽带 ISDN 传输与交换技术。它将数据、图像、语音等信息分解成带有信头标记的短而定长的数据块（信元），以信元多路复用方式进行发送，大大提高了网络的传输速率。ATM 不仅传输速率高，而且信元差错率、丢失率、误串入率以及传输延时小，业务适应能力、服务能力及组网能力均很强，作为新一代计算机通信技术，越来越受到人们的重视。

（4）现代图形显示技术（CRT）

现代图像显示技术是一种新兴的技术，随着计算机窗口技术和多媒体技术的发展，计算机显示技术已由文字显示为主逐步变为以图形显示为主。通过窗口技术实现简单方便的屏幕操作，即可以完成开关量或模拟量的控制；信息和状态的参数变化，甚至信息所处的地理位置都可以通过动态图形和图形符号显示，达到对信息的采集和监视的目的；以动态图形显示为基础的人机界面使得监视和操作更为形象直观；同时，多媒体技术的应用也使管理中心的人机界面更为简洁生动。

智能建筑并不是特殊的建筑物，而是以最大限度激励人的创造力、提高工作效率为中心，配置了大量智能型设备的建筑。在这里广泛地应用了数字通讯技术、控制技术、计算机网络技术、电视技术、光纤技术、传感器技术及数据库技术等高新技术，构成各类智能化系统。就目前的技术发展水平来说，智能建筑的核心可归纳为 4A + GCS + BMS，即：

BAS——大楼自动化系统（Building Automation System）

OAS——办公自动化系统（Office Automation System）

CAS——通讯自动化系统（Communication Automation System）

SAS——安全自动化系统（Security Automation System）

GCS——综合布线系统（Generic Cabling System）

BMS——建筑物管理系统（Building Management System）

① 大楼自动化系统 BAS

BAS 通常包括设备控制与管理自动化（BA）、安全自动化（SA）、消防自动化（FA）。有时也把安全自动化（SA）和消防自动化（FA）与设备控制与管理自动化（BA）并列，形成所谓的“5A”系统。

BA 系统采用集散式的计算机控制系统（Central Distributed Control System），一般具有三个层次：最下层是现场控制器。每台现场控制器监控一台或数台设备，对设备或对象的参数实行自动检测、自动保护、自动故障报警和自动调节控制。它通过传感器检测得到的信号进行直接数字控制（DCC）。中间层为系统监督控制器，负责对某一类设备子系统的监督控制，管理该子系统内的所有现场控制器。它接受系统内各现场控制器传送的信息，按照事先设定的程序或管理人员的指令对各设备的控制进行管理，并将子系统的信息上传到中央管理级计算机。最上层为中央管理系统（MIS），是整个 BA 系统的核心，对整个 BA 系统实施组织、协调、监督、管理、控制。BA 应具有以下功能：

a. 数据采集。收集各子系统的全网运行数据和运行状态信息，以数据文件形式存储在外存储器里。

b. 运行参数和状态显示。显示各子系统的流程图形，用数字、曲线、直方图、饼图乃至颜色等各种方式显示系统的运行参数和运行状态。

c. 历史数据管理。将一定时期内的运行数据和运行状态存储起来。

d. 运行记录报表。按照用户要求的格式打印各项参数的日报表或月报表。

e. 远程控制功能。中央管理工作站操作人员利用中心计算机实时远程操控每台设备。但 MIS 系统设置了分级密码和使用权限，以防止误操作和人为破坏。

f. 控制指导。中央管理工作站根据系统实时运行数据和历史数据，给出统一调度控制命令，对子系统进行控制指导。

g. 能量统计和计量功能。

h. 定时功能。设备运行的时间表、启停时刻可由管理人员输入，也可以由计算机通过模拟计算得出最佳运行时间表。通过 BA 系统，把所有的建筑设备和设施有效地管理起来。

因此，BA 系统通过以上功能可以实现建筑设备和设施的节能、高效、可靠、安全地运行，从而保证智能化大楼的正常运转。

安全自动化系统（SA）通常有闭路电视监控系统（CCTV）、通道控制（门禁）系统、防盗报警系统、巡更系统等。系统 24 小时连续工作，监视建筑物的重要区域与公共场所，一旦发现危险情况或事故灾害的预兆，立即报警并采取对策，以确保建筑物内人员与财物的安全。

消防自动化系统（FA）具有火灾自动报警与消防联动控制功能，包括火灾报警、防排烟、应急电源、灭火控制、防火卷帘控制等，在火灾发生时可以及时报警并按消防规范启动相应的联动设施。

② 办公自动化系统 OAS

办公自动化系统（OAS）按计算机技术来说是计算机网络与数据库技术相结合的系统，利用计算机多媒体技术，提供集文字、声音、图像为一体的图文式办公手段，为各种行政、经营的管理与决策提供统计、规划、预测支持，实现信息库资源共享与高效的业务处理。OA 系统在政府、金融机构、科研单位、企业、新闻单位等的日常工作中起着极其重要的作用。在智能建筑中，OA 通常由两部分构成：物业管理公司为租户提供的信息服务及其内部事务处理的 OA 系统、大楼使用机构与租用单位的业务专用 OA 系统。虽然两部分的 OA 系统是各自独立建立的，而且要在工程后期才实施，但对它们的计算机网络系统的结构应在工程前期做出规划，以便设计 GCS。

③ 通信自动化系统 CAS

CAS 是通过数字交换机（PABX）来转接传输声音、数据和图像，借助公共通信网与建筑物内部 GCS 的传输进行多媒体通信的系统。目前，公共通信网在我国有城市电话网、长途电话、数据通信网（CHINAPAP 和 CHINADDN）。如果需要用卫星通信建立 VSAT 网，可租用卫星转发器以实现 c 波段到 Ku 波段的卫星通信。多媒体通信的业务包括语音信箱、电视会议系统、传真、移动通信等。近年来，作为先进的网络通信方式，异步传输模式（简称 ATM）和千兆以太网正在兴起，它们能够以大于 630Mbp/s 的高速率传输信息。为消除公共移动通信的盲区，楼内设置无线通信覆盖系统。随着全国通信基础设备装备水平的提高，光纤进大楼（FTTB）、光纤进小区（FTTZ）已成为现实，各种宽带接入的驻地网更为拓展通信新业务提供了发展基础。

④ 综合布线系统 GCS

GCS 在智能建筑中构筑信息通道的设施。它采用光纤通信电缆、铜缆通信电缆及同轴电缆，布置在建筑物的垂直管井与水平线槽内，与每一层面的每个用户终端连接。GCS 可以以各种速率（9600bp/s ~ 1000Mbp] /s）传送话音、图像、数据信息。OA、CA、BA 及 SA 的信号在理论上都可由 GCS 沟通。因而，有人称之为智能建筑的神经系统。

⑤ 建筑物管理系统 BMS

BMS 是为了对建筑物设施实现管理自动化而设置的计算机系统，它把相对应的 BA 系统、SA 系统和 OA 系统采用网络通信的方式实现信息共享与互相联动，以保证高效的管理和快速的应急响应。这一系统目前尚无统一的定义，有人称其为系统集成，有人称其为 IMBS（Intelligent Building Management System），有人称其为 I^2BMS（I^2—Integrated Intelligent BMS），也有人称其为 I^3BMS（I^3—Intranet Integrated Intelligent BMS）。虽然称呼有所不同，且相应的技术方案有一些区别，但是与信息化管理建筑物及其设施的基本功能是相近的。

4）智能建筑追求实现的目标和具有的特征

智能建筑是运用系统工程的观点，将建筑物的结构（建筑环境平台结构）、系统（智能化设备和系统）、服务（住、用户的需求服务）和管理（物业运行管理）四个基本要素进行优化组合，提供一个投资合理，具有高效、舒适、安全、方便环境的建筑物。智能使建筑耳聪目明、敏查睿智、增光添彩。它主要应能满足：

① 对管理者来说，智能大厦应当有一套管理、控制、运行、维护的通信设施，能以较低的费用及时与外界（例如消防部门、医疗急救部门、安全保卫部门、工程维修部门等）沟通，提供完善的服务信息和便捷的服务方式；

② 对使用者来说，智能大厦应有一个确保安全、有利于提高工作效率和质量、激发人们创造性的环境。

智能建筑追求实现的目标主要有：

① 能够提供高度共享的信息资源。包括通信自动化系统、计算机网络系统、结构化综合布线系统、办公自动化系统等；

② 提供能提高工作效率的舒适环境。包括空调通风系统、供热系统、给排水系统、电力供应系统、闭路电视系统、多媒体音响系统、智能卡系统、停车场管理系统及体育、娱乐管理系统等多个方面；

③ 确保建筑物使用的安全性。通过设置周界防卫系统、防盗报警系统、出入口控制系统、闭路电视监视系统、保安巡更系统、电梯安全运行控制系统、火灾报警系统、消防灭火系统、应急照明疏散系统、紧急广播系统等来保障；

④ 节约管理费用，达到短期投资、长期受益的目标；

⑤ 适应管理工作的发展需要，具有可扩展性、可变性，能适应环境的变化和工作性质的多样化；

未来，智能建筑则必须提供基础设施传递到桌面的 5 项服务，即空调、照明、强电、数据和语音。智能建筑的重心将逐渐从“效益”向“解决途径”转移。

智能建筑赋予了建筑以生命，从本质上改变了建筑在人们心中的概念，智能建筑应具备以下的基本特征：

① 智能建筑充分体现“以人为本”的思想。智能建筑的最终受益者应该是在其中生活、工作的人。一幢大厦的智能化程度，不能全视其所装设备器材的先进程度，而主要取决于使用人的需求功能。例如，室内环境的质量（包括热熵值、舒适度和污染物控制），采用变风量（VAV）系统不仅可以提高能源效率，还可带来现场区域温度可控的好处。发达国家的智能建筑发展到今天，已经不是单纯的高新技术产品的简单合成，而是采用高科技来实现人的需求，改善和提高人工环境的品质，更好地为人服务。

② 智能建筑的发展，要从可持续发展的战略高度出发，注重促进生态平衡，保护环境，合理利用资源和节约能源，这是智能建筑发展的永恒主题，也是绿色发展（Green Development）的需要。节约能源是急需要解决的重大问题。智能建筑的实施，要贯彻“以人为本”，注重与环境的协调，采取各种积极手段和高科技措施，防止对自然环境、生态系统的破坏。同时要想方设法提高能源效率，尽可能采用日光照明和太阳能等干净能源，采用HVAC（供热、通风、空气调节控制）新系统，延长建筑物的可使用寿命、降低建筑物的运行维修费用。此外，要注意智能建筑的适应性和可扩充性，以适应社会发展的需求。大力倡导节能、节水、治污和绿色建筑。

③ 智能建筑与节能环保和业主的经济效益紧密相联。建筑物的节约能源和保护环境，已成为智能建筑发展必须考虑的首要前提和最重要的条件。智能建筑功能的采用必须与用户或业主的经济效益紧密相关。智能建筑绝不是以运用新技术来提高建筑物的身价。

④ 智能建筑是信息产品升级换代和业主自身需求的结合。发达国家智能建筑的发展完全是一种市场行为的结果、业主行为的结果。政府只是对建筑物的节能和环保提出要求，而业主完全是根据市场和自身的需求来投资适用的智能建筑，不会盲目攀比。同样，建筑商或设计公司也不会为标榜自己而设计建造一幢没有市场需求的智能建筑。

⑤ 智能建筑已经通过网络将各个子系统连接起来，具有最初级的智能，但基本上还不具备人类智能的特点，不具备推理、自学习、自适应等能力，当前的智能建筑还属于“智而不能”的状态。

未来的智能建筑发展将会与人工智能科学中的智能代理（Agent）技术结合。一个Agent是一段特殊的程序，它能代表使用者独立地去完成一些特殊的任务。软件Agent具有的特性包括自治性（Autonomy）、社会能力（Social Ability）、反应能力（Reactivity）、自发行为（Pro - activeness）。它将有可能极大地改善人们的居住环境而有真正意义上的“又智又能”。

5）我国智能建筑建设管理发展的任务

我国目前有数百栋大型智能建筑投入使用，数千套建筑物智能化系统开通。为了建筑物的智能化，投入了大量的资金，花费了大量的心血。但是智能化建筑的建成不是意味着可以一劳永逸地享受现代科技的成果，在日后建筑的维护和管理中还有大量的工作要做。因为只有在良好的管理下，智能化系统才能正常工作，整个工程的投资才能达到预期的效果。因此还要注意以下几方面的工作：

① 培训一批熟悉业务的智能化系统管理队伍。这支队伍的人员应当在工程安装调试阶段就参与工作，并接受设备供应商的课程与操作培训，对系统的原理、设备分布、操作方法与一般故障排除都能熟练掌握。

② 建立完整的操作管理制度，整理完备的系统技术资料。这是保证智能化系统长期正常运行的基本条件，因为随着经济制度的发展，人员流动是不可避免的，必须有完善的制度来规范管理人员的行为。这里强调的资料是：系统竣工图、设备产品技术说明书与系统操作说明书。

③ 在系统运行中不断完善、提升功能。智能化系统在工程过程中由于各种原因，往往存在不少缺陷，有些在竣工前就能发现，有些则要在运行后才会暴露。所以，对智能化系统投入运行后的改进工作要予以足够的重视。

④ 免费保养期后的维护保养费用必须保证。智能化系统和其他设备一样，都需要定期专业的维护保养，损坏和老化的器件与器材应与及时更换，以免造成事故扩大导致整个系统瘫痪。

只有做好了以上几方面的工作，智能化系统的投资效益才能真正得到实现。中国的智能建筑建设事业才能走上一条健康规范的发展之路，中国的工程技术人员才能充分发挥自己的聪明才智和勤劳诚实的传统，认真学习国外先进技术与管理经验，高度重视设计、施工及管理工作的质量，使中国智能建筑的建设水平不断发展。

6.2.3 智能化交通

(1) 智能交通的基本概念

智能交通系统（Intelligent Transportation Systems，简称 ITS）目前尚无一个统一的定义。长期以来一直都是仁者见仁，智者见智，尚无统一的定义。这一方面是因为，不同的研究者从不同的角度考虑，对智能交通系统的认识不同；另一方面，智能交通系统本身正处于迅速发展阶段，其内涵和外延都处在不断的变化之中。

美国 IST 手册 2000 对智能交通系统给出了如下定义：智能交通系统（ITS）由一系列用于运输网络管理的先进技术所组成。ITS 技术的基础是以下三大核心要素：信息、通讯和集成。信息的采集、处理、融合和服务是 ITS 的核心。无论是提供交通网络的实时交通状态的信息，还是为制定出行计划提供在线信息，ITS 技术能使管理者、运营者以及个体出行者变得更为消息灵通，相互间能够更为协调，做出更为智能化的决策。

美国智能运输协会：ITS 是由一些技术组成的，这些技术包括信息处理、通讯、控制和电子技术。这些技术帮助监视和管理交通流、减少拥挤、为出行者提供可选路线、提高生产性、保障安全、节约时间和费用。ITS 可以通过新技术和综合运输系统的结合实现人和物更安全、更高效的位移。

欧洲道路运输通讯技术实用化促进组织：智能交通系统或信息技术在运输上的应用能够减少城市道路和城际间干道的交通拥挤、增加交通运输的安全性，给旅行者提供信息和改善可靠性、舒适性，提高货运效率，促进经济增长和提供新的服务。

日本道路、交通、车辆智能化推进协会：ITS 是运用先进的信息、通讯技术，即运用信息化、智能化解决道路交通中的事故、堵塞、环境破坏等各种问题的系统，是人与道路及环境之间接收和发送信息的系统。通过实现交通的最优化，达到实现消除事故及堵塞现象、节约能源、保护环境的目的。而且，ITS 不仅限于交通的智能化，同时是谋求与铁路、航空、船舶等不同重力的交通部门的合作发展。

中国智能化交通体系框架研究报告中对智能化交通给出了如下定义：在较完善的基础设施（包括道路、港口、机场和通讯等）下，将先进的信息技术、通信技术、控制技术、传感技术和系统综合技术有效地集成，并应用于地面运输系统，从而建立起大范围内发挥作用的、实时、准确、高效的运输系统。

总之，智能交通系统就是以缓和道路堵塞和减少交通事故，提高交通利用者的方便、舒适为目的，利用交通信息系统、通讯网络定位系统和智能化分析与选线的交通系统的总称。它通过传播实时的交通信息使出行者对即将面对的交通环境有足够的了解，并据此做出正确选择；通过消除道路堵塞等交通隐患，建设良好的交通管制系统，减轻对环境的污染；通过对智能交叉路口和自动驾驶技术的开发，提高行车安全，减少行驶时间。

（2）国内外研究现状以及发展趋势

交通拥挤和公路阻塞已经成为许多国家的一个重要问题，交通过分拥挤造成汽车延时、汽油的浪费、汽车废气的排放量成倍增加。同时，因土地资源紧张使得基础设施的提供受到极大限制，所以自20世纪80年代以来，以欧洲、美国和日本为代表的各发达国家已从依靠扩大路网规模来解决日益增长的交通需求，转移到用高新技术来改造现有道路运输体系及其管理方式，从而达到提高路网通行能力和服务质量、改善环保质量、提高能源利用率的目的，智能交通系统（英文全称为“Intelligent Transportation Systems”，简称ITS）。正是在这种条件下产生和发展起来的。

① 日本ITS的发展状况

ITS在日本的发展始于20世纪70年代，1973—1978年，日本成功地组织了一个“动态路径诱导系统”的实验。20世纪80年代中期到90年代中期的10年时间，相继完成了路车间通信系统（RACS）、交通信息通信系统（TICS）、宽区域旅行信息系统、超智能车系统、安全车辆系统及新交通管理系统等方面的研究。1994年1月成立VETIS（路车交通智能协会），1995年7月成立VICS（道路交通信息通信系统）中心，1996年4月正式启动VICS，先在首都圈内而后推向大阪、名古屋等地，1998年向全国推进。日本的VICS是ITS实用化的第一步，居于世界领先水平。

② 美国ITS的发展状况

美国ITS的雏形是始于20世纪60年代末期的电子路径导向系统（ERGS），中间暂停了十多年，80年代中期加利福尼亚交通部门研究的PATHFIND－ER系统获得成功，此后开展了一系列这方面的研究，1990年美国运输部成立智能化车辆道路系统（IVSH）组织，1991年国会制定ISTEA（综合地面运输效率方案），1994年IVHS更名为ITS。其实施战略是通过实现面向21世纪的“公路交通智能化”，以便从根本上解决和减轻事故、路面混杂、能源浪费等交通中的各种问题。

③ 欧洲ITS的发展状况

1988年由欧洲10多个国家投资50多亿美元，联合执行一项旨在完善道路设施，提高服务质量的DRIVE计划，其含义是欧洲用于车辆安全的专用道路基础设施，现在已经进入第2阶段的研究开发。目前欧洲各国正在进行TELEMATICS的全面应用开发工作，计划在全欧洲范围内建立专门的交通无线数据通信网。智能交通系统的交通管理、车辆行驶和电子收费等都围绕TELEMATICS和全欧洲无线数据通信网展开。欧洲民间也联合搞了一个叫PROMETHEUS的计划，即欧洲高效安全交通系统计划。除此以外，新兴的工业国家和发展中国家也已经开始智能交通系统的全面研究和开发。

④ 我国ITS的研究现状及展望

回顾中国ITS发展走过的历程，大体上经历了“启动期”和“发展期”：

a. 启动期（1997年~2000年）。学术界在启动期中起到了至关重要的推动作用，学者们发表了大量学术文章来介绍ITS的理念、关键技术以及国际ITS发展进展、趋势和中国发展ITS的时代背景及其必要性、发展思路及其框架等。在1997年7月召开“中欧ITS研讨会”，以后，确定了将ITS作为中国科技发展及高新技术产业发展战略的重要组成部分，并于2000年成立了全国智能交通系统发展协调指导小组，提出了中国ITS发展体系框架和战略框架。

b. 发展期（2001年以来）。以科技部启动国家“十五”科技攻关“智能交通系统关键技术开发和示范工程”重大项目为标志，推动中国ITS的发展进入发展期。

（3）智能交通系统的发展

中国的ITS是在“机遇和挑战共存”的背景下发展的，ITS及其发展实际上是国家信息化建设的重要载体和平台，不能只限于交通部门。中国的ITS具有广阔的发展前景，将在交通运输的各个行业和环节得到广泛应用，现今主要在城市交通、道路交通、高速公路、军事交通等行业的发展势头和发展空间比较大。以最小的资金投入和最大的性能指标实现面向中等以上城市的公安交通管理部门的业务管理规范化，科学组织交通，提高现有道路通行能力，提高公安交警快速反应能力，逐步实现公安交通管理现代化。因此，城市交通管理信息化具有广阔的市场前景，相关应用技术开发和市场推广有着光明的前途。此外，ITS在交通信息基础设施建设及高速公路监控、通讯及收费等方面也有很大的市场。伴随着中国高速公路投资规模的不断扩大，建设里程的不断增加，高速公路管理所需的交通工程设施，特别是高速公路的通信、监控和收费系统需求量将不断扩大，因此ITS应用前景很大。

（4）智能交通系统的功能及特点

“智能交通系统”实质上就是利用高新技术对传统的运输系统进行改造而形成的一种信息化、智能化、社会化的新型运输系统。它能使交通基础设施发挥出最大的效能，提高服务质量；同时使社会能够高效地使用交通设施和能源，从而获得巨大的社会经济效益。它不但有可能解决交通的拥堵，而且对交通安全、交通事故的处理与救援、客货运输管理、道路收费系统等方面都会产生巨大的影响。它的功能主要表现在：

a. 顺畅功能：增加交通的机动性，提高运营效率；提高道路网的通行能力，提高设施效率；调控交通需求。

b. 安全功能：提高交通的安全水平，降低事故的可能性、避免事故；减轻事故的损害程度；防止事故后灾难的扩大。

c. 环境功能：减轻堵塞；低公害化，降低汽车运输对环境的影响。

智能交通的特点：

智能交通系统大概具有两类特点；一是着眼于交通信息的广泛应用与服务，二是着眼于提高既有的交通设施的运行效率。具体特点如下：

环保：大幅降低碳排放量，能源消耗和各种污染物排放，提高生活质量。

便捷：通过移动通信提供最佳路线信息和一次性支付各种方式的交通费用，增强了旅客行驶的安全性，节约了时间。

高效：实时进行跨网络交通数据分析和预测，可避免不必要的浪费，而且还可以使交通流量最大化。

可视：将公共交通车辆和私家车整合到一个数据库，提供单个网络状态视图。

可预测：持续进行数据分析和建模，改善交通流量和基础设施规划。与一般技术系统相比，智能交通系统建设过程中的整体性要求更加严格。这种整体性体现在：①跨行业特点。智能交通系统建设涉及众多行业领域，是社会广泛参与的复杂巨型系统工程，从而造成复杂的行业间协调问题。②技术领域特点。智能交通系统综合了交通工程、信息工程、通信技术、控制工程、计算机技术等众多科学领域的成果，需要众多领域的技术人员共同协作。③政府、企业、科研单位及高等院校共同参与，恰当的角色定位和任务分担是系统有效展开的重要前提条件。

（5）智能交通系统的体系结构及功能

智能交通（ITS）体系框架的组成部分：

根据不同国家和地区的ITS体系框架的内容，可以看出，ITS体系框架的组成部分主要有以下几点：用户服务、逻辑体系结构、物理体系结构、通信体系结构、标准化、费用效益评价、实施措施等几部分。

① 用户服务。ITS体系框架中的用户服务主要用来明确智能交通系统的用户及用户需求，明确划分智能交通系统中的各个子系统的用户，并且通过用户调查、访问等形式确定各个子系统的用户需求等，对用户需求进行合理排序后指导实施程序。

② 逻辑体系结构。逻辑体系结构（有时也称功能体系结构）是用来定义和描述一个系统为了满足一系列用户需求所必需的功能。ITS体系框架中的逻辑体系结构详细描述了智能交通系统各个子系统的逻辑体系结构，定义了子系统的功能及他们之间的数据流；智能交通系统的逻辑体系结构描述了ITS满足其用户需求的功能及这些功能如何与外部世界联系起来，特别是与ITS使用者之间的联系，同时也描述了ITS中使用的数据。在定义用户服务细节的基础上，可以制定系统的逻辑体系结构，即明确为相应的用户服务内容提供所需的功能领域。

通常以一系列功能领域的方式描述ITS的逻辑体系结构，每个领域都定义了功能及数据库，这些数据库与终端相联系，这些联系就是数据流。终端可以是一个人，一个系统，或者一个物理实体，从这里可以获得数据。一个终端定义了由体系结构模拟的系统所期望外部世界所做的事情，提供了终端期望可以提供的数据及由系统提供给它的数据。

逻辑体系框架为每个功能领域开发了数据流图，数据流图显示了每个领域的功能是怎样被分成高级和低级功能的。数据流图还显示这些功能是如何联系在一起，如何与不同的数据库联系在一起及如何通过数据流与终端联系在一起。所有的体系结构模块都与用户的需求紧紧联系在一起。它提供了系统模块与用户需求之间的通道。体系结构的用户可以选择他们感兴趣的用户需求及确定逻辑体系结构中相关的部分。

③ 物理体系结构。物理体系结构描述了在逻辑体系结构中定义的功能如何被集成起来形成系统，这些系统将由硬件或软件或软硬件来集成，可以提出一系列示范系统来显示逻辑体系结构是如何被用来建设一个特定的系统。

所有的系统都是由两个或多个子系统构成，一个子系统执行一个或多个预定任务，并且可能作为一个商业产品被提供。每个子系统都由逻辑体系结构的一个或多个部分组成，为了正常的工作，每个子系统都需要与其他子系统及一个或多个终端建立通讯。这些通讯通过使用物理数据流来提供，这些物理数据流由一个或多个功能数据流组成。

一个子系统可以被分成两个或多个模块。我们可以使用一个简单的参考表格提供逻辑体系结构与物理体系结构之间的联系，显示功能在组成物理体系结构的不同系统中是可以利用的。同样，也可以使用图示的方式来表达逻辑体系结构与物理体系结构之间的关系。

④ 通讯体系结构。主要描述支持在不同系统部分间进行信息交换的机制。通讯体系结构描述了支持在不同系统部分之间进行信息交换的机制。信息的交换包括两部分：一是数据从一个点传到另一个点的机制及从费用、准确性和延误方面考虑的适应性；二是确保正确的解释从另一个点传来的信息。

每个部分在通信体系结构中通过以下方式来说明：

a. 给物理体系结构中系统主要界面通讯连接的定义和描述提供详细的分析。

b. 描述它们需要的协议。

⑤ 标准化工作。提出智能型综合交通运输系统所需关键技术的标准需求。所谓“标准”，是指已被认可的、能够用来指导数据传输的技术规定或准则文件。物理体系结构中所定义的子系统间是相互独立的，为了确保子系统间的整合性，就必须仔细通过它们之间的界面标准化。标准化需求文件（Standard Requirement Document）详细描述智能交通系统的标准化需求及每项需求所对应的标准架构信息，但不为标准化进程提供时间表。标准化制定机构（Standard Development Organization）可以利用标准化需求文件所提供的信息来起草相应的标准文件。由于有了标准化需求文件，与标准化内容相关的公司或感兴趣的人很容易聚集到一起，开始实质性的标准化制动工作。需要强调的是，标准化制动机构不会接手成员不感兴趣的工作。

⑥ 费用效益分析评价。智能交通系统的实施将对经济、社会产生较大的影响，对项目实施进行效益分析评价是研究和应用中的关键组成部分之一。智能交通评价通过对项目的技术可行性、经济效益、社会和环境影响做出评价，为 ITS 项目的可行性研究、方案比选、试试效果分析以及对已有的系统运作优化提供科学依据。

⑦ 实施措施及策略。目前交通运输的组织部门众多，在管理上存在一定的弊端，为了确保系统的实施，在体系框架中包括智能交通系统建议的组织体系和发展策略，作为以后实施时的建议和参考。

智能交通体系的主要功能如下：

① 保证通过各种媒体提供给终端用户的信息的兼容性和一致性，即任何终端用户都不能通过不同的媒介获得相同的信息；

② 保证不同交通基础设施的兼容性，从而可以保证在大范围内的无缝出行；

③ 为地区、国家政府机关制定 ITS 发展规划提供基本原则；

④ 为服务和设备制造提供一个开放性的市场，从而可以提供兼容的子系统；

⑤ 确保设备制造商的规模经济，保证他们的更具竞争力的价格和更廉价的投资，提供一个公开的环境、设备制造商可以以较小的风险提供产品。

智能交通的技术问题以及解决方法：

我国智能交通系统已从探索进入到实际开发和应用阶段。从公路智能交通系统看，主要应用在城市内部交通和高速公路两方面。在城市内部交通方面，北京实施了“科技奥运”智能交通应用试点示范工程，广州、中山、深圳、上海、天津、重庆、济南、青岛、杭州等作为智能交通系统示范城市也各自进行了有益的尝试；在高速公路方面，2007 年底，我国内地已有27个省区实现了省区内不同范围的收费系统联网。京津冀、长三角地区正逐步展开跨省区的收费系统的建设，其中北京市已经基本完成了有关建设任务。在民航和铁路方面，智能化建设已经形成完善的体系。

从产业规模看，目前国内从事智能交通行业的企业约有2000多家，主要集中在道路监控、高速公路收费、3S（GPS，GIS，RS）和系统集成环节。近年来的平安城市建设，为道路监控提供了巨大的市场机遇，目前国内约有500家企业在从事监控产品的生产和销售。高速公路收费系统是我国非常有特色的智能交通领域，国内约有200多家企业从事相关产品的生产，并且国内企业已取得了具有自主知识产权的高速公路不停车收费双界面CPU卡技术。在3S领域，国内虽然有200多家企业，但能够实现系统功能的企业还比较少。尽管国内从事智能交通的企业“鱼龙混杂”，一些专注于特定领域的企业，经过多年的发展，已在相关领域取得了不错的成绩。一些龙头企业在高速公路机电系统、高速公路智能卡、地理信息系统和快速公交智能系统领域占据了重要的地位。

（6）国内智能交通发展面临的主要问题

经过十余年发展，我国交通科研和建设部门已经在智能交通领域取得了重大进展，但由于时间短，技术基础薄弱以及受到发展阶段的局限等原因，我国的智能交通发展仍处于起步阶段，经对我国智能交通系统建设和研究情况分析并结合我省开展相关工作的实际情况，认为主要存在以下不足：

① 产业链条发育不健全

智能交通在国内的发展一直强调交通管理手段的智能化，忽视了交通信息的服务功能。国外成功经验表明，当智能交通发展到一定阶段，高层次的交通信息服务就应成为智能交通的主要部分。国内目前在利用现有信息资源进行高层次交通信息服务的开发方面，还比较落后，没有形成包括供应商、运营商、政府和消费者间的完善的智能交通产业链。交通信息收集、开发和消费的市场机制还没有形成。高层次的交通信息服务相关的产业环节还非常不健全，运营商和交通信息消费者还没有融入智能交通体系之中。造成国内智能交通产业链条不完善的主要原因是由于各主要交通部门之间缺乏信息共享，没有形成一个能够同时掌握足够全面的交通信息搜集和发布的机构或平台，因此，无法从现有产业资源中提供辅助决策的信息。

② 核心技术被国外企业垄断

我国的智能交通发展较晚，在应用方面更显得落后。在中国智能交通的市场所蕴含的巨大商机下，大量的国外公司加入到我国的交通技术领域和咨询领域。就目前状况而言，国内企业在竞争机制、竞争策略、技术水平、人员素质等许多方面尚不如行业内的国外企业。目前，国内智能交通高端市场70%以上被国外企业抢占。比如，在自适应交通信号系统方面，国内市场基本被国外公司所掌握。监控产品与国外仍有不少差距，行业的恶性竞争现象时有发生。

③ 统一标准和技术规范建设处于滞后状态

国内智能交通系统项目的建设先于行业统一标准的推出。在缺乏标准的条件下，许多地区的智能交通系统自成体系，缺乏应有的衔接和配合，标准互不统一。即便在城市内部，道路上的传感器标准也非常混乱，因为传感器设备生产企业缺乏统一的接口标准。标准和规范的混乱妨碍了交通数据的获取，从而无法进行交通流的分析和预测。在高速公路收费系统方面，各省或地区内建设的网络一卡通或不停车收费系统，也没有统一指导和标准，为将来的全国联网造成了困难。

④ 资源整合不够，难以发挥系统功能优势

尽管在宏观层面有全国智能交通协调小组在推进系统建设，但在城市层面上，缺乏一个有力的机构进行协调。道路交通的信息分属于公安、交通、规划、铁道、民航等不同部门。各个部门都掌握有一定的交通信息资源，但出于部门利益，彼此间的信息交换存在很大困难。各个部门目前进行信息交换的主要渠道是网上留言、电子邮件或人工拷贝等。这些方法存在时效性差等问题，使得部门之间信息共享比较困难。

（7）智能交通发展措施

① 注重前期规划内容和目标的制定

各国在发展智能交通过程中都非常注重前期的规划和目标的制定。美国集中了国内各种力量，在政府和国会的参与下成立了智能交通领导和协调机构，于 1991 年制订了《综合地面运输效率法案》，并拟订了 20 年发展计划，1995 年 3 月，运输部正式出版了《国家智能交通项目规划》，明确规定了 ITS 的 7 大领域和 29 个用户服务功能，确定了到 2005 年的年度开发计划。所以我国应该学习国外制定的内容与目标。

② 政府主导下的持续资金投入和扶持

智能交通在建设过程中，需要政府持续的资金投资。根据前期的智能交通规划，不同的时期，各国的资金投入侧重在不同的方向。美国自 1991 年《综合地面运输效率法案》立法规定政府必须投入资金资助智能交通研究以来，政府连年拨款资助智能交通的发展。美国的智能交通投资以政府投入为主，同时也在积极探索引入私人资本投入的机制。我国政府应给与智能交通大力支持。

③ 立足本国国情，选择突破重点

由于各国的道路交通条件差别很大，各国在发展智能交通过程中都是立足于本国国情，找出制约交通的瓶颈问题，选择重点加以突破。美国根据本国的交通基础设施特点和实际需要，优先建立起相对完善的车队管理、公交出行信息、电子收费和交通需求管理等四个系统。“9. 11”事件后，美国智能交通重点集中了安全防御、用户服务、系统性能和交通安全管理方面。我国应根据自己的国情和实际需要，发展智能交通。

④ 注重行业规范和标准的制定

各国在智能交通的建设中，普遍非常重视前期对行业规范与标准的制定。国际标准化组织于 1993 年成立了 TC－204 技术委员会，负责制定“交通信息与控制系统标准”，美国 1994 年成立了 ITS 美国，组织了大量专家进行国家智能交通系统框架结构体系的研究，在制定框架时，逐步发现标准化在智能交通系统中的重要性，于 1995 成立了标准化促进工作组，致力于智能交通系统领域标准的制定和实施。政府应制订完善的法律法规。

思 考 题

1. 怎样理解土木工程中的数字化技术？
2. 工程结构的计算机仿真有什么意义？
3. AutoCAD 的主要功能有哪些？

4. PMCAD 的基本功能是什么?
5. 土木工程中常用的建筑仿真技术软件有哪些?并详述其功能及作用。
6. 从美国、日本、欧洲的 ITS 发展过程你受到了什么启示?
7. 智能交通（ITS）框架体系的主要内容构成有哪些?
8. 我国智能交通发展面临的困境及措施?

第7章　土木工程师的综合素质与职业发展

7.1　概　述

21世纪是高科技时代。工业要发展，人民生活要提高，首先要建厂房、建住宅楼，开挖隧道、架桥梁。因此，土木工程将持续发展。那么，21世纪的土木工程将如何发展？土木工程在21世纪将引进更多的高新技术，促进该领域技术水平的不断提高、创新和发展。同时，土木工程将保持其自身的特点，不可能完全偏离已有的方向发展。为了适应新时期土木工程的发展，作为一名土木工程师必须具备一定的知识、能力、素质和责任意识。

土木工程实践性非常强，为了使土木工程专业的毕业生将来能够更好地为社会主义现代化建设服务，成为一名合格的土木工程师，必须培养自身的综合素质，做好职业规划，为未来的职业发展奠定基础。

7.2　土木工程师的综合素质与创新意识

7.2.1　土木工程师的综合素质

综合素质一般包括四个方面的内容：①个人修养；②心理和体魄；③自然科学知识；④土木工程专业知识。土木工程师在个人修养方面，应热爱祖国、具有良好的思想品德、社会公德和文明礼貌的举止；具有基本的和高尚的科学人文素养和精神，具有哲理、情趣、品位和人格方面的较高修养；在心理和体魄方面具有健康的心理和良好体魄，能保持乐观和积极向上，能够履行建设祖国的神圣义务；在自然科学知识方面，应能了解当代科学技术发展的主要方面，学会科学思维的方法，采用合理的方法对事情做出正确的判断；在土木工程专业方面，a. 要有良好的职业道德，包括敬业爱岗、团结合作、严肃认真的科学态度和严谨的工作作风。b. 应有很强的社会责任感，对工程质量应有终身负责的意识和行为。c. 要有正确的设计思想和创新意识，能够在设计中充分体现上述要求。d. 要有深入实践的愿望和本领。

要成为一名合格的土木工程师，必须树立工程意识。所谓工程意识，是人脑对人工物、经济环境、自然环境这个大工程的能力反应，就是在充分掌握自然规律的基础上，要有尊重自然、保护自然，合情合理合法地开发利用自然条件，去完成某项工程，创造出新的物质财富的理念。其基本要求为：

（1）要树立职业道德意识。作为21世纪的土木工程师对工程和工程建设要有较强的敬业精神和道德意识、法制意识、国家民族意识、历史意识、人文社会意识等。

（2）要掌握专业知识和技术。作为土木工程师，接受某项工程任务时，要会做，能完成任务，这是必须具有的能力。要树立工程意识，首先要树立“会动手”的意识。

（3）要树立创新意识。土木工程在改造世界的同时，本身具有创新性，土木工程师必须树立创新意识。

（4）要树立经营管理意识。我国现处于社会主义初级阶段，实行社会主义市场经济。土木工程师不仅要懂技术，而且要树立经营管理意识，要有经济头脑。在工程实践中，对人、财、物、时间合理调配，合理使用，争取最好的经济和社会效益。

（5）要树立可持续发展意识。21世纪的土木工程师是对人类社会发展负有责任的高级专门人才，对资源的利用、环境的保护、能源的节约等都应有高度的责任感。

7.2.2　土木工程师的创新意识

创新，可以理解为创造和革新，也可进一步理解为在创造物质财富和精神财富过程中的革新。土木工程师的创新能力和品质，是土木工程这个有“创造力的专业”永葆青春的基本保证，从而这也就必然成为一个国家的土木工程技术、经济和社会的未来的基础。

冯·卡门教授有句名言：“科学家发现已有的世界，工程师创造还没有的世界。”这句话已经说明了工程师的基本责任。当今社会科技的进步太快、经济的竞争太激烈、社会的要求太多，对工程师智慧、力量和道义的挑战太严峻。思想的解放、观念的变革、概念的创新，在今天已成为所有其他创新的先导或前提。这就是已经出现的“慧件”设计和开发的概念。只懂“硬件”的，可以做一个优秀的技术工程师；懂得“硬件”和“软件”的，可以做一个出色的管理工程师；既懂得“软、硬件”又懂得“慧件”的，可以做一个高明的系统工程师。在过去，确实只需要与硬件打交道，能够做到技术上的创新就相当不错了。现在人们明白，要把技术创新的事做好，还要以制度创新作支援、以概念创新作先导。创新不仅是个能力问题，还是个涉及意识动机、态度和价值观等因素的品质问题。强烈、执著的创造欲望，独立自主、艰苦奋斗的创造精神，自强不息、坚持不懈的意志和勇气，是工程师必不可少的品质，是种种创造技法不能替代的。

现代工程师的创造力几乎与往昔的闭门造车或冥思苦想无缘，而是直接来源于解决复杂实际问题的群体的实践。工程师不是“敢想敢说”的思想家，但却是“敢想敢说敢干”的实干家。实践是工程活动的本源，实干是工程师的本分。

土木工程是工程学科中的一种。创新意识是土木工程师应该着力培养的，创新意识的基础是知识结构、实践技能和能力结构，脱离了知识结构、实践技能和能力结构就谈不上创新意识。因此，创新意识不可能孤立地培养。土木工程师除了应有扎实的知识结构、良好的实践技能和完善的能力结构外，还必须结合各自工作自觉地加以培养。

在大学学习期间，学生应养成良好的学习方法。第一，学生应结合自己的特点、兴趣和志向，逐步明确今后的发展方向，选好学习课程，安排好学习时间。第二，自学能力是其他各种能力的基础。因此在大学学习期间除了要学习各种知识外，还必须培养自己的自学能力，二者不可偏废；应该在学习的不同阶段，循序渐进地培养通过自学掌握知识的能力、通过自学获取知识的能力和通过自学在获取知识的基础上进行创新思维的能力。土木工程专业往往过多强调逻辑思维，而艺术和音乐等专业则是着重创意思维和形象思维。两种方法的结合，往往是激发科技创新思维的很好途径。因此，在大学学习过程中也应选修艺术和美学方面的课程，接受这方面的熏陶，对激发土木工程师的创新意识大有好处。

7.3　土木工程师的风险意识

7.3.1　建设工程中的风险

7.3.1.1　建设工程项目风险及特征

建设工程项目风险是指建设工程项目在设计、施工和竣工验收等各个阶段可能遭到的风险，可将其定义为：在工程项目目标规定的条件下，该目标不能实现的可能性。也可以被描述为“任何可能影响工程项目在预计范围内按时完成的因素”。建设工程项目建设过程是一个周期长、投资规模大、技术要求高、系统复杂的生产消费过程，在该过程中，未确定因素大量存在，并不断变化，由此而造成的风险直接威胁工程项目的顺利实施和成功。

正确地认识风险特征，对于投资者建立和完善风险机制，加强风险管理，减少风险损失具有重要的意义。建设工程项目的风险有以下特点：

(1) 工程风险存在的客观性和普遍性。作为损失发生的不确定性，风险是不以人的意志为转移并超越人们主观意识的客观存在，而且在项目的全寿命周期内，风险是无处不在、无时没有的。

(2) 某一具体工程风险发生的偶然性和大量同类风险发生的必然性。对大量偶然性的风险事故资料的观察和统计分析，可能发现其呈现出某些规律，这就使我们有可能用概率统计方法及其他风险分析方法去分析风险发生的概率和损失程度，来减少风险损失。

(3) 工程风险的可变性。这是指在项目的整个过程中、各种风险在质和量上的变化。随着项目的进行，有些风险得到控制，有些风险会发生并得到处理，同时在项目的每一阶段都可能产生新的风险，尤其是在大型的工程项目中，由于风险因素众多，风险的可变性更加明显。

(4) 工程风险的多样性和多层次性。建设工程项目周期长、规模大、涉及范围广、风险因素数量多且种类繁杂致使其在全寿命周期内面临的风险多种多样。而且大量风险因素之间的内在关系错综复杂、各风险因素之间以及与外界的交叉影响又使风险显示出多层次性，这是建设工程项目中风险的主要特点之一。

(5) 工程风险的相对性。风险的利益主体是相对的。风险总是相对于工程建设的主体而言的，同样的不确定事件对不同的主体有不同的影响。

(6) 工程项目风险的可测性。工程项目风险是不确定的，但并不意味着人们对它的变化全然无知。工程项目的风险是客观存在的，人们可以对其发生的概率及其所造成的损失程度作判断，从而对风险进行预测和评估。

7.3.1.2 建设工程项目风险分类

1. 根据技术因素的影响和工程项目目标的实现程度可对工程项目风险进行分类。

按技术因素对工程项目风险的影响，可将工程项目的风险分为技术风险和非技术风险。

(1) 工程技术风险是指技术条件的不确定而引起可能的损失或工程项目目标不能实现的可能性，主要表现在工程方案的选择、工程设计、工程施工等过程中，在技术标准的选择、分析计算模型的采用、安全系数的确定等问题。

(2) 工程项目非技术风险是指在计划、组织、管理、协调等非技术条件的不确定而引起工程项目目标不能实现的可能性。

2. 根据工程项目目标的实现程度，可将工程项目风险分为进度、工程质量以及费用风险。

(1) 工程项目进度风险是指工程项目进度不能按计划目标实现的可能性。根据工程进度计划类型，可将其分为分部工程工期风险、单位工程工期风险和总工期风险。

(2) 工程质量风险是指工程项目技术性能或质量目标不能实现的可能性。质量风险通常是指较严重的质量缺陷，特别是质量事故。

(3) 工程项目费用风险。它是指工程项目费用目标不能实现的可能性。此处的费用，对业主而言，是指投资，因而费用风险是投资风险；对承包商而言，是指成本，故费用风险是指成本风险。

7.3.2　建设工程项目风险评估与风险控制措施

7.3.2.1　建设工程中的风险评估

为了减轻风险，在项目建设以前应进行风险评估，即在风险识别和风险估测的基础上把握风险发生的概率、损失严重程度，综合考虑其他因素得出项目系统发生风险事故的可能性及其危害程度，并与公认的安全指标比较，确定系统的危险等级，然后根据评估结果制订出完整的风险控制计划（图7－1）。风险评估是评价建设项目可行性的重要依据。

风险评估的方法主要有两种：定性评估法和定量评估法。定性风险评估法适用于风险后果不严重的情况，通常是根据经验和判断能力进行评估，它不需要大量统计资料，所采用的方法有风险初步分析法、系统风险分析问答法、安全检查法和事故树法等。定量风险评估法需要有大量的统计资料和数学运算，所采用的方法有可能性风险评估法、模糊综合评估法等。

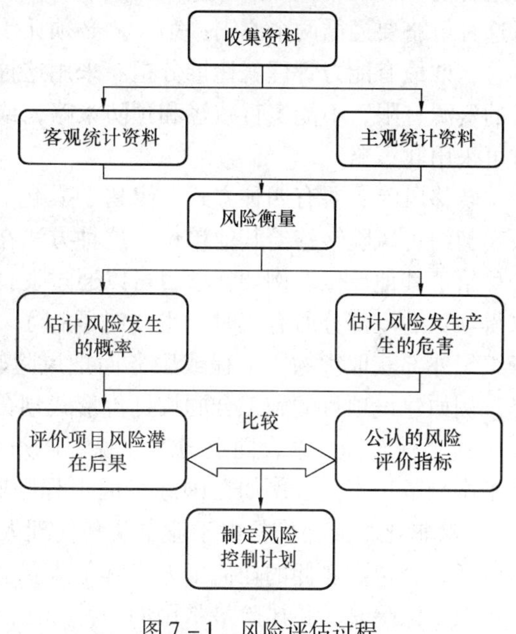

图7－1　风险评估过程

风险评估首先应坚持科学性的原则。在评估中，风险评估体系的建立必须能反映客观事物的本质，反映影响建设项目安全状态的主要因素。其次，应坚持通用性的原则。评估选用的评判标准，必须是国际或国家认可的通用标准。再次，应坚持综合性的原则，必须综合整体评估体系中各子系统的风险情况，全盘考虑。另外，还应坚持可行性的原则，控制风险的建议和要求必须切实可行。

7.3.2.2　建设工程风险控制措施

控制建设工程风险的措施主要包括：减轻风险、风险回避、风险转移和风险自留等。

1. 减轻风险

对风险来源和风险的转化及触发条件进行分析后，设法消除风险事件引发因素，减少风险事件发生的可能性或减少风险事件的价值，或双管齐下，都可以减轻风险造成的威胁。例如在地震区进行工程建设，震害风险无法回避，但可以通过认真选址、精心设计、精心施工和提高构筑物的抗震能力等手段来减少发生震害的可能性和震害损失的价值。

减轻风险损失的一般措施有工程措施、教育措施和程序性措施这三种。工程措施是以工程技术为手段，减弱潜在的物质性威胁因素。教育措施指对人员进行风险意识和风险管理教育，以减轻与项目有关人员不当行为造成的风险；程序性措施指制定有关的规章制度和办事程序预防风险事件的发生。因为项目活动有一定的客观规律性，破坏了它们则会给项目造成损失，而项目管理班子制定的各种管理计划和监督检查制度一般都反映项目活动的客欢规律性，遵守这些制度有助于减少风险的发生。

2. 风险回避

当风险分析结果表明某个风险的威胁太大时，就可以主动放弃项目或消除造成威胁的因素以避免与项目相关系的风险。回避是一种消极的防范措施。任何项目都会同时有机会和威胁，放弃了项目也就放弃了机会，放弃项目还容易挫伤人的积极性、妨碍项目管理班子集体和个人的锻炼成长。消除造成威胁的因素是积极的风险回避方法，消除所有的威胁因素不可能，但某些具体的威胁因素是有可能消除的。

3. 风险转移

转移风险又叫合伙分担风险，其目的不是降低风险发生的概率和不利后果的大小，而是借用合同或协议，在风险事故一旦发生时将损失的一部分转移到项目以外的第三方身上。实行这种策略要遵循两个原则：第一，必须让承担风险者得到相应的报答；第二，对于各具体风险，谁最有能力管理就让谁分担。采用这种策略所付出的代价大小取决于风险大小，当项目的资源有限，不能实行减轻和预防策略，或风险发生概率不高，但潜在的损失或损害很大时可采用此策略。

转移风险主要有四种方式：出售、发包、开脱责任合同、保险与担保。a. 出售。通过买卖契约将风险转移给其他单位。这种方法在出售项目所有权的同时也就把与之有关的风险转移给了其他单位。例如，项目可以通过发行证券或债券筹集资金，证券或债券的认购者在取得项目的一部分所有权时，也同时承担了一部分风险。b. 发包。发包就是通过从项目执行组织外部获取货物、工程或服务而把风险转移出去。发包时又可以在多种合同形式中选择，例如建设项目的施工合同按计价形式划分，有总价合同、单价合同和成本加酬金合同。c. 开脱责任合同。在合同中列入开脱责任条款，要求对方在风险事故发生时，不要求项目班子本身承担责任。例如在国际咨询工程师联合会的土木工程施工合同条件中有这样的规定："除非死亡或受伤是由于业主及其代理人或雇员的任何行为或过失造成的，业主对承包商或任何分包商雇佣的任何工人或其他人员损害赔偿或补偿支付不承担责任……" d. 保险与担保。保险是转移风险最常用的一种方法。项目班子只要向保险公司缴纳一定数额的保险费，当风险事故发生时就能获得保险公司的补偿，从而将风险转移给保险公司（实际上是所有向保险公司投保的投保人）。在国际上，建设项目的业主不但自己为建设项目施工中的风险向保险公司投保，而且还要求承包商也向保险公司投保。除了保险，也常用担保转移风险。所谓担保，指为他人的债务、违约或失误负间接责任的一种承诺。在项目管理上是指银行、保险公司或其他非银行金融机构为项目风险负间接责任的一种承诺。例如，建设项目施工承包商请银行、保险公司或其他非银行金融机构向项目业主承诺为承包商在投标、履行合同、归还预付款、工程维修中的债务、违约或失误负间接责任。当然，为了取得这种承诺，承包商要付出一定代价，但是这种代价最终要由项目业主承担。在得到这种承诺之后，项目业主就把由于承包商行为不确定性带来的风险转移到了出具保证书或保函者，即银行、保险公司或其他非银行金融机构身上。

4. 风险自留

风险自留，也可称为风险接受，是指当事人决定不变更原来的计划而是面对风险，接受风险事件的后果。在风险分析阶段已确定了项目有关各方的风险承受能力以及哪些风险是可以接受的。消除风险是要付出代价的，其代价有可能高于或相当于风险事件造成的损失。在这种情况下，风险承担者应该将此风险视作项目的必要成本，自愿接受之。自留风险可分为主动的和被动的。主动自留风险就是在风险事件发生时，及时实施事先制定的应急计划，例如，对于工程费用超支风险，在估算工程费用时就应考虑有不可预见费，一旦工程成本超支就动用这笔预留的不可预见费。被动自留风险就是当风险事件发生时接受其不利后果，例如，项目费用超支了，相当于认可降低的利润。需要注意的是，无力承担不良后果的风险不能自留，应设法回避、减轻、转移或分散。

上述风险减轻措施的拟定和选择需要结合项目的具体情况进行，同时还要借鉴历史项目的风险管理记录、管理人员的个人经验以及其他同类项目的经验等。因此，针对不同项目类型、不同风险类型应作具体分析，谨慎拟定和选择相应的措施。另外，采取任何方式的风险响应措施，都会有伴随新风险的产生。这也需要建设工程项目管理者和建设者认真考虑和研究。

【案例7-1】　上海某在建楼房整体倾覆事故

2009年6月27日6时左右，在上海市闵行区莲花南路罗阳路口，一在建楼盘工地发生楼体倾覆事故，造成1名工人死亡。专家组初步分析房屋倾倒的主要原因，是因为紧贴7号楼北侧，在短期内堆土过高，最高处达10米左右；与此同时，紧邻大楼南侧的地下车库基坑正在开挖，开挖深度4.6米，大楼两侧的压力差使土体产生水平位移，过大的水平力超过了桩基的抗侧能力，导致房屋倾倒图7-2、图7-3。

图7-2　上海一幢在建商品楼发生倾覆事故

图7-3　倒塌的商品房地基全部外露

【案例7-2】　杭州地铁施工期间地面塌陷事故

2008年11月15日 杭州地铁湘湖站“11.15”坍塌重大事故。塌陷的工地位于杭州市萧山区，这里靠近钱塘江，地下水位比较高，地下水很容易进入沙层里，形成流沙地质灾害，这种地质条件下，当基坑挖到一定程度，一旦压力足够大，就可能塌陷图7-4、图7-5。

图7-4　杭州地铁施工现场
发生地面塌陷事故

图7-5　杭州地铁施工现场
发生地面塌陷事故

7.4 土木工程师的法律意识

7.4.1 工程建设法的基本概念及特征

工程建设活动为国民经济的发展和人民生活的改善提供重要的物质技术基础，并对众多产业的振兴发挥促进作用，因此它在国民经济中占有相当重要的地位。工程建设法是法律体系的重要组成部分，它直接体现国家组织、管理、协调城市建设、乡村建设、工程建设、建筑业、房地产业、市政公用事业等各项建设活动的方针、政策和基本原则。

工程建设法是调整国家管理机关、企业、事业单位、经济组织、社会团体以及公民在工程建设活动中所发生的社会关系的法律规范的总称。工程建设法的调整范围主要体现在三个方面：一是工程建设管理关系，即国家机关正式授权的有关机构对工程建设的组织、监督、协调等职能活动；二是工程建设协作关系，即从事工程建设活动的平等主体之间发生的往来、协作关系，如发包人与承包人签订工程建设合同等；三是从事工程建设活动的主体内部劳动关系，如订立劳动合同、规范劳动纪律等。

工程建设活动通常具有建设周期长、涉及面广、人员流动性大、技术要求高等特点，因此在建设活动的整个过程中，必须贯彻以下基本原则，才能保证建设活动的顺利进行：

7.4.1.1 工程建设活动应确保工程建设质量与安全原则

工程建设质量与安全是整个工程建设活动的核心，是关系到人民生命、财产安全的重大问题。工程建设质量是指国家规定和合同约定的对工程建设的适用、安全、经济、美观等一系列指标的要求。工程建设的安全是指工程建设对人身的安全和财产的安全。

7.4.1.2 工程建设活动应当符合国家的工程建设安全标准原则

国家的建设安全标准是指国家标准和行业标准。国家标准是指由国务院行政主管部门制定的在全国范围内适用的统一的技术要求。行业标准是指由国务院有关行政主管部门制定并报国务院标准化行政主管部门备案的，没有国家标准而又需要在全国范围内适用的统一技术要求。工程建设活动符合工程建设安全标准对保证技术进步、提高工程建设质量与安全、发挥社会效益与经济效益、维护国家利益和人民利益具有重要作用。

7.4.1.3 工程建设活动应当遵守法律、法规原则

社会主义市场经济是法制经济，工程建设活动应当依法行事。作为工程建设活动的参与者，从事工程建设勘察、设计的单位、个人，从事工程建设监理的单位、个人，从事工程建设施工的单位、个人，从事建设活动监督和管理的单位、个人以及建设单位等，都必须遵守法律、法规的强制性规定。

7.4.1.4 工程建设活动不得损害社会公共利益和他人的合法权益原则

社会公共利益是全体社会成员的整体利益，保护社会公共利益是法律的基本出发点，从事工程建设活动不得损害社会公共利益也是维护建设市场秩序的保障。

7.4.1.5 合法权利受法律保护原则

宪法和法律保护每一个市场主体的合法权益不受侵犯，任何单位和个人都不得妨碍和阻挠依法进行的建设活动，这也是维护建设市场秩序的必然要求。

7.4.2 合同法律制度

当事人之间为了确立权利义务关系而签订的协议称作合同。合同是一种民事法律行为，

是当事人意识表示的结果，以设立、变更、终止财产的民事权利为目的。合同依法成立，即具有法律约束力，如果当事人违反合同，就要承把相应的法律责任。但当事人间因不可抗拒事件的发生造成合同不能履行时，依法可免除违约责任。

建设工程合同，也称建设工程承发包合同，是承包方进行工程建设，发包方支付价款的合同。主要包括勘察合同、设计合同、施工合同、工程监理合同、物质采购合同、货物运输合同、机械设备租赁合同和保险合同等多种形式。

勘察合同是委托人与承包人就土木工程地理、地质状况的调查研究工作而达成的协议。我国法律对从事地质勘察工作的单位有明确、严格的要求。建设单位一般都要把勘察工作委托给专门的地质工程单位。

设计合同一般有两种形式。一种是初步设计合同，即在工程项目立项阶段，承包人为项目决策提供可行性资料设计而与建设单位签订的合同；另一种设计合同是在国家计划部门批准后，承包人与建设单位之间达成的具体施工设计合同。两者内容虽然有异，但法律关系共同。在我国，可以委托从事设计工作的必须是获得国家或省级行政主管部门的“设计资质证书”的法人组织。在签订设计合同时，建设单位应向承包人提供上级部门批准的立项和初步设计文件。

施工合同是建设单位（发包方）与施工单位（承包方）为完成工程项目的建筑安装施工任务，明确相互权利义务而签订的协议。施工合同是工程建设中最为重要的合同，我国法律、法规对其有明确而严格的规定。对建设单位而言，必须具备相应的组织协调能力，实施对合同范围内工程项目建设的管理；对施工单位而言，必须具备相应的资质等级，并持有营业执照等证明文件。

工程监理合同是指建设单位和监理单位为了在工程建设监理过程中明确双方权利与义务关系而签订的协议。具有相应资质的监理单位依据国家有关工程建设的法律、法规，经建设主管部门批准的工程项目建设文件以及建设单位的委托工程监理合同，对工程建设实施专业化的管理和监督。

物质采购合同是指具有平等民事主体资格的法人、其他经济组织之间为实现工程建设项目所需物质的买卖而签订的明确相互权利义务关系的协议。货物运输合同是指由承运人将承运的货物运送到指定地点，托运人向承运人交付运费的合同。机械设备租赁合同是指当事人一方将特定的机械设备交给另一方使用，另一方支付租金并于使用完毕后返还原物的协议。保险台同是指投保人与保险人约定保险权利义务关系的协议。我国的工程保险主要有建筑工程一切险、安装工程一切险、建筑安装工程第三者责任险、人身意外伤害险、货物运输险等。

建设项目的实施过程实质上就是建设工程合同的履行过程。要保证项目按计划，正常、高效地实施，合同双方当事人都必须严格、认真、正确地履行合同。

7.4.3　工程纠纷

建设工程的纠纷主要分为合同纠纷和技术纠纷。合同纠纷是指建设工程当事人或合同签订者对建设过程中的权利和义务产生了不同的理解而引发的纠纷。技术纠纷主要是指由于技术的原因造成工程建设参与者与非参与者之间的纠纷。如没有正确处理给水、排水、通行、通风、采光等方面的问题而引起的相邻关系纠纷；对自然环境造成了破坏（包括建设工程对相邻建筑物和其他相邻土木工程设施的破坏）引起的纠纷；施工产生的粉尘、噪声、振动等对周围生活居住区污染和危害而引起的纠纷；由于工程事故而引起的费用纠纷等。

建设工程纠纷的解决方法一般有和解、调解、仲裁和诉讼四种。和解是指建设工程纠纷当事人在自愿友好的基础上，互相沟通、互相谅解，从而解决纠纷的一种方式。建设工程发生纠纷时，当事人应首先考虑通过和解解决纠纷。调解是第三者（不是仲裁机构和审判人员）按照一定的道德法律规范和技术分析结果，通过摆事实、讲道理，促使当事人双方作出适当让步，自愿达成协议，以求解决纠纷的方法。仲裁是当事人双方在纠纷发生前或发生后达成协议，自愿将纠纷交给仲裁机构，由其在事实的基础上作出判断并在权利和义务上作出裁决的一种解决纠纷的方法。诉讼是指纠纷当事人依法请求人民法院行使审判权，审理双方间的纠纷，作出由国家强制保证实现其合法权益的判决，从而解决纠纷的审判活动。

纠纷解决的成功与否首先依赖于有充分的理由和事实，因此在建设工程项目的执行过程中应建立完善的资料记录和信息收集制度，认真、系统地收集项目实施过程中的各种资料和信息。对技术纠纷，有时应委托有资质的技术鉴定单位进行调查、检测、试验和计算分析，最终得出科学的结论，在技术层面上为纠纷的解决提供依据。

7.5 土木工程师的知识结构

7.5.1 土木工程专业知识结构体系构成

知识结构是指土木工程专业毕业生必须掌握的知识，这些知识是组成土木工程专业的知识结构必不可少、不可或缺的。由这些知识组成的知识结构应能满足土木工程师职业多样化的需要，也能为土木工程师的发展提供坚实而又宽广的理论基础，为他们向较高的综合素质与创新意识发展提供必要的理论知识上的保障。

土木工程是与人们衣、食、住、行息息相关的工程领域，它发展的早期主要是通过工程实践，总结成功的经验，尤其是吸取失败的教训而发展起来的。17 世纪以后，近代实验力学和理论力学开始同工程实践相结合，逐渐形成了以材料力学、结构力学为代表的基础理论。土木工程从单纯地依靠工程实践发展到既有工程实践又有工程理论两部分构成。

工程师最终的目的是将理论的、计算的东西在实践中实施，反过来又通过实验来验证理论或计算成果。现代土木工程师应具备什么样的知识结构才能适应社会的发展？2000 年在华沙召开的第五届世界工程教育大会，将工程师划分为五代，如表 7－1 所示。

表 7－1 五代工程师

1	18 世纪末—19 世纪初	多才多艺
2	19 世纪中—20 世纪初	专业化
3	20 世纪初—20 世纪中	非常专业化
4	20 世纪中—20 世纪 70 年代	部分专业化、部分系统化
5	20 世纪 70 年代—20 世纪末	杂交

可以看出，现代工程师已从非常的专业化逐渐走向多种学科、多种知识的综合。过去我们非常注重理论基础，土木工程师要有坚实的数学、力学知识。计算机的出现，对传统的理论分析带来了冲击，面对越来越复杂的工程问题，计算机能力已成为必备的条件。同时信息化的进步，使得过去许多经验型的东西逐渐得以发挥，理论分析无法解决的问题，计算机提

供了可供选择的方案。此外，计算机又使得结构和材料试验发展成为一门真正的试验科学。人们已不必仅仅依靠结构足尺试验，利用计算机可使许多复杂的情况在试验室内有控制地再现。计算机同样可以帮助我们实时控制大型工程的施工安全，提高施工进度和质量。另一方面，实践技能也应为土木工程师所具备，是必不可少的环节。

因此，理论、计算、工程实践构成了土木工程师的知识结构（图 7－6）。面向 21 世纪的土木工程师的知识结构应该从实践经验、理论基础和计算能力三个方面来要求，缺少或削弱了任何一个方面都可能在未来的竞争中处于被动，只有协调发展，才能适应综合化的要求，满足土木工程的发展。

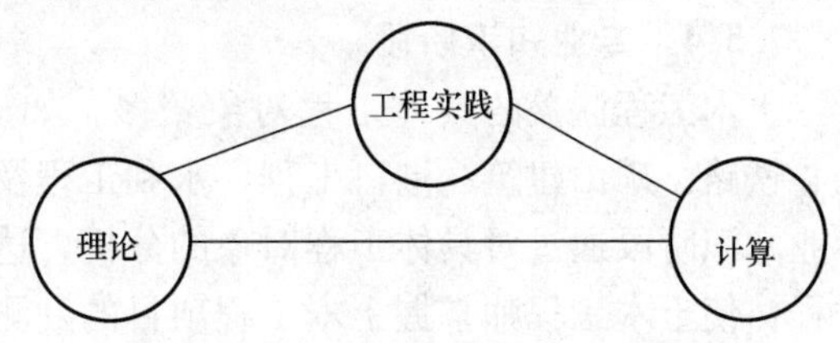

图 7－6　土木工程师应具备的知识结构

土木工程专业知识结构的具体组成可分为三个阶段：第一阶段为公共基础知识，第二阶段为专业基础知识，第三阶段为专业知识。

7.5.2　公共基础知识阶段

作为一名土木工程师必须掌握以下两方面的知识：

（1）思想道德、心理素质及人文、社会科学基础知识

通过对必修课马克思主义哲学原理、毛泽东思想概论、邓小平理论概论、法律基础、土木工程建设法规、大学英语等课程的学习，达到理解马列主义、毛泽东思想、邓小平理论的基本原理，在哲学及方法论、法律等方面具有必要的知识。通过选修课经济学（如政治经济学、经济学、工程经济学）、管理学、语言（如大学语文、科技论文写作）、文学和艺术、伦理（如伦理学、职业伦理、品德修养）、心理学或社会学（如公共关系学）、历史等课程的学习，使土木工程师能够了解社会发展规律和 21 世纪发展趋势，也要对文学、艺术、伦理、历史、社会学及公共关系学等的若干方面进行一定的修习。

作为一名土木工程师，必须及时了解土木工程发展的国际最新动态，吸收国际先进技术，掌握外语后可以、国外的土木工程技术人员进行面对面的学术或技术交流。因此，外国语对于土木工程师是一种必要的语言工具。

（2）自然科学基础知识

自然科学基础知识包括有必修课高等数学、物理、物理实验、化学、化学实验、体育、军事理论等；选修课有环境科学、信息科学、现代材料学、计算机语言与程序设计等。

通过对这些基础知识的学习，土木工程师能够了解当代科学技术发展的其他主要方面和应用前景，掌握计算机程序语言。计算机的发明，大大拓展了土木工程的设计理论；商用软件的面世，大大提高了土木工程的分析能力；互联网的出现，大大缩小了土木工程的信息世界。

7.5.3　专业基础知识阶段

专业基础知识包括必修课线性代数、概率论与数理统计、数值计算、理论力学、材料力学、结构力学、流体力学、土力学或岩土力学、工程地质、土木工程材料、画法几何、工程制图与计算机绘图、工程测量、荷载与结构设计方法、混凝土结构设计原理、钢结构设计原理、基础工程、土木工程施工、建设项目策划与管理、工程概预算等。选修课有弹性力学、水文学、砌体结构、组合结构设计原理等。

通过对这些专业基础知识的学习，土木工程师能够掌握工程力学学科的基本原理和分析方法，掌握岩土工程学科的基本原理和实验方法，掌握流体力学的基本原理和实验方法，掌握结构工程学主要是工程结构构件的力学性能和计算原理，掌握相关学科包括土木工程材料的基本性能和适用条件、工程测量的基本原理和方法，土木工程施工与组织的一般过程等。

7.5.4 专业知识阶段

土木工程涵盖的具体工程对象繁多，如房屋建筑、桥梁、隧道、地下工程、道路与机场、铁路、矿山建筑、港口工程、水利工程及海洋工程等，在设计和施工方法上都有差别。专业知识阶段通过对具体工程对象的分析，达到了解一般土木工程项目的设计、施工等基本过程，使土木工程师掌握土木工程项目的勘测、规划、选线或选型、构造的基本知识，掌握土木工程结构的设计方法、CAD 和其他软件的应用，掌握土木工程现代施工技术、工程检测与试验的基本方法，了解土木工程防灾与减灾的基本原理及一般设计方法，了解本专业的有关法规、规范与规程以及本专业的发展动态等。

7.6 土木工程师的专业技能

土木工程是一个应用性的学科。长期以来，土木工程师的培养主要是强调分析，而分析的内容主要是结构分析，分析的主要手段是力学。实际工程中需要土木工程师不仅要具备分析的能力，而且也应具备综合的能力。换而言之，土木工程师的专业技能应从仅仅掌握分析的能力和工具上升到同时具备系统工程思想的层次。

土木工程具有很强的个性和综合性，大量问题需要依靠工程师的经验和工程实例来解决。土木工程师要把在学校里学到的专业基础知识、专业知识和实践技能应用到工程项目中去，就要依靠他们自身的各种能力。为了能够把所学的知识和实践技能灵活、有效并具创新性地应用于工程实践，一般需要具备工程能力、科技开发能力、组织管理能力、表达能力和公关能力、创新能力等专业技能。

（1）工程能力

工程能力就是土木工程技术人员在从事土木工程工作时应用工程技术知识和技能的能力。对于土木工程师，工程能力是必不可少的。一个从事土木工程的技术人员，如果缺少必要的工程能力，将是一个不合格的土木工程师。

在大学学习阶段，土木工程师工程能力的培养，主要通过生产实习、课程设计和毕业设计等实践教学环节来进行。工程能力培养的总体要求是：能够根据使用要求、工程地质条件、材料与施工的实际情况，经济合理并安全可靠地进行土木工程设计的能力；具有解决施工技术问题和编制施工组织设计的能力；具有工程经济分析的能力；具有应用计算机进行辅助设计的能力。

（2）科技开发能力

科技开发能力是土木工程师必须具备的一种重要的能力。21 世纪科技发展日新月异，土木工程新成果和新技术不断出现。科技开发能力就是在现有的设计方法和施工技术的基础上，对设计方法和施工技术提出改进设想并予以实施的能力。

科技开发能力主要依靠自身有意识的培养，要在实践过程中养成提出问题、分析问题和解决问题的习惯。

（3）组织管理能力

组织管理能力是一种能够围绕实现工作目标所必须具备的人际活动能力，包括组织各种参与人协作完成任务的能力，处理各种技术交流、经济交往的能力等。

土木工程是一种群体性的工作。对于土木工程师，应具有必要的管理能力，包括人力资源管理、投资管理、进度管理、质量管理、安全管理、工程项目管理、各工种工作的协调等。

（4）表达能力和公关能力

土木工程具有工种繁多、内外关系错综复杂、与政府行政部门联系多等特点。土木工程师需要有良好的表达能力和公关能力。具体地说，就是要具有文字、图纸和口头的表达能力，具有社会活动、人际交往和公关的能力。

7.7 土木工程师的职业发展与继续教育

7.7.1 土木工程师的职业发展

随着城市建设和公路建设的不断升温，土木工程专业的就业形势近年来持续走好。土木工程专业大体可分为道路与桥梁、建筑工程两个不同的方向，在这两个方向的职位既有大体上的统一性，又有细节上的具体区别。总体来说，土木工程专业的主要就业方向有以下几种：

（1）工程技术方向

代表职位：建筑工程师、结构工程师、技术经理、项目经理等。代表行业：建筑施工企业、房地产开发企业、路桥施工企业等。

随着我国执业资格认证制度的不断完善，土木工程师不但需要精通专业知识和技术，还需要取得必要的执业资格证书。土木工程师的相关执业资格认证主要有：全国一、二级注册建筑师，全国注册土木工程师，全国一、二级注册结构工程师，全国一、二级注册建造师等。

（2）设计、规划及预算方向

代表职位：项目设计师、城市规划师、预算工程师等。代表行业：工程勘察设计单位、房地产开发企业、交通或市政工程类、工程造价咨询机构等。

各种勘察设计单位对工程设计人员的需求近年来持续增长，城市规划作为一种新兴的职业，随着城市建设的不断发展深入，也需要更多的现代化设计规划人才。随着咨询业的兴起，工程预决算等建筑行业的咨询服务人员也成为土建业内新的就业增长点。这类土木工程师不仅要精通专业知识，更要求有足够的大局观和工作经验。

（3）质量监督及工程监理方向

代表职位：监理工程师等。代表行业：建筑、路桥监理公司、工程质量检测监督部门等。

工程监理是近年来新兴的一个职业，随着我国对建筑、路桥施工质量监管的日益规范，监理行业自诞生以来就面临着空前的发展机遇，并且随着国家工程监理制度的日益完善有着更加广阔的发展方向。一般来说，专业监理工程师需要取得省监理工程师上岗证，总监理工程师需要取得国家注册监理工程师职业资格证。

执业资格制度是市场经济国家对专业技术人才管理的通用规则。我国于1990年开始推行执业资格制度。1992年建设部发布了《监理工程师资格考试和注册试行办法》，拉开了建筑行业推行执业资格制度的序幕。现已实行的与土木工程专业相关的主要有：注册结构工程师、监理工程师、造价工程师、建造师、土木工程师（岩土）等，基本形成了具有中国特色的建筑领域执业资格制度。

我国法律规定，建筑专业人员须在各自专业范围内参加全国组织的统一考试，获得相应的执业资格证书，经注册后才能在资格许可范围内执业。这是我国强化市场准入制度，提高工程建设水平的重要举措。土木工程专业主要执业资格制度如下：

报考条件是执业资格制度的基础，直接限制了考试参与范围与从业人员的学历水平、从业经历。如表7-2所示。

表7-2　土木工程相关执业资格考试的报考条件

序号	名称	报考条件
1	结构工程师	取得土木工程专业工学学士学位，职业实践最少时间4年
2	一级建造师	取得土木工程类大学本科学历，从事建设工程项目施工管理工作满3年
3	监理工程师	具有工程技术高级专业职务，或取得工程技术专业中级职务并任职满3年
4	造价工程师	工程或工程经济类本科毕业，从事工程造价业务工作满5年
5	土木工程师（岩土）	取得土木工程专业大学本科学历，累计从事岩土工程专业工作满5年

考试科目直接反映执业资格的考核要求，决定了执业资格的特色与执业范围。如表7-3所示。

表7-3　土木工程相关执业资格考试的考试科目

序号	名称	报考条件
1	结构工程师	《基础考试》含结构力学等17个科目，《专业考试》含钢筋混凝土等9个科目
2	一级建造师	《建设工程经济》《建设工程法规及相关知识》《建设工程项目管理》《专业工程管理与实务》
3	监理工程师	《工程建设合同管理》《工程建设质量、投资、进度控制》《工程建设监理基本理论和相关法规》《工程建设监理案例分析》
4	造价工程师	《工程造价管理基础理论与相关法规》《工程造价计价与控制》《建设工程技术与计量》《工程造价案例分析》
5	土木工程师（岩土）	《基础考试》含土力学等16个科目、《专业知识考试》含工程地质等8个科目

执业范围指相关执业资格所主要从事的工作活动内容与领域。如表7-4所示。

表7-4　土木工程相关执业资格执业范围

序号	名称	执业范围
1	注册结构工程师	结构工程设计；结构工程设计咨询；建筑物、构筑物、工程设施等调查和鉴定；对本人主持设计的项目进行施工指导和监督等
2	注册一级建造师	担任建设工程项目施工的项目经理；从事其他施工活动的管理；从事国务院行政主管部门规定的其他业务

续表

序号	名　称	执　业　范　围
3	注册监理工程师	工程监理、工程经济与技术咨询、工程招标与采购咨询、工程项目管理服务以及国务院有关部门规定的其他业务
4	注册造价工程师	投资估算、概算、预算、结（决）算、标底、投标报价的编审；工程造价控制；工程经济纠纷的鉴定；与工程造价有关的其他事项
5	注册土木工程师（岩土）	岩土工程勘察与设计；岩土工程咨询与监理；岩土工程治理；检测与监测；环境岩土工程和与岩土工程有关的水文地质工程业务等

7.7.2　土木工程师的继续教育

继续教育是指已经脱离正规教育，已参加工作和负有成人责任的人所接受的各种各样的教育，是对专业技术人员进行知识更新、补充、拓展和能力提高的一种高层次的追加教育。继续教育是人类社会发展到一定历史阶段出现的教育形态，是教育现代化的重要组成部分。在科学技术突飞猛进、知识经济已见端倪的今天，继续教育越来越受到人们的高度重视，它在社会发展过程中所起到的推动作用，特别是在形成全民学习、终身学习的学习型社会方面所起到的推动作用，越来越显现出来。

继续教育是一种特殊形式的教育，主要是专业技术人员的知识和技能进行更新、补充、拓展和提高，进一步完善知识结构，提高创造力和专业技术水平。知识经济时代继续教育又是人才资源开发的主要途径和基本手段，着重点是开发人才的潜在能力，提高队伍整体素质，是专业技术队伍建设的重要内容。

按照全国注册建筑师、注册工程师管理委员会、注册工程师岩土专业管理委员会的有关规定，注册建筑师在两年注册有效期内应达到 40 学时必修课程和 40 学时选修课程的继续教育培训，注册结构工程师、注册土木工程师（岩土）在三年注册有效期内应达到 60 学时必修课程和 60 学时选修课程的继续教育培训，否则不予办理延续注册手续。通过继续教育可以使土木工程师的知识得到及时更新。

思　考　题

1. 土木工程师应具有良好的综合素质和创新意识，您认为如何培养良好的综合素质和创新能力？
2. 建设工程项目有哪些风险，如何对待土木工程中的风险？
3. 如何处理工程纠纷？
4. 土木工程师所需的知识结构和专业技能是十分重要的，两者之间有何差别和联系？

参 考 文 献

[1] 叶志明．土木工程概论(第3版)[M]．北京：高等教育出版社，2009.
[2] 罗福午．土木工程(专业)概论(第三版)[M]．武汉：武汉理工大学出版社，2005.
[3] 周新刚．土木工程概论[M]．北京：中国建筑工业出版社，2011.
[4] 任建喜．土木工程概论[M]．北京：机械工业出版社，2011.
[5] 徐礼华．土木工程概论[M]．北京：机械工业出版社，2005.
[5] 张立伟．土木工程概论[M]．北京：机械工业出版社，2004.
[6] 李文虎、代国忠．土木工程概论[M]．北京：化学工业出版社，2011.
[7] 中国大百科全书(土木工程)[M]．北京：中国大百科全书出版社，1987.
[8] 段树金．土木工程概论[M]．北京：中国铁道出版社，2005.
[9] 丁大钧，蒋永生．土木工程概论[M]．北京：中国建筑工业出版社，2010.
[10] 刘宗仁．土木工程概论[M]．北京：机械工业出版社，2007.
[11] 霍达．土木工程概论[M]．北京：科学出版社，2008.
[12] 沈世钊．大跨空间结构的发展、回顾与展望[J]．土木工程学报，1998，31(3).
[13] 代国忠．土力学与基础工程[M]．北京：机械工业出版社，2008.
[14] 林宗元．岩土工程治理手册．[M]．北京：中国建筑工业出版社，2005.
[15] 贡力，李明顺．土木工程概论[M]．北京：中国铁道出版社，2007.
[16] 沈蒲生，梁兴文．混凝土结构设计(第3版)[M]．北京：高等教育出版社，2007.
[17] 丛培经．工程项目管理[M]．北京：中国建筑工业出版社，2006.
[18] 张新天，罗小辉．道路工程[M]．北京：中国水利水电出版社，2001.
[19] 吴科如．土木工程材料[M]．上海：同济大学出版社，2003.
[20] 江见鲸，五元清，龚晓南等．建筑工程事故分析与处理[M]．北京：中国建筑工业出版社，2003.
[21] 郝峻弘．房屋建筑学[M]．北京：清华大学出版社，2010.
[22] 李珠，苏有文．土木工程施工[M]．武汉：武汉理工大学出版社，2007.
[23] 姚玲森．桥梁工程(第2版)．[M]．北京：人民交通出版社，2010.
[24] 贾正甫，李章政．土木工程概论[M]．成都：四川大学出版社，2006.
[25] 王涛，尹宝树，陈兆林．港口工程[M]．山东：山东教育出版社，2004.
[26] 严似松．海洋工程导论[M]．上海：上海交通大学出版社，1987.
[27] 王涛，尹宝树，陈兆林．海洋工程[M]．山东：山东教育出版社，2004.
[28] 李慧民．建筑工程经济与项目管理[M]．北京：冶金工业出版社，2002.
[29] 王士川．土木工程施工[M]．北京：科学出版社，2009.
[30] 朱宏亮．建设法规[M]．武汉：武汉理工大学出版社，2003.
[31] 周云．防灾减灾工程学[M]．北京：中国建筑工业出版社，2007.
[32] 宋彧．工程结构检测与加固[M]．北京：科学出版社，2005.
[33] 高红霞．工程材料[M]．北京：中国轻工业出版社，2009.
[34] 清华大学土木水利学院．土木工程科学前沿[M]．北京：清华大学出版社，1997，9.
[35] 黄斌．土木工程可持续发展战略研究[D]．郑州：郑州大学，2006.
[36] 白丽华，王俊安．土木工程概论[M]．北京：中国建材工业出版社，2002，6.
[37] 黄伟典．建筑材料[M]．北京：中国电力出版社，2011.

[38] 陆化普，李瑞敏. 智能交通系统概论[M]. 北京. 中国铁道出版社. 2004.
[39] 朱茵，王军利. 智能交通系统导论[M]. 北京. 中国人民公安出版社. 2007.
[40] 李春华，孟周济，蔡相娟. 虚拟仿真技术与建筑施工安全工程[J]. 广东建材，2008(06).
[41] 王嘉平. 计算机仿真技术在建筑工业中的应用研究[J]. 硅谷，2010(11).
[42] 周邦华，刘圣江，朱纪象. 施工企业信息化与知识管理[J]. 施工企业管理，2005(09).
[43] 扬志，郭兵，李晓林，裴玉玲. 建筑智能化系统的结构与集成[J].《重庆大学学报(自然科学版)》，2000(11).